U0311805

湖北省公益学术著作出版专项资金

Hubei Special Funds for Academic and Public-interest Publications

花湖机场数字建造实践与探索丛书

软土地基处理工程实践

朱方海　　朱森林　　陈少围　　王程亮　　著

武汉理工大学出版社

·武汉·

图书在版编目（CIP）数据

软土地基处理工程实践/朱方海等著.—武汉：武汉理工大学出版社，2023.8
（花湖机场数字建造实践与探索丛书）
ISBN 978-7-5629-6844-3

Ⅰ.①软…　Ⅱ.①朱…　Ⅲ.①软土地基—地基处理　Ⅳ.①TU471

中国国家版本馆 CIP 数据核字(2023)第 157347 号

项目负责人：汪浪涛　　　　　　　　责任编辑：戴皓华
责任校对：张　晨　　　　　　　　　版面设计：博壹臻远
出版发行：武汉理工大学出版社
网　　　　址：http://www.wutp.com.cn
地　　　　址：武汉市洪山区珞狮路 122 号
邮　　　　编：430070
印　刷　者：武汉市金港彩印有限公司
发　行　者：各地新华书店
开　　　　本：787mm×1092mm　1/16
印　　　　张：16.25
字　　　　数：410 千字
版　　　　次：2023 年 8 月第 1 版
印　　　　次：2023 年 8 月第 1 次印刷
定　　　　价：110.00 元

《软土地基处理工程实践》编写组

本书主编: 朱方海　朱森林　陈少围　王程亮

参编人员: 张　赣　陈泰文　张优龙　贺静漪

　　　　　　张莎莎　刘爱军　霍二鹏　金　敏

　　　　　　郭鹏杰　王汉武　陈　学　彭　君

　　　　　　马　杨　刘　磊　李士攀　张述涛

　　　　　　陈　珩　刘鸣秋　张书浩

主编单位:

湖北国际物流机场有限公司

深圳顺丰泰森控股(集团)有限公司

中国航空规划设计研究总院有限公司

参编单位:

中铁北京工程局集团有限公司

长江水利委员会长江科学院

湖北省交通规划设计院股份有限公司

民航中南机场设计研究院(广州)有限公司

中建三局集团有限公司

审核单位:

武汉理工大学

天津大学

序　言

"智慧民航"是在党的十九大明确提出建设交通强国奋斗目标的时代背景下，遵循习近平总书记关于打造"四个工程"和建设"四型机场"的重要指示精神，经过全行业数年钻研、探索和实践逐渐形成的，现已成为民航"十四五"发展的主线和核心战略。

民用机场领域的改革创新令人瞩目。2018 年以来，国家民用航空局作出了一系列重大部署：一是系统制定行动纲要、指导意见和行动方案，指明方向和路径；二是高频发布各类导则、路线图，优化标准规范、招标规定、定额管理，为基层创新纾困解难；三是推出 63 个"四型机场"示范项目，组织机场创新研讨会、宣贯会，并召开民航建设管理工作会议，营造出浓郁的创新氛围。

鄂州花湖机场紧随行业步伐创新实践。2018 年，该机场经国务院、中央军委批准立项，是第一个在筹划、规划、建设、运营全阶段贯彻"智慧民航"战略的新建机场，也是民航局首批四型机场标杆示范工程、住房和城乡建设部首个 BIM 工程造价管理改革试点、工业和信息化部物联网示范项目、国家发展和改革委员会 5G 融合应用示范工程。

鄂州花湖机场智慧建造实践已取得成效。在设计及施工准备阶段，该机场深度应用 BIM 技术，集中技术人员高强度优化、深化和精细化建立"逼真"的数字机场模型；在施工阶段，通过人脸识别及数字终端设备定位追溯人员、车辆、机械，构建全场数字生产环境，利用软件系统及移动端跟踪记录作业过程的大数据，不但保证建成品与模型"孪生"，还强化了安全、质量、投资管理以及工人权益保障等国家政策的落实。

鄂州花湖机场智能运维的效果令人期待。该机场汇聚了一大批行业内外的科研机构、科技公司及专家学者，将 5G、智能跑道、模拟仿真、无人驾驶、虚拟培训、智慧安防、协同决策、能源管理等 15 类新技术应用到机场，创新力度大，效果可期。

为全面总结鄂州花湖机场建设管理的经验教训，参与该机场研究、建设、管理的一批人，共同策划了"花湖机场数字建造实践与探索"丛书。本丛书以鄂州花湖机场为案例，系统梳理和阐述了机场建设各阶段、各环节实施数字及智能建造的路径规划、技术路线、实施标准及组织管理，体系完善，内容丰富，实操性强，可资民用机场及相关领域建设工作者参考。

希望本丛书的出版，能对贯彻"智慧民航"战略，提升我国机场建设智慧化水平，打造机场品质工程和"四型机场"发挥一定的作用。

前　言

鄂州花湖机场坐落于长江和花马湖之间，机场工程共分为 11 个大项工程、44 个子项工程，总占地面积为 11.89 km²。该机场工程建设东、西 2 条远距平行跑道及滑行道系统，跑道长 3600 m、宽 45 m，两跑道间距为 1900 m；建设 1.5 万 m² 的航站楼、2.4 万 m² 的货运用房、153 个机位的站坪。机场工程具有占地面积宽广、地质条件多样、地基处理工序复杂等特点，其中，场内水系发达，软弱土区面积达 4 km²，层厚 6 ~ 21 m。为了提高土基承载力，减少工后沉降特别是差异沉降，该机场工程采用清淤换填、塑料插水板外加堆载预压、强夯、强夯置换、抛石挤淤等多种地基处理方式增强地基承载力。地基处理工程于 2018 年 12 月动工，2020 年 10 月完工，再进行沉降监测至 2021 年年底，历时 3 年。累计抽排水 860 万 m³，插打排水板 1800 万延米，挖、填土石方近 1 亿 m³。在施工过程中，广泛采用数字建造技术，布置沉降监测和智能跑道系统，确保了地基处理质量，各项指标远高于规范标准。

本书首先全面回顾了鄂州花湖机场的背景以及与本工程相关岩土工程的主要内容与实践意义，然后总结了鄂州花湖机场软土地基处理工程的地基处理方案总体设计、软土地基处理施工方案与实施关键技术、数字化施工与质量实时监控、软土地基边坡工程监测技术与实施等关键内容，特别是对于建设过程中遇到的各种实际情况给予详细的问题说明和对应的解决方案，最后对工程进行总体评价并给出工程经验总结。

本书可作为机场建设、设计、施工、监理、监测等单位的参考材料，亦可作为高等院校、科研机构的研究素材。

由于地基处理效果受到多种因素的影响，需要较长时间检验，同时各个机场建设条件千差万别，本书介绍的方法和技术未必能完全适用于其他工程。书中如有不足之处，敬请读者指正。

目　录

1 绪 论

1.1 工程背景

1.1.1 鄂州花湖机场简介

鄂州市地处湖北省东部,濒临长江中游南岸,西邻武汉,东接黄石,北望黄冈;与北京、上海、广州和重庆等城市的距离均在 1000 km 左右,区位条件优越,公路、铁路、水路等运输系统发达。为建设国际航空物流枢纽,补齐我国航空货运短板,2018 年 2 月,国务院、中央军委印发了《国务院 中央军委关于同意新建湖北鄂州民用机场的批复》,同意新建鄂州民用机场,机场性质为客运支线、货运枢纽机场,场址位于湖北省鄂州市鄂城区燕矶镇杜湾村附近。

鄂州花湖机场本期工程飞行区跑道滑行道系统按满足 2030 年旅客吞吐量 150 万人次、货邮吞吐量 330 万 t 的目标设计,航站区、货运区及其他各功能区及设施按满足 2025 年旅客吞吐量 100 万人次、货邮吞吐量 245 万 t 的目标设计。工程主要建设内容包括:飞行区指标为 4E,新建东西 2 条长 3600 m、宽 45 m 的远距跑道,153 个机位的站坪,1.5 万 m^2 的航站楼,1 座塔台和 7200 m^2 的航管楼等,67.8 万 m^2 的转运中心,以及顺丰航空公司基地工程和供油工程。鄂州花湖机场近期 2030 年总体规划平面图如图 1-1 所示。项目总投资为 358 亿元,其中,机场工程 183.3 亿元,转运中心工程 123.2 亿元,供油工程 8.5亿元,顺丰航空基地工程 43 亿元。

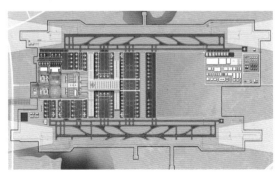

图 1-1　鄂州花湖机场近期 2030 年总体规划平面图

机场坐落于长江和花马湖之间,总占地面积为 11.89 km²,其中,水域面积约 4.09 km²。机场主要工程内容及规模为:地基处理与土石方工程、道面工程、各类房屋建筑工程、各类市政工程等,其中,土石方挖、填总量约 1 亿 m³,道面总面积约 400 万 m²,综合管廊长约 1500 m。鄂州花湖机场本期规划实景如图 1-2 所示。

图 1-2　鄂州花湖机场本期规划实景

1.1.2　走马湖水系综合治理工程简介

由于机场场址内水域广阔,特别是走马湖自西向东穿越整个机场中部,周边水系错综复杂,为保障机场工程能顺利建设,鄂州市政府启动走马湖水系综合治理工程(机场配套工程)建设,实现水系在机场红线外改道,便于红线内的工程施工。

该工程主要建设内容:对机场控制范围线内的水域及低于 20 m 标高("1985 国家高程基准",下同)的区域,进行地基处理及土石方工程开挖及回填(包含净空处理),为机场建设进行场地平整,包括对场地进行开挖及回填,在场地边界处进行放坡,针对淤泥、淤泥质土等软土不良地质条件进行工程处理,使其达到设计标准。具体要求如下:

(1)跑道、平行滑行道和快速出口滑行道填筑至机场道面完成面扣减结构厚度。

(2)客运航站楼、塔台、信息中心大楼和转运中心建筑功能区填筑至 23 m 标高。

(3)其他区域仅填筑至 20 m 标高。

(4)考虑花湖机场永久设计标高,以及后续施工、运营产生的各类动、静荷载,对场地进行地基处理。

此外,由于机场南端的黄山地块高程不满足机场通航净空要求,该工程将对黄山地块进行开挖、降高处理,使其满足净空要求,并就地取材,将开挖的土石方用于本工程回填。

从工程的目的、作用、内容和性质来看,走马湖水系综合治理工程(机场配套工程)实质上属于机场地基处理与土石方工程的重要组成部分,也是机场工程的先导性和基础性工程。为加快工程建设,该工程采用 EPC 模式,并由政府委托机场业主进行代建代管。本书研究对象主要为走马湖水系综合治理工程(机场配套工程)。

根据招标文件要求,走马湖水系综合治理工程(机场配套工程)划分为东、西 2 个标段。西标段由中国建筑股份有限公司与上海民航新时代机场设计研究院有限公司组成 EPC 联合体,负责标段范围内设计与施工工作;东标段由中铁北京工程局集团有限公司与中国航空规划设计研究总院有限公司组成 EPC 联合体,负责标段范围内设计与施工工作,具体标段划分详见图 1-3。

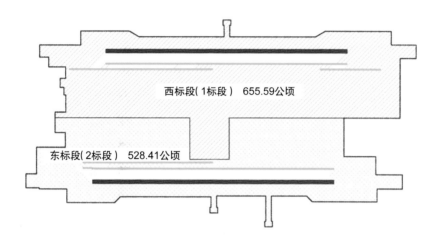

图 1-3 标段划分平面图

1.2 岩土工程主要内容与意义

1.2.1 岩土工程主要内容

走马湖水系综合治理工程作为鄂州花湖机场的基础工程,根据场地地质勘察资料和鄂州花湖机场工程建设内容,该项目岩土工程包含以下几个方面:

(1)地基处理工程:为满足设计规范要求的工后沉降和差异沉降指标,需对原地基进行处理,包括湖、沟塘的软土处理,剥蚀垄岗区浅层软弱土处理,挖、填交界带处理等。湖、沟塘底的软土(淤泥、淤泥质土和软塑状粉质黏土)具有承载力低、工程性能差、受压易变形等特点,在振动或加载条件下,可能会产生流变、触变,或软土本身固结使场地发生沉降变形。此外,本场地填方区域较大,填方高度为 6～8 m,除软弱土层外,其余土层属于中等压缩性土,在填土荷载以及未来道面荷载作用下,将产生一定程度的固结沉降。因此,对场地的沉降控制是本工程地基处理的重点。

（2）边坡工程：场内填、挖方边坡的支护和防护处理。本工程填方边坡高5～12 m，主要位于软土分布区域，土层抗剪强度低，边坡高度虽不高，但若不加以重视，有可能发生整体失稳破坏。局部边坡需起到隔断走马湖与机场工程用地的作用，而这些边坡为永久浸水边坡，水则是边坡稳定的重要影响因素，边坡填料被水浸泡后存在强度软化的可能，填料抗剪强度降低后，边坡存在失稳的可能，因此需满足《堤防工程设计规范》（GB 50286—2013）的相关要求。另外，地下水的渗透对细颗粒土的掏空作用等，也可能导致边坡失稳。因此，保证边坡原地基和回填料在常年浸水的条件下保持稳定状态是边坡工程处理的重点。

（3）湖、塘及沟渠处理工程：场内零星分布有大大小小约400多个湖、塘及沟渠，包括红线内所占用的部分走马湖区域，需按机场工程功能分区的不同沉降要求进行区别处理。本工程中，湖、塘及沟渠处理占总土石方量的比例高，需要准确计算相应处理工程量。

（4）土石方填筑工程：填方区填筑体的回填处理，包括填筑工艺、填料选择和填筑体压实度的控制。场区多属于湖、沟塘区域，土石方或地基处理回填后，填料受地下水浸泡导致稳定性不良、压实程度不够，存在强度软化的可能，而软化后的填料压缩性变高，在自重荷载或飞机荷载作用下，容易导致地基沉降，造成道面错台、断板等破坏。因此，填筑过程中需确保填料回填的密实性和水稳定性。

（5）岩土工程安全监测：施工过程中，对地基处理和土石方填筑进行沉降和边坡稳定性监测，同时，施工完成后继续进行变形监测，根据监测数据对机场道面使用年限内（即运营期）的工后沉降和差异沉降进行预测，确保地基和边坡的变形满足设计及规范要求。

1.2.2　地基处理目的与意义

鄂州花湖机场场址内水系发达，软土分布广泛，给机场建设带来巨大困难和挑战。走马湖水系综合治理工程实际上为填湖造地工程，如此大面积的深厚软土地基处理在内陆机场中十分罕见。面对特殊、复杂的地质条件，机场业主联合设计、施工、监测等单位，历时3年多，在测量、勘察、地基处理方案、现场施工组织、数字化技术应用、工程监测等方面严谨论证、层层把关、细致施工，克服了种种困难，确保了工后沉降和差异沉降等各项指标严格控制在规范标准内，达到了设计意图和目标，为机场工程质量奠定了坚实基础。

本项目上部的机场跑道、站坪、各种管线对沉降的要求较高，软土地基处理的重要性不言而喻。对软土地基处理的目的主要是提高地基的抗剪性能、承载力和稳定性，改善地基的变形特性，减少沉降和不均匀沉降，提高地基的渗透性，改善地基的动力特性，提高抗震性能，改善特殊土不良地基特性，满足工程需要。地基处理的具体工程意义主要体现在：

（1）软土地基处理恰当与否关系到整个工程质量、投资和进度。

（2）软土地基处理后的沉降与不均匀沉降，关乎项目的成败。不均匀沉降过大将导致机场跑道及站坪开裂，影响机场的安全运行，而且本项目各单体建筑、功能区对沉降的要求不一，软土地基的处理质量，关乎后期整个机场管网系统的布置及造价。

（3）软土地基处理关乎整个场地外围填方边坡的稳定性。

本书对走马湖水系综合治理工程的主要建设环节、主要工程问题和采取的主要技术手段进行深入分析、提炼，总结相关工程经验和教训，力求为类似机场的软土地基处理工程提供一些参考和启发。

1.3 软土地基处理研究现状

我国沿海地区、内陆平原或山间盆地广泛分布着不同类型的软土，给公路、机场等项目建设带来许多工程问题。不同地区软土的形成机理各不相同，特点和性质也存在较大差异。已建成或正在修建的公路或机场跑道，由于各种原因出现路基沉陷、道面板块脱空或变形过大，直接影响道面的平整性、道面结构的稳定性和车辆、飞机运行的安全性。因此，选择合适的软土地基处理方法已成为影响公路、机场道面结构安全稳定的重要因素之一。

软土是强度低、压缩性高的软弱土层，为第四纪后期形成的海相、潟湖相、三角洲相、溺谷相和湖泊相的黏性土沉积物或河流冲积物，属于近代沉积物，其中最为软弱的是淤泥和淤泥质土。软土具有含水率高、抗剪强度低、压缩性高、渗透系数小、灵敏度高等特点。在荷载作用下，软土地基承载力低，地基沉降变形大，而且沉降历时时间很长，一般需要几年，甚至几十年。

随着国民经济的飞速发展，公路、桥梁、机场等公共设施的兴建，沿海、沿江、沿湖类工程不可避免地面临深厚软土地基处理问题，国内外学者针对软土地基作了大量理论研究和工程实践，包括软土的基本性质、软土勘察方法、软土沉降计算理论及预测方法、软土地基处理方法等。

1.3.1 基本特性研究

针对软土基本特性的研究，学界已有较多成果，总结概括如下：

（1）软土具有高含水率、低强度、高压缩性、低透水性和中等灵敏度等特点。软土主要是由黏土粒组和粉土粒组组成，并含少量的有机质。黏粒矿物的万分之二为蒙脱石、高岭石和伊利石。这些矿物晶粒很细，呈薄片状，表面带负电荷，它与周围介质的水和阳离子相互作用,形成偶极水分子,并吸附于表面形成水膜,在不同的地质环境下沉积形成各种絮状结构,一般含水量高达 60%,最大可达到 200%,且一般大于液限,孔隙比大于 1,部分可大于 2,塑性指数为 20 左右,不排水强度为 $10 \sim 30\,kPa$,压缩系数为 $0.5 \sim 1.0\,MPa^{-1}$,固结系数为 $(0.1 \sim 1.0) \times 10^{-3}\,cm^2/s$,灵敏度为 $4 \sim 8$。该类土压缩沉降大,排水固结慢,地基稳定性差。

（2）具有一定结构性,受土的矿物成分、沉积环境、孔隙水的成分及沉积年代等多种因素影响。结构性的主要作用是增大土体骨架的刚度,其力学特性与应力水平密切相关。应力水平较低时,土体会呈现较好的力学性质;应力水平超过某一临界值后,土体的结构性被破坏,力学性质明显变差,并且这种变差是不可逆的,短时间内很难恢复。具有结构性的正常固结土和超固结土具有本质区别,设计、施工过程中应考虑结构性的影响,控制施工速率,避免产生过大的附加沉降。

（3）软土上覆可能存在硬壳层。因地表风化、淋洗作用,在软弱土表层形成一定厚度的硬壳层。硬壳层具有中等或较低的压缩性、较高的抗剪强度、较强的结构性。硬壳层被破坏后,在荷载加载初期,沉降、侧向位移、差异沉降均较大,存在填筑临界高度问题。当填筑高度较小时(小于 3 m),可充分利用硬壳层,而无须特殊处理下卧软弱土。

（4）透水性差。当地基中有机质含量较大时,土中可能产生气泡,堵塞渗流通道而降低其渗透性。所以在软土层上的建筑物基础的沉降拖延很长时间才能稳定,同样在荷载作用下地基土的强度增长也是很缓慢的。

（5）压缩性较高。天然状态的软土层大多数属于正常固结状态,但也有部分属于超固结状态,近代海岸滩涂沉积为欠固结状态。欠固结状态土在荷重作用下产生较大沉降。对于超固结状态土,当应力未超过先期固结压力时,地基的沉降很小。

（6）流变性强。在荷载的作用下,软土承受剪应力的作用产生缓慢的剪切变形,并可能导致抗剪强度的衰减,在主固结沉降完毕之后还可能继续产生可观的次固结沉降。

1.3.2　勘察方法研究

勘察是地基处理的基础,由于软土性质的差异化、多元化,以及机场等重大工程的高质量把控,对软土地基的勘察提出了更高的要求,尤其对勘察方法的选择更为关键。通过勘察资料,能够掌握软土的分布范围、基本性质、相应的物理力学参数。进行软土地基勘察时应重点查明软土的成因类型、分布规律、岩性、厚度、物理力学性质、地形地貌特征及水文地质条件。

通过钻探原状取土孔,可以获得较为可靠的数据。但是,公路、机场等建设工程一般场地范围广、地质条件变化复杂,单靠原状取土孔取得的勘察资料难以真实反映软土相关性质。近年来,十字板剪切试验、静力触探试验、标准贯入试验等原位测试试验技术得到迅速发展,通过原位测试手段可以快速、可靠、经济地获得软土的原位参数。同时,孔压静力触探(CPTU)、渗透系数测试系统(BAT)也可以用来划分土层、承载力、抗剪强度、固结系数、渗透系数等多项指标。

1.3.3 变形规律研究

机场软土地基工后沉降过大会引起机场跑道道面开裂、塌陷,机场建筑物倾斜等问题,会影响整个机场的运行以及后期修复等一系列问题,因此软土变形成为工程施工过程中的难点和重点。针对地基沉降问题,最早提出土体固结理论的是太沙基(K.Terzashi),他提出的一维固结理论推动了土力学的发展,并且使地基沉降问题从经验判断进入理论计算,此后各国学者基于一维固结理论不断改进与创新,逐渐完善一维固结理论。朱凌利用工程的前期实测数据预测后期沉降规律,并对传统双曲线法、指数曲线法等进行了改进。王星运用双曲线法、三点法、Asaoka法和指数曲线法等四种预测方法对某地区地基进行沉降预测,而且分析了各种方法的适用性。李小刚对道路地基沉降量运用双曲线法和三点法以及GM(1,1)灰色预测模型等进行预测,然后来验证各种方法的适用性。刘永健等人采用三层BP网络模型对此进行研究,并取得成果。以上为解决地基沉降变形提供了思路。

近年来,在软土地基变形规律研究方面,交通(车辆、火车、飞机等)荷载对软土地基变形的影响、沉降预测方法、固结理论方法、沉降计算方法、次固结沉降计算等研究均取得了较大进展。

(1)交通荷载研究。对高频荷载特性、交通荷载影响深度、交通荷载下土的变形特性等方面开展了广泛研究,提出了"高频动荷载作用下土的疲劳特性是影响土体变形稳定的主要因素"的结论。

(2)沉降计算方法研究。虽然许多学者提出了较多的计算公式和计算方法,但大多是基于工程案例或室内试验总结的经验公式,适用性相对较低。目前,最为常用的方式是分层总和法。次固结沉降主要是孔隙水压力完全消散、主固结沉降完成后的那部分沉降。一般认为,次固结沉降是由于颗粒间的蠕变和重新排列而产生的,对不同的土类,次固结沉降在总沉降中所占的比例各不相同。虽然有学者做了大量理论研究,但由于其特殊性,次固结沉降计算目前仍不太成熟,一般按总沉降的一定比例考虑(3%～5%)。

(3)沉降预测方法研究。沉降预测是利用足够长观测周期的实测数据来预测最终沉降量,可较为准确地反映土体的真实沉降规律,在机场工程中一般用来推算道面使用年限内的工后沉降和差异沉降。目前,双曲线法、指数曲线法和Asaoka法是软土地基固结沉降推算中最为常用的三种方法。三种方法优缺点各异,均有各自的适用性,一般需要根据工程的重要程度和沉降控制标准的严苛程度,综合确定预测方法。

（4）沉降固结理论研究。太沙基在 1924 年建立了一维固结理论，为饱和土层渗透固结过程中的变形计算提供了理论依据。但因为太沙基一维固结理论建立在许多假定之上，其计算值往往与实际值存在一定偏差。比奥（M.A.Biot）从较为严格的固结机理出发提出的固结理论，可以反映孔隙水压力消散与土体骨架变形之间的相互关系，比太沙基固结理论更加合理地反映了土体的固结过程。但比奥固结理论设计参数过多，由于岩土参数的复杂性，确定所有参数变得非常困难，且比奥固结方程的求解过程非常复杂，目前所见的比奥解析解也只是在若干特殊情况下求得的结果。对于深厚软土地基固结，Mikasa 和 Gibson 建立了一维大变形固结理论，致力于将小变形理论推广到更普遍的大变形固结理论。后续国内外学者基于以上理论，对固结理论逐步完善，包括后续提出的次固结理论，也是固结理论的重大发展。

1.3.4　地基处理方法研究

高速公路、机场等大规模建设项目，促进了软土地基处理技术的快速发展和提高。软土地基处理技术的发展成为岩土工程界最为活跃的领域之一。国内外在早期对软土地基处理进行了大量的研究，比如在 1925 年，莫兰（Daniel E.Moran）通过大量实践研究出了砂井排水固结法，其利用垂直砂井的排水性能在加固处理深厚软土时取得了很好的成果。1968 年，法国莫纳德公司首创强夯法，该方法利用强大的夯击能使软土固结沉降，最终达到稳定。我国于 1973 年在软土地基处理技术的研究中对高压旋喷法进行了试验研究并取得了一定成果，并于 1974 年开始在工程实践中广泛地应用。我国自 1977 年起，开始引入振冲碎石桩法处理软土地基，并在对其进一步研究中取得了较好的成果。该处理技术在不断的实践研究中得到了很大的改进和很好的应用前景。

目前软土地基处理体现出"百花齐放、百家争鸣"的局面，不仅传统的软土地基处理工艺得到发展和优化，而且在近年来不断发展出了许多新的软土地基处理方法。

（1）传统软土地基处理方法

①换填法：清除软弱土，回填性质较好的土料、石料或者土石混合料，对于软土地基处理来说，效果最为明显。该方法受限于施工机械，处理深度较小，一般不大于 2.5 m。

②强夯置换法：采用动力密实的方法，将石料垫层夯进土体内，通过置换软土，形成不规则的置换墩，兼有承载体和竖向排水通道两种作用，可加快软土固结。但该方法对软土含水量要求较为严格，对分布厚度大的软土地基处理效果较差，需要谨慎使用。

③排水固结法：主要包括堆载预压法、真空预压法和真空-堆载联合预压法。该方法是在软土地基中设置竖向排水体和水平向排水体，通过加载的方式，加速土体内孔隙水的排出，达到快速加固软土的目的。该工艺造价低廉、施工方便，可根据场地条件灵活选择加载体，处理效果明显，是处理大面积深厚软土最为常用的工艺。

④桩基础:包括碎石桩、水泥搅拌桩等柔性桩和管桩等刚性桩,主要通过置换、挤密、加固等方式,加速软土固结或提高地基强度、增大变形模量,达到减少固结沉降的目的。该处理工艺处理深度大,一般不小于15m,施工工艺较为复杂,处理效果需现场验证,造价高,适合于小范围处理,大面积深厚软土处理需要谨慎使用。

(2)新软基处理工艺

①高真空击密法:通过数遍的高真空压差排水,并结合数遍合适的变能量击密,达到降低土层含水量、提高密实度和承载力、减少地基工后沉降和差异沉降量的作用。适用于饱和砂土、粉土等,处理深度一般不小于8m,对淤泥质土处理效果较差。

②NF加压式套管冲击排水固结法:主要由增压系统、真空系统、强夯系统和监测系统组成,具有排水固结和强夯击实的双重效果,可在表层形成厚5m左右的超固结硬壳层。

③注浆法:通过压力注浆机将水泥浆或其他胶结浆液由钻孔注入土层内部孔隙中,以改善土体的物理力学性质。该工法处理深度大,可针对特定土层处理,无须处理土层,可通过空钻的方式处理,但该工艺对场地的适用性较强,需要通过现场验证,造价高,不适合大面积使用。

另外,随着技术的不断发展,在传统工艺的基础上发展了一些其他处理工艺,如新型直排式真空预压法、双向水泥土搅拌桩、钉形(变径)水泥土搅拌桩、PCC管桩复合地基、劈裂真空预压法等。

如前文所述,花湖机场地基属于大面积软土地基,湖区存在深厚软土(8~15m),沟、塘区域软土厚度相对较薄。综合考虑处理效果、建设投资、施工工期等因素,结合前述各处理工艺的优缺点和适用性,经多轮论证,花湖机场软土地基处理方法确定为大面积采用换填法和堆载预压法,局部区域采用强夯置换法。

1.4　本书主要内容

本书以软土地基相关理论为指导,全面介绍了花湖机场软土地基处理实践全过程,包括软土地基处理方案总体设计、软土地基处理关键施工技术、数字化施工、软土地基处理监测等内容。

(1)软土地基处理方案总体设计

首先从基础勘察资料入手,研究分析场地的工程地质条件,全面了解场区的地质构造、地貌单元分区、地层岩性、软土分布与物理力学特性、水文地质条件等资料,结合机场工程特点,分析研究场地的主要岩土工程问题。然后根据场地条件,从技术、经济等角度充分对比分析可采取的软土地基处理方法(如换填法、排水固结法、动力固结法、水泥搅拌桩、注浆法等),进而确定适用于本工程的施工工艺和工法。接下来从工程实际问题出发,通过沉降计算与分析,初步确定地基处理方案。同时,考虑到工程的复杂性和重要性,方案实施前采用试验段方式对方案的可实施性和处理效果进行验证,组织专家充分论证,并对方案进行反复优化,最终确定花湖机场软土地基处理方案。

(2)软土地基处理关键施工技术

主要从施工的角度对花湖机场软土地基处理过程中的关键问题进行剖析。首先,在施工前加深对设计方案的理解和对场地条件的掌握,分析施工过程中的重难点和施工控制要点,并做好前期施工准备。然后,介绍了针对湖区抽水、施工交通组织、临时排水等专项施工内容,特别是浮泥清除、垫层施工等软土地基预处理方案。最后,详细介绍了本工程关键问题的解决方案,如清淤置换、塑料排水板、堆载预压、强夯置换、碎石桩等施工方案。

(3)数字化施工

花湖机场软土地基处理工程在施工过程中采用了数字化施工技术。本书详细介绍了数字化施工的必要性、数字化施工技术路线及系统架构,并从排水板数字化施工、桩基数字化施工与质量实时控制、软土地基强夯数字化施工与质量实时监控、土石方碾压数字化施工与质量实时监控等方面,结合工程实例进行了深入分析,最后对数字化施工效果进行了评价。

(4)软土地基处理监测

机场工程对地基的沉降控制要求非常严格,软土地基处理监测为施工过程中填土速率等提供数据支撑,为工后沉降和差异沉降预测提供数据基础,同时为后续建(构)筑物的建设提供必要的设计依据。本书详细介绍了花湖机场软土地基处理过程中的监测内容,包括沉降监测、水平位移监测、孔隙水压力监测、分层沉降监测等,并通过对以上监测数据的整理,对软土地基处理效果做出评价,为后续道面施工提供依据。同时,也分析了监测过程中碰到的各种关键问题和解决方案。

本书从设计、施工、监测等不同角度详细介绍了花湖机场软土地基处理的全过程,全方位剖析了各阶段关键技术问题的解决方案,总结了许多机场工程软土地基处理的工程经验,为类似机场工程软土地基处理提供了参考。在接下来的几章中将对上述涉及软土工程实践中的关键内容做详细介绍。

2 软土地基处理方案总体设计

场地条件勘探分析与地基处理方案总体设计是工程施工的前提，是保证工程质量的基础。作为机场工程施工的首要工作，地质勘察不仅担负着提供准确无误地质信息的重任，还直接影响到地基处理总体方案设计的确定，同时，直接关系到工程后期策划及风险防范。基于此，从全局着眼进行科学、合理的地基处理方案总体设计。本章通过对场地条件的勘察分析以及对软土地基处理方式的分析比较，进而设计了软土地基处理的总体方案，为后续软土地基的处理实施与数字化施工奠定了基础。

2.1 场地条件分析

2.1.1 勘察工作情况

本工程场地横跨燕矶、杨叶、沙窝三个乡镇，中部坐落于走马湖之上，现有的S112省道和X008县道从拟建场址中穿过，机场区域最北端位于燕矶镇杜湾村附近，距离长江最近位置仅300 m左右，机场区域最南端紧邻黄山。本工程整体位置如图2-1所示。

图 2-1 机场场地位置示意

走马湖水系综合治理工程的主要工作内容为处理湖区范围软土，实施土石方填筑等，前期工程勘察的主要内容为查明约 5 km² 的软土分布、近 2 km² 取土（石）区的土石成分及分布情况，并需查明各类地层及其土体性质。

另外，鉴于走马湖区域与鄂州花湖机场工程范围存在较多地域重叠，勘察须同时考虑机场工程勘察技术要求，因此将机场道面影响区部分工作内容纳入勘察工作范围。工程勘察平面分区如图 2-2 所示。

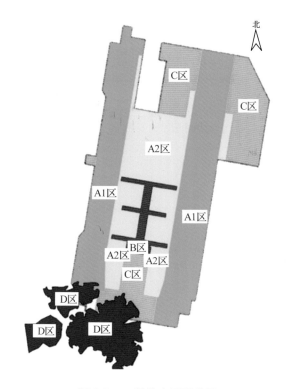

图 2-2　工程勘察平面分区

勘察总面积为 14.632 km²，根据机场功能分区规划，按 A1 区、A2 区、B 区、C 区、D 区进行勘察，其中 B 区、C 区仅需查明软土分布范围。

A1 区为跑道、滑行道、助航灯光设施、通信导航设施等飞行区用地，主要服务于飞机起降和快速滑行。

A2 区主要为空侧停机坪与站坪滑行道用地，主要用于飞机的停放、空侧机坪装卸作业和调度。

B 区为转运中心设施用地，主要用于建设转运中心，实现转运中心的隔离区分拣、陆侧装卸等功能。

C 区为航空公司用地、机务维修区、驻场单位等综合保障设施区。

D 区为料源勘察区，即黄山所在区域。

拟建工程重要性等级为一级,工程勘察等级为甲级。

勘探点的布置主要依据《民用机场勘测规范》(MH/T 5025—2011),不同功能区勘探点布置原则略有不同。

野外勘察工作时间段为 2018 年 1 月 1 日至 2018 年 3 月 25 日,共完成勘探点 3125 个,实际完成野外勘察和室内试验工作量如表 2-1 所示。

表 2-1　野外勘察和室内试验工作量统计

类别	项目	工作量	单位	备注
测量	测放孔	3660	点	
勘探取样	钻探	29249.92/2847	米/孔	包括小螺钻
	静探	6487.40/1517	米/孔	其中 1150 个对比孔
	坑探	468	个	
	原状土样	913	件	
	扰动土样	99	件	
	水样	12	组	
	岩样	977	组	
岩土试验	简常规分析	885	件	
	颗粒分析	127	件	
	岩石单轴抗压强度	935	组	
	有机质含量	65	组	
	土的腐蚀性	13	件	
	水质简分析	12	件	
物探	波速及地脉动测试	9	孔	
	电阻率测试	4	孔	
	高密度电法测试	14053/12	米/条	
原位测试	标准贯入试验	2501	次	
	十字板剪切试验	186	点	
	螺旋板载荷试验	6	点	
	地基反应模量试验	12	点	

2.1.2　场区地质构造

场地位于鄂州碧石渡向斜北翼,襄樊-广济断裂南侧,西侧与麻城-团风断裂距离较远,鄂州地质构造如图 2-3 所示。上述构造及断裂均为古老地质运动形式,无新构造运动迹象。钻探过程中仅在料源区 2 号山发现有破碎岩石,机场区域钻探深度范围内基岩较完整,判断拟建场地新构造运动微弱,无全新活动断裂分布,地壳稳定性好。

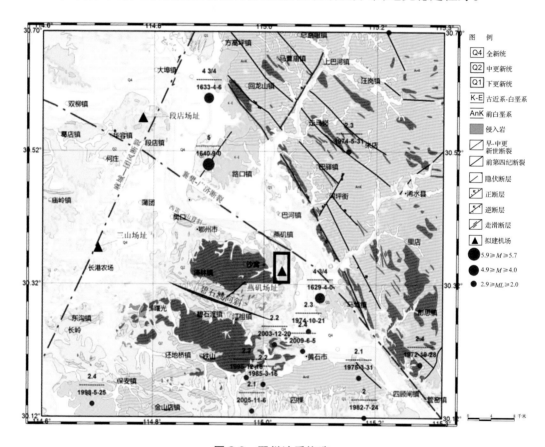

图 2-3　鄂州地质构造

场地基岩以侏罗系及白垩-下第三系的砂岩类为主,其沉积过程中经燕山期多次岩浆活动,形成花岗岩类的岩石。花岗岩类的岩石随岩浆活动在空间和平面上分布无规律,就本工程场地而言,花岗岩类岩石主要分布在场地南侧料源区及机场区域南侧。

2.1.3　地貌单元分区

场地地貌分为三个地貌单元:机场区域西侧跑道南段及料源区,地势较高,属低丘区;花马湖湖区及边缘地带,属冲、湖积区;花马湖南北两侧及其他大部分区域地势有一定起伏,属剥蚀垄岗区。场区地貌单元划分具体见表 2-2 和图 2-4。

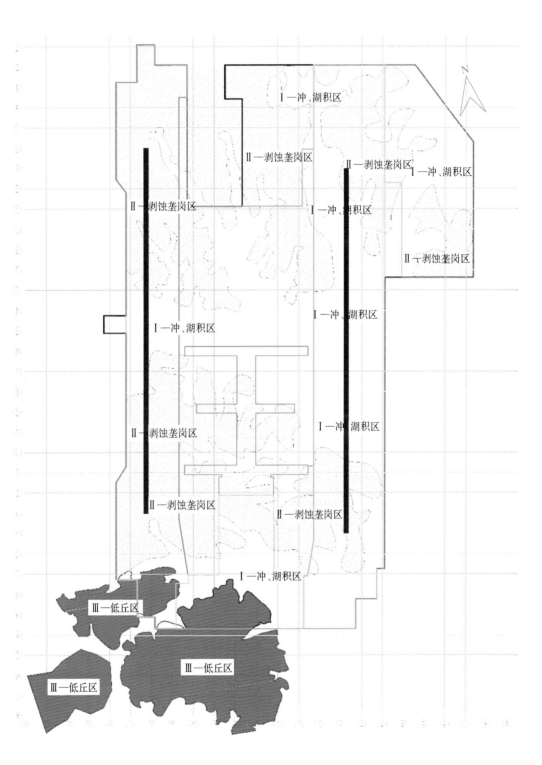

图 2-4 场区地貌单元划分

表 2-2　场区地貌单元分区

分区编号	范围	地形地貌	主要地层岩性
Ⅰ—冲、湖积区	花马湖湖区及边缘地带,另包括场地东北侧软土层较厚的暗塘暗浜区	湖泊堆积低平地,地势平坦	由湖区呈窄条放射状向周围地势较低区域蔓延,地形向湖沟内倾斜,标高一般在 15～20 m。表层一般为厚度不大的松散人工填土、耕土或湖水,其下为流塑状的淤泥及较厚的软～可塑状的一般黏性土,软土层厚 5～15 m,部分地段夹粉土及砂,其下至基岩面为可塑～硬塑状黏性土、残积土
Ⅱ—剥蚀垄岗区	花马湖湖区南北两侧及其他大部分区域	剥蚀垄岗区,地形有一定起伏,局部地势较低,形成沟、塘	表层为松散的人工填土,垄岗区边缘地带及局部地势较低的沟、塘底部分布有浅层淤泥;上部为第四系上更新统冲积成因或残积的硬塑老黏性土、残积土;下伏基岩为白垩-下第三系的泥质粉砂岩,岩性较为简单
Ⅲ—低丘区	机场区域西侧跑道南段及料源区	低丘,地形起伏较大	表层为薄层松散填土,浅部为第四系上更新统冲积成因或残积的可塑～硬塑黏性土,但层厚较小;根据现场地质调查及钻孔揭露,表层基岩为燕山期侵入的花岗岩,深部基岩为侏罗系的泥质粉砂岩及细砂岩等

　　Ⅰ—冲、湖积区:该区域主要分布在场地中部花马湖湖区及边缘地带、东北侧古湖塘等因地势抬高或围湖造田等形成的小型暗塘暗浜区(图 2-5),面积占到整个机场区域的 1/4～1/3,该区域地势较低,走马湖湖区湖底高程多在 13.70～14.80 m,水深多在 1.50～2.40 m,湖泊边缘地带及围湖造田等形成的暗塘暗浜区高程多在 17.50～19.50 m。该区域大都存在厚度不等的软土层,对道基和边坡设计施工存在不利影响。

图 2-5　Ⅰ—冲、湖积区地貌

　　Ⅱ—剥蚀垄岗区:该区域主要分布在花马湖湖区南北两侧(图 2-6),面积占到整个机场区域的 1/2 左右,该区域地势起伏较大,高程多在 19.50～35.00 m,场地东南角存在地势较高的残丘,最大高程达 45.72 m。该区域多为工程性能较好的土层或基岩,除开挖难度略大外,对道基和边坡设计施工有利。

图 2-6 Ⅱ—剥蚀垄岗区地貌

Ⅲ—低丘区：该区域主要分布在机场区域西侧跑道南段及料源区（图 2-7），机场区域所占面积不大，主要为料源区。该区域地势较高，最大高程达 163.71 m。该区域对机场建设的影响主要为基岩硬度偏高、开挖难度较大。

图 2-7 Ⅲ—低丘区地貌

2.1.4 地层岩性

根据勘察结果显示，不同岩土层地层岩性分述如下：

（1）人工堆填层

①杂填土（Q^{ml}）（地层代号①-1）：杂色～灰褐色，呈稍湿、松散状态，该层大部分地段以黏性土为主，与砖块、碎石及生活垃圾混合而成（图 2-8），该层土结构不均、土质松散，硬质物含量为 10%～30%，场地内局部地段分布，堆积年限一般大于 5 年。场地内人工堆填层主要分布于道路及村庄区域，部分地段为拆迁建筑垃圾堆填。

图 2-8　地层①-1 钻孔照片

②素填土（Q^{ml}）（地层代号①-2-1）：褐灰色～黄褐色，呈稍湿、松散状态，高压缩性，主要由黏性土组成，局部夹少量碎石、植物根茎（图 2-9），该层土结构不均、土质松散，场地内局部分布，堆积年限一般大于 5 年。

图 2-9　地层①-2-1 钻孔照片

③素填土（Q^{ml}）（地层代号①-2-2）：黄褐色，呈稍湿、松散状态，使用周边垄岗地区开挖的岩石回填形成，主成分为泥质砂岩岩块岩屑，局部混夹少量黏性土，结构松散不均匀（图 2-10），主要分布在场区西部本项目开工典礼场地附近，为勘察外业施工前新近堆填。

图 2-10　地层①-2-2 钻孔照片

④植物土（Q^{pd}）（地层代号①-3）：灰褐色～褐黄色，呈稍湿、松散状态，主要由黏性土组成，夹有植物根须及少量碎石（图 2-11），该层土结构不均、土质松散，主要分布在料源区山体表层。

图 2-11　地层①-3 钻孔照片

⑤耕土（Q^{ml}）（地层代号①-4）：灰褐色，呈稍湿、稍密状态，高压缩性，主要由黏性土组成，夹植物根须，结构松散不均匀（图 2-12），主要分布在农田及新近开挖的沟渠附近。

图 2-12　地层①-4 钻孔照片

（2）新近湖塘沉积层

①淤泥（Q_4^1）（地层代号②-1）：灰褐色～灰黑色，呈饱和、流塑状态，含水量为84.4%，天然孔隙比$e_0=2.39$，液性指数$I_L=2.0$，承载力极低，呈高压缩性，浮于湖底之上，由淤泥夹散粒粉砂、粉土组成，局部富含有机质（图2-13），有机质平均含量为4.9%，属极软土，具流变性，有腐臭味，不成形，可随湖水飘移。场地内主要分布在湖区。

图2-13　地层②-1钻孔照片

②淤泥（Q_4^1）（地层代号②-2）：灰褐色，饱和，呈软～流塑状态，含水量为58.0%，天然孔隙比$e_0=1.63$，液性指数$I_L=1.2$，承载力极低，呈高压缩性，具流变性，含有机质（图2-14），有机质平均含量为2.9%，有腐臭味。场地内主要分布于湖区、沟塘附近及水田中。

图2-14　地层②-2钻孔照片

③淤泥质黏土（Q_4^1）（地层代号②-3）：灰色～褐灰色，饱和，呈流塑状态，含水量为38.1%，天然孔隙比$e_0=1.08$，液性指数$I_L=0.9$，承载力低，呈高压缩性，含有机质、腐殖质，少量云母片，有机质平均含量为1.4%，层中不均匀夹有薄层稍密状态的粉土，无摇振反应，切面光滑（图2-15），主要分布于湖塘区。

图2-15　地层②-3钻孔照片

④粉质黏土（Q_4^{1+al}）（地层代号②-4）：黄褐色～褐灰色，饱和，呈可塑状态，中低承载力，中压缩性，含铁锰氧化物，无摇振反应，干强度高，韧性高（图2-16）。分布于堆积湖泊低平地局部地段，为新近湖塘积层中的硬壳层。

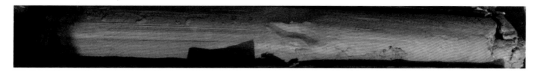

图2-16　地层②-4钻孔照片

⑤淤泥质黏土(Q_4^1)(地层代号②-5):灰色,饱和,呈软塑状态,含水量为36.5%,天然孔隙比$e_0=1.04$,液性指数$I_L=1.0$,呈高压缩性,局部夹有薄层粉土、粉砂,含有机质(图2-17)。主要分布在走马湖湖区。

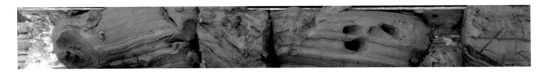

图2-17 地层②-5钻孔照片

(3)第四系全新统冲洪积层

①粉质黏土(Q_4^{al})(地层代号③-1):褐灰色~黄褐色,湿,呈可塑状态,局部硬塑,中等承载力,中压缩性,含铁锰氧化物,无摇振反应,干强度高,韧性高(图2-18)。分布于堆积湖泊低平地局部地段深部。

图2-18 地层③-1钻孔照片

②粉细砂夹粉质黏土(Q_4^{al})(地层代号③-2):灰色,饱和,呈中密状态,中等承载力,中压缩性,主要成分为石英、长石,局部混夹有可塑状态粉质黏土(图2-19)。主要分布于花马湖下部。

图2-19 地层③-2钻孔照片

③中粗砂夹粉质黏土(Q_4^{al})(地层代号③-3):褐色~褐黄色,饱和,呈中密状态,中等承载力,中~低压缩性,主要成分为石英、长石,主要由岩石风化后的颗粒随外力作用搬运至湖中沉积形成,局部混夹薄层可塑粉质黏土(图2-20)。主要分布于花马湖下部。

图2-20 地层③-3钻孔照片

④粉质黏土(Q_4^{al+pl})(地层代号③-4):黄褐色~褐灰色,湿,呈软~可塑状态,低承载力,中压缩性,含铁锰氧化物,无摇振反应,切面光滑,干强度高,韧性高(图2-21)。主要

分布在湖泊、沟塘堆积低平地。

图 2-21 地层③-4 钻孔照片

⑤粉质黏土（Q_4^{al+pl}）（地层代号③-5）：黄褐色～褐灰色，湿，呈可塑状态，中等承载力，中压缩性，含铁锰氧化物，无摇振反应，切面光滑，干强度高，韧性高（图 2-22）。场区内大部分地段均有分布。

图 2-22 地层③-5 钻孔照片

（4）第四系上更新统冲洪积层

①粉质黏土（Q_3^{al+pl}）（地层代号④-1）：褐黄色～黄色，稍湿，呈可塑～硬塑状态，中等承载力，中偏低压缩性，含铁锰氧化物及条带状灰白色高岭土，无摇振反应，切面光滑，稍有光泽，干强度高，韧性高（图 2-23）。分布于剥蚀垄岗区。

图 2-23 地层④-1 钻孔照片

②粉质黏土（Q_3^{al+pl}）（地层代号④-2）：褐黄色～黄色，稍湿，呈硬塑状态，高承载力，偏低压缩性，含氧化铁、铁锰质结核及条带状灰白色高岭土，无摇振反应，切面光滑，稍有光泽，干强度高，韧性高（图 2-24）。主要分布于剥蚀垄岗区。

图 2-24 地层④-2 钻孔照片

③粉质黏土（Q_3^{al+pl}）（地层代号④-3）：灰褐色、灰黑色，稍湿，多呈可塑状态，中等承载力，偏低压缩性，含氧化铁、铁锰质结核，局部混有少量粉砂，无摇振反应，稍有光泽，干强度高，韧性高（图 2-25），局部地段混有细中砂。整个场地零星分布。

图2-25 地层④-3钻孔照片

④混黏土细中砂(Q_3^{al+pl})(地层代号④-4):褐黄色,中密~密实,饱和,主要成分为石英、长石,局部混夹有可塑状态粉质黏土,中等承载力,偏低压缩性(图2-26)。整个场地零星分布。

图2-26 地层④-4钻孔照片

(5)第四系残坡积层

①粉质黏土(Q^{dl+el})(地层代号⑤-1):黄褐色~褐色,很湿,呈可塑~硬塑状态,中等承载力,中等压缩性。主要成分为黏性土及碎石,碎石粒径为2~5 mm,含量为5%~10%,局部可见铁锰质结核及条带状高岭土,无摇振反应,切面较粗糙,干强度高,韧性差(图2-27)。主要分布于低丘区及剥蚀丘陵区少数地段。

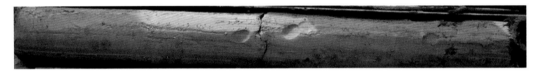

图2-27 地层⑤-1钻孔照片

②粉质黏土(Q^{el})(地层代号⑤-2):黄褐色~褐黄色,很湿,呈硬塑状态,局部可塑状态,中等承载力,中偏低压缩性。主要成分为黏性土,局部含细砂粒,为砂岩风化残积而成,砂粒含量较高,达15%~40%,局部可见条带状高岭土,无摇振反应,切面粗糙,干强度高,韧性差(图2-28)。分布于垄岗区部分地段。

图2-28 地层⑤-2钻孔照片

(6)下伏基岩层

①白垩-下第三系东湖群砂岩类

a.强风化细砂岩(K-E)(地层代号⑥-1):褐红色~肉红色,主要矿物成分为石英和长石,原岩结构已被破坏,大部分已风化成土状,原岩以细砂岩为主,局部原岩为粉砂岩、泥质细砂岩或泥质粉砂岩。主要为砂质和泥质,胶结性较差,岩芯采取率较高,岩芯呈柱状,手可捏碎,锤击声哑,无回弹(图 2-29)。岩体极破碎,基本质量等级为Ⅴ级。

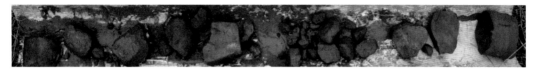

图 2-29 地层⑥-1 钻孔照片

b.中风化细砂岩(K-E)(地层代号⑥-2):褐红色~肉红色,主要矿物成分为石英和长石,细粒结构,中厚层构造,大部分为泥质胶结,胶结性一般,少部分为钙质胶结,胶结程度较好,强度相对较高。总体而言,在胶结程度上空间分布无规律,无法准确划分,故合并为一层考虑。局部为粉砂岩、泥质细砂岩或泥质粉砂岩,岩芯采取率较高,取芯率为90%以上,岩芯呈长柱状,锤击声哑,锤击易碎(图 2-30)。岩石强度由于胶结类型不同而差异较大,泥质胶结的细砂岩属软岩,钙质胶结的细砂岩属较软岩,岩体较完整,基本质量等级均为Ⅳ级。

图 2-30 地层⑥-2 钻孔照片

②侏罗系泥岩、砂岩类

a.强风化泥岩(J)(地层代号⑦-1-1):褐黄色、紫红色,泥质结构,薄层构造,岩芯破碎,呈碎块状,少部分岩石已崩解成土状,裂隙发育,结构大部分已被破坏,矿物成分大部分已显著变异。岩体极破碎,基本质量等级为Ⅴ级。

b.中风化泥岩(J)(地层代号⑦-1-2):褐黄色、紫红色、深灰色,薄层构造,主要成分为黏土类矿物等,裂隙较发育,隙面浸染较多铁锰氧化物,岩芯采取率较高,取芯率达85%,岩芯呈长柱状,锤击声哑,锤击易碎(图 2-31)。属极软岩,岩体较完整,基本质量等级为Ⅴ级。

图 2-31 地层⑦-1-2 钻孔照片

c.强风化泥质粉砂岩(J)(地层代号⑦-2-1):褐黄色、紫红色、深灰色,主要矿物成分为石英和长石,原岩结构已被破坏,部分已风化成土状。岩芯呈碎块状、土状,手可捏碎,锤击声哑,无回弹。岩体极破碎,基本质量等级为Ⅴ级。

d.中风化泥质粉砂岩(J)(地层代号⑦-2-2)：褐黄色、紫红色、深灰色,泥质粉砂结构,块状构造,主要矿物成分为石英和斜长石,胶结性一般,岩芯采取率较高,取芯率达90%,岩芯呈长柱状,锤击声哑,锤击易碎(图 2-32)。属软岩,岩体较完整,基本质量等级为Ⅳ级。

图 2-32 地层⑦-2-2 钻孔照片

e.微风化泥质粉砂岩(J)(地层代号⑦-2-3)：紫红色、深灰色,泥质粉砂结构,块状构造,主要矿物成分为石英和斜长石,胶结性较好,岩芯采取率较高,取芯率达90%,岩芯呈长柱状,锤击声清脆。属较软岩,岩体完整,基本质量等级为Ⅲ级。

③三叠系砂岩类

a.强风化粉砂岩(T)(地层代号⑧-1-1)：灰色、灰白色、深灰色,粉砂质结构,块状构造,主要矿物成分为石英和长石,原岩结构已被破坏,部分已风化成土状,岩芯极破碎,呈块状、角砾状,少量呈土状,手可捏碎,锤击声哑,无回弹。岩体极破碎,基本质量等级为Ⅴ级。

b.中风化粉砂岩(T)(地层代号⑧-1-2)：灰色、灰白色、深灰色,粉砂质结构,块状构造,主要矿物成分为石英和斜长石,岩芯较完整,呈柱状,锤击声清脆,有轻微回弹(图 2-33)。属较硬岩,岩体较完整,基本质量等级为Ⅲ级。

图 2-33 地层⑧-1-2 钻孔照片

c.微风化粉砂岩(T)(地层代号⑧-1-3)：灰色、灰白色、深灰色,粉砂质结构,块状构造,主要矿物成分为石英和斜长石,岩芯较完整,呈柱状,锤击声清脆,回弹震手。属较硬岩,岩体较完整,基本质量等级为Ⅲ级。

d.强风化细砂岩(T)(地层代号⑧-2-1)：褐黄色、灰色、深灰色,粉砂质结构,块状构造,主要矿物成分为石英和长石,原岩结构已被破坏,部分已风化成土状,岩芯极破碎,呈块状、角砾状,少量呈土状,手可捏碎,锤击声哑,无回弹。岩体极破碎,基本质量等级为Ⅴ级。

e.中风化细砂岩(T)(地层代号⑧-2-2)：褐黄色、灰色、深灰色,碎屑结构,块状构造,节理裂隙较发育,岩石主要矿物成分为石英和斜长石,岩芯较完整,呈柱状,锤击声清脆,回弹震手(图 2-34)。属较硬岩,岩体较完整,基本质量等级为Ⅲ级。

图2-34 地层⑧-2-2钻孔照片

f.微风化细砂岩（T）（地层代号⑧-2-3）：灰色、深灰色，碎屑结构，块状构造，岩石主要矿物成分为石英和斜长石，岩芯较完整，呈柱状，锤击声清脆，回弹震手。属较硬岩，岩体较完整，基本质量等级为Ⅲ级。

④二叠系煤层

煤层（P）（地层代号⑨）：黑色，碎裂状结构，煤层原生层理被破坏，层理不清，裂隙发育，岩芯主要呈粒状、土状，易捏成煤粉（图2-35）。属极软岩，岩体极破碎，基本质量等级为Ⅴ级。

图2-35 地层⑨钻孔照片

⑤燕山期花岗岩

a.强风化花岗岩（η）（地层代号⑩-1）：浅灰色～浅肉红色，粒状结构，块状构造，主要矿物成分为石英、钾长石、斜长石等，原岩结构已被破坏，大部分已风化成砂土状，中～细粒结构，块状构造，岩芯采取率较低，取芯率约为40%，岩芯多呈块状、颗粒状，锤击声哑，无回弹。岩体极破碎，基本质量等级为Ⅴ级。

b.中风化花岗岩（η）（地层代号⑩-2）：浅灰色～浅肉红色，主要矿物成分为石英、钾长石、斜长石、黑云母及辉石等，中～细粒结构，块状构造，岩芯采取率较高，取芯率约为80%，岩芯多呈短柱状、碎块状，锤击声脆，锤击不易破碎（图2-36）。属较硬岩，岩体较完整，基本质量等级为Ⅲ级。

图2-36 地层⑩-2钻孔照片

c.微风化花岗岩（η）（地层代号⑩-3）：浅灰色～浅肉红色，主要矿物成分为石英、钾长石、斜长石、黑云母及辉石等，岩面新鲜，中～细粒花岗结构，块状构造，岩芯采取率较高，取芯率约为95%，岩芯多呈柱状，锤击声脆，锤击不易破碎。属坚硬岩，岩体较完整，基本质量等级为Ⅱ级。

通过对以上不同岩土层进行地层岩性分析，确定了场地范围内不同地层的岩性特征、厚度及其横向变化，以及各种不良地质现象，按岩性详细划分地层，尤其需注意软弱岩层的岩性及其空间分布情况；确定天然状态下各岩层、土层的结构和性质，并根据基岩的风化深度和不同风化程度的岩石性质，划分风化带，为后续机场功能结构的规划奠定了基础。整个场地三维地质模型如图 2-37 所示。

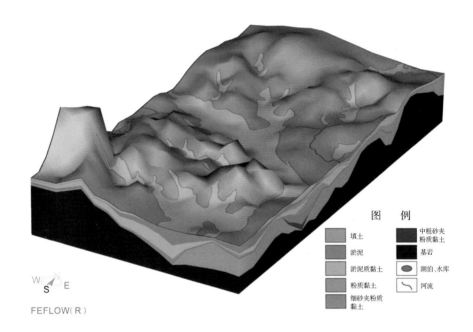

图	例		
填土		中粗砂夹粉质黏土	
淤泥		基岩	
淤泥质黏土		湖泊、水库	
粉质黏土		河流	
细砂夹粉质黏土			

FEFLOW(R)

图 2-37　场地三维地质模型

2.1.5　软土分布与特性

本工程场地内软土为淤泥(地层代号②-1、②-2)和淤泥质黏土(地层代号②-3、②-5)，其成因主要为湖泊沉积，在稳定的湖水期逐渐沉积而成。

场地内软土主要分布于场内湖塘、水田及沟谷、低洼地段等。场内未发现大型暗塘暗浜，仅少量鱼塘淤积后成为农田。软土主要分布于花马湖湖区及周边，垄岗区的沟谷、低洼地段也零散分布。

纵观整个场地，软土层厚度不一，垄岗区厚度一般小于 2 m。花马湖湖区及周边厚度较大，最厚地段位于花马湖湖区中央，平均厚度为 7～8 m，最大厚度约为 15 m。

根据勘探结果，本工程软土具有如下特性：

(1)流变性

软土在长期荷载作用下，除产生排水固结引起的变形外，还会发生缓慢而长期的剪切变形，这会对地基沉降有较大影响，对边坡和地基稳定性不利。

（2）触变性

当原状土受到振动或扰动以后，由于土体结构遭破坏，强度会大幅度降低。本场地内软土灵敏度均小于 3，灵敏度不高，但软土地基受振动荷载作用后，易产生侧向滑动、沉降或基础下土体挤出等现象。

（3）高压缩性

软土属于高压缩性土，压缩系数大，导致软土地基上的建筑物沉降量大。

（4）低强度

场区内软土不排水抗剪强度一般小于 20 kPa。软土地基的承载力很低，软土边坡的稳定性极差。

（5）低透水性

软土天然含水量为 50%～70%，最大超过 200%，含水量很高，但其透水性差，特别是垂向透水性更差，垂向渗透系数多在 $1×10^{-8}$～$1×10^{-6}$ cm/s，属微透水层或不透水层。对地基排水固结不利，软土地基上的建筑物沉降延续时间长，一般为数年以上。在加载初期，地基中常出现较高的孔隙水压力，影响地基强度。

（6）不均匀性

本工程软土经多次冲、湖积形成，受沉积环境变化的影响，土质均匀性差，作为拟建物地基易产生不均匀沉降。

软土对本工程的影响主要表现为沉降较大或差异沉降造成道面区的破坏，以及填方边坡失稳等。

本类土体含水量及压缩性较高，孔隙比大，渗透系数极小，强度低，工程特性极差，振动时其结构极易破坏，导致强度降低，引起拟建物不均匀沉降，易造成拟建物的滑动和坍塌，不宜作为拟建物的持力层。承受的荷载不大时，可以进行地基处理；对于大型、重点建筑基础，宜置于下部稳定层中。

以上内容为对机场工程场地中软土分布的描述，为机场软土地基处理方案总体设计奠定了基础，同时对场区软土特性的描述，为后续软土地基处理提供了重要的指导意义。

2.1.6　水文地质条件

（1）区域水文地质概况

根据鄂州市各类地层的岩性、孔隙特征及其富水性，可将场区内岩土层划分为含水岩组和非含水岩组。

含水岩组包括：松散岩类孔隙含水岩组，碎屑岩类裂隙含水岩组，岩浆岩类裂隙含水岩组和碳酸盐岩类裂隙岩溶含水岩组。

非含水岩组主要有：全新统湖泊相淤泥质黏土、中更新统网纹状红色黏土、中志留统及其他碎屑岩地层中的泥岩和泥质页岩。

区域内的水文地质有如下特征:

①广泛分布着松散岩类孔隙(裂隙)水,岩浆岩和碎屑岩裂隙水。尽管水量均较小,一般不能满足大水量供水要求,但由于其水质好,自净能力强,易于保护,并且能及时得到补给,有利于分散居住地农户生活用水需要。

②本区裸露型碳酸盐岩裂隙岩溶水零星分布,仅泽林-广山以东岩体接触带附近的矽卡岩分布,可能存在较好的裂隙岩溶水。总体来看,覆盖-埋藏型裂隙岩溶水,普遍上覆第四系松散堆积物,尤其大部分被透水性极差的中更新统网纹状红色黏土覆盖,妨碍了大气降水的入渗,补给条件极差,因此不可盲目开采,要加强观测,以防大量开采,形成水位下降漏斗,造成地面塌陷。

③碎屑岩裂隙承压水一般不发育,但据有关资料反映,在碧石渡一带,由于处在向斜构造核心部位,裂隙较发育,可能存在丰富的裂隙承压水。

勘察场地内地下水主要类型有上层滞水、碎屑岩裂隙水等,上述几类地下水对拟建工程影响不大。

(2)地表水

本场地地表水主要为花马湖湖水。花马湖位于鄂州城区汀祖镇、花湖镇、杨叶镇、沙窝乡、燕矶镇交界处,东接黄石市黄石港区,为鄂州市第二大湖,由花家湖、走马湖和黄山湖组成,面积约为 20.07 km²,勘察外业施工期间(2018 年 1 月 1 日至 2018 年 3 月 25日)水深为 1.5~2.4 m,蓄水量约为 4950 万 m³。其他区域地表水主要分布在沟塘、低洼地段,水量不大,整个场地地表水分布如图 2-38 所示。

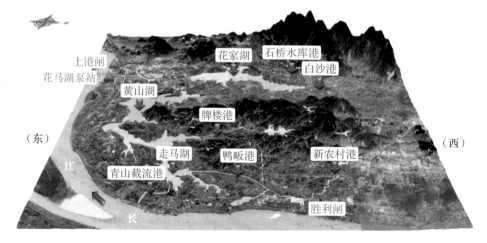

图 2-38 场地地表水分布

(3)地下水类型、赋存与运动特征

①上层滞水

勘察期间场地内上层滞水分布于区内人工填土层中或浅部暗埋沟塘处,主要接受地表排水与大气降水的补给,水量大小不一,水位不连续,无统一自由水面。

②基岩裂隙水

机场区域分布的基岩主要为侏罗系和白垩-下第三系的砂岩类,仅西南角存在燕山期入侵的花岗岩,基岩裂隙水多赋存于中~微风化基岩裂隙中,其富水程度取决于岩体裂隙中张开裂隙的发育程度。水量一般较贫乏,补给方式主要由上覆含水层下渗补给,其次为存在连通性较好的裂隙的基岩,直接出露于周边地表水体,接受地表水及大气降水补给。

③其他类型地下水

根据勘察成果及本地区工程经验,拟建场地Ⅲ级阶地垄岗地区与基岩接触的残、坡积层中存在少量潜水,残、坡积层中水量大小与该层中碎石含量、结构密实程度和孔隙大小以及补给来源水量充沛与否有关,若碎石含量高、孔隙大,且位于基岩裂隙水排泄区,水量则稍大。

花马湖湖区下部局部地段分布有砂性土层,层间可能含有孔隙承压水,含水层主要为粉细砂夹粉质黏土(地层代号③-2)和中粗砂夹粉质黏土(地层代号③-3),含水层厚度一般为 3~5m,最大含水层厚度达 10m。虽然含水层空间分布规律性不强、不连续,且其上部黏土层和下部基岩为相对隔水层,但不排除其在未勘探的地段(如直接与基岩接触的湖区边缘地带等)直接与上部湖水连通,虽然勘察期间发现该层地下水水量不大,但不排除工程施工破坏原始地质情况或汛期地下水位上涨后对机场工程建设产生不利影响。

④场地水文地质分区

按拟建工程沿线地形地貌、水文地质条件,将场区水文地质分为两个区:湖泊堆积低平地(Ⅰ区)、剥蚀垄岗及剥蚀低山残丘区(Ⅱ区),其具体水文地质情况见表2-3,地下水等水位线如图2-39所示。

表 2-3　水文地质分区

分区段号	分布范围	地貌单元	地下水类型	主要地层岩性	
				含水层分布情况	隔水层分布情况
Ⅰ	花马湖湖区及边缘地带	湖泊堆积低平地,地势平坦	上层滞水、少量基岩裂隙水、弱孔隙承压	湖区上部为地表水,附近陆地表层土中上层滞水,无统一自由水位;花马湖湖区下部砂性土层中的弱孔隙承压水;白垩-下第三系基岩中含少量基岩裂隙水,水量较小	上部黏性土为隔水顶板,中微风化基岩为相对隔水底板
Ⅱ	其余地段	剥蚀垄岗区,地形有一定起伏	上层滞水、少量基岩裂隙水	表层填土中上层滞水,无统一自由水位;侏罗系及白垩-下第三系含少量基岩裂隙水,水量较小	上部老黏土、残坡积土为隔水顶板,中微风化基岩为相对隔水底板

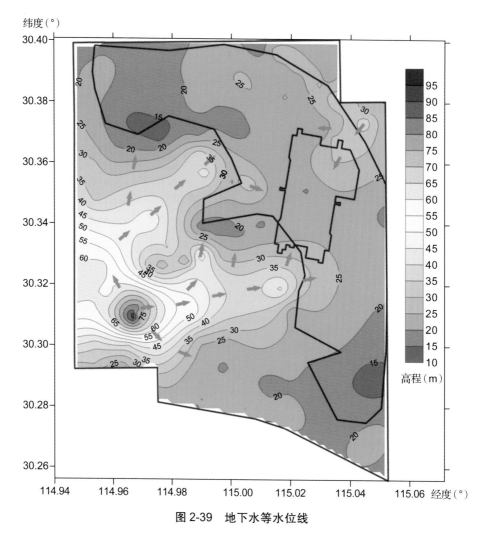

图 2-39　地下水等水位线

2.1.7　主要岩土问题

根据上述地质条件,并结合机场工程的特征,可知本场地岩土工程技术问题主要体现在以下几个方面:深厚软土地基沉降变形问题、边坡稳定性问题、特殊性岩土处理问题,以及土石方填筑问题。

（1）深厚软土地基沉降变形问题

本工程软土地基主要分布于场内湖塘、水田及沟谷、低洼地段等。软土层厚度不一,剥蚀垄岗区低洼地带湖、塘一般小于 2.0m。花马湖湖区及周边厚度较大,最厚地段位于花马湖湖区中央,平均厚度为 7～8m,本区最大厚度约为 15.0m。

本场地软土具有高压缩性,其正常固结压缩系数为 0.5～1.5MPa⁻¹,最大可达 4.5MPa⁻¹,软土的高压缩性会导致地基沉降量大;具有不均匀性,该地层在水平和垂直方向上分布不均匀,导致软土地基的差异沉降;具有低强度,其不排水抗剪强度均在 20kPa

以下;具有触变、流变和蠕变等特性,会导致软土地基侧向滑动,或从基础两侧挤出。软土地基的变形表现为压缩变形、固结变形、侧向挤压变形等。

此外,本场地填方区域较大,填方高度为 6～12 m,深厚软土层以及其他中等压缩性土层,在填土荷载以及道面荷载作用下,将产生一定程度的固结沉降。因此,大面积的深厚软土处理,是本工程需要考虑的重要岩土工程问题之一。

(2)边坡稳定性问题

本工程填方边坡高 5～12 m,主要位于软土分布区域,土层抗剪强度低,边坡高度虽不高,但若不加以重视,也有可能会发生失稳破坏。另外,本工程边坡为永久浸水边坡,水是边坡稳定的重要影响因素,边坡填料被水浸泡后可能存在软化的可能,填料抗剪强度降低后,边坡存在失稳的可能。地下水的渗透、对细颗粒土的掏空作用等,也可能导致边坡的失稳。如何保证边坡原地基和回填料在常年浸水的条件下保持稳定状态,是本工程需要考虑的重要岩土工程问题之一。

(3)特殊性岩土处理问题

本工程场地内特殊性岩土主要包括新近填土、软土(淤泥或淤泥质土)和膨胀土。具体分析如下:①场地内新近填土包括杂填土、素填土、植物土和耕土,有机质含量较高,除本身的力学性能差异以外,随着有机质的腐坏,将产生较大的次固结沉降。②沟塘、湖泊分布的淤泥或淤泥质土,尤其是浅层流塑状淤泥,力学性能差、压缩性高、有机质含量高,若不做处理,对土基沉降、边坡稳定性和建筑基础承载能力将产生较大影响。③场内④-1 层粉质黏土及④-2 层粉质黏土局部具弱膨胀潜势,该胀缩等级为Ⅰ级,在有较大上覆压力下产生吸水膨胀变形的可能性较小,但在无上覆压力或压力较小的情况下仍有一定的膨胀量,失水收缩变形较为明显,而且扰动土的膨胀性更强,因此需考虑膨胀土对工程的不利影响。

(4)土石方填筑问题

本工程区域多属填湖、塘区域,土石方或地基处理回填后,填料受地下水浸泡的可能性较大,填料水稳定性不良、压实程度不够,被水浸泡后存在软化的可能,软化后填料压缩性变高,在自重荷载或飞机荷载作用下,可能导致土基沉降,造成道面错台、断板等破坏。如何保证填料回填的密实性、水稳定性,也是本工程需要考虑的重要岩土工程问题之一。

2.2 地基处理方式比较

若在软土地基上修建机场,必须对地基进行加固处理,确保在飞机荷载重复作用下及自然环境变化的影响下,地上工程始终保持相对稳定,飞机能够安全起降、滑跑、停放。

对软土地基加固处理的机理就是采取措施,将含水量高、压缩性大、强度低、透水性小、处于饱和状态下土体中的孔隙水排挤出去。预压沉降,就是使土体固结,把由原来孔隙水承担的压力,随着水的排除转为由土骨架承受,加速软土地基的施工期沉降。

根据软土性质与置换材料、加固措施、施工工艺等有关,软土地基处理方法主要有换填法、静力排水固结法、动力排水固结法、挤密桩法、水泥搅拌桩法、桩-网复合地基法、孔内深层夯桩法、注浆法等。

2.2.1 换填法

通过挖除原状土后回填承载力和土质较好的土,以此减少原地基沉降、提高地基承载力的方法称为换填法。该方法通常是在一定范围内,把软土挖除,用砂、石料等无侵蚀作用的低压缩散体材料进行置换,然后分层夯实,提高软土层密实度,达到设计的沉降标准,清淤换填现场施工如图 2-40 所示,换填法优劣分析如表 2-4 所示。一般来说,换填法造价相对较高,主要适用于埋深较浅的淤泥、淤泥质土、湿陷性黄土、素填土、杂填土地基及暗沟、暗塘的浅层处理。

图 2-40 清淤换填现场施工照片

表 2-4 换填法优劣分析

优点	①换填法是一种简单明了、安全可靠的软土地基处理方法,经过清淤回填,基础下软土全部被清除,对地基变形及差异沉降的改善最为显著。②挖除的淤泥在指定区域晾晒后,可用于土面区的回填,无须外运
缺点	清除淤泥的费用较高、时间较长,采用机械挖除时需修筑施工道路,采用水力清淤法时,排水量较大
结论	飞行区道面影响区对沉降要求最为严格,因此,本工程主要在飞行区道面影响区,淤泥分布范围不大,淤泥层厚度小于 2.0m 的区域采用该方法

2.2.2 静力排水固结法

(1)常规处理方法:主要有堆载预压法、真空预压法、真空联合堆载预压法、降低地下水位法。静力排水固结法由排水系统和加载系统两部分组成。排水系统由竖向排水体和水平向排水体组成,其中,竖向排水体常采用袋装砂井、塑料排水板、砂桩等,水平向排水体则常采用砂垫层。加载方法根据加载体系的不同可分为堆载法、真空法等。堆载法采用土(石)料作为加载荷重,具有造价低廉、施工质量易控制等优点,但工期相对较长,必要时可以采用增加堆载厚度的方法缩短施工工期;真空法施工工期较短,处理效果明显,但造价偏高。降低地下水位法采用降水的方法,增加地基土体的有效荷载,加速软土的固结,施工造价相对较高。静力排水固结法施工现场如图2-41所示。

图2-41 静力排水固结法施工现场照片

(2)直排式真空预压法(新工艺):直排式真空预压法是由真空系统通过直排技术将土体中的孔隙水排除,从而加速土体固结,减少地基土的工后沉降。与常规真空预压法相比,该工艺采用新型防淤堵排水板、土体增压技术、无缝连接技术和水气分离技术,具有施工速度快、工期短、处理效果好等优点,但处理单价相对较高,每平方米单价比常规真空预压法高约20元。

2.2.3 动力排水固结法

(1)高真空击密法(HVDM):通过反复数遍的高真空压差排水,结合数遍合适的变能量击密,达到降低土层含水量、提高土层密实度和承载力、减少地基工后沉降和差异沉降量的目的。该方法通过在浅层插入高真空排水管,利用击密产生的超孔隙水压力和高真空形成的负压,形成压差使孔隙水快速排出,从而使浅层地基土达到超固结状态,在高真空击密影响深度范围内,软弱土层性质进一步提高,在地基土浅层形成刚度较大的硬壳层。由于硬壳层的存在,浅层承载力很高,因此,动力排水固结法属于浅层加固,主要适用于饱和砂土、饱和粉土、低饱和粉黏性土。处理后地基土的渗透性相对较好,渗透系数一般不小于10^{-5}cm/s。对于含有一定黏粒(含量小于10%)的砂土、粉土处理,具有明显优势。处理深度一般小于8m;对淤泥质土的处理效果较差。

(2)NF加压式套管冲击排水固结法:主要由增压系统、真空系统、强夯系统和监测系统组成,具有排水固结和强夯击实的双重效果,可在表层形成厚5m左右的超固结硬壳层。施工过程中采用智能监测和信息化施工,处理效果较好。但该工法处理深度有限,一般仅能达到 6～8m,因此对于深厚软土地基的处理效果难以保证。

2.2.4 挤密桩法

该方法以碎石、砂石为主要材料,制成复合地基加固桩,通过挤密、置换加速软土的固结,达到处理软土的目的。挤密桩现场施工如图 2-42 所示。由于碎石桩和砂石桩为散体材料桩,需要地基土体提供侧向约束,才能达到传递上部荷载的作用。当软土的凝聚力 c 值小于 15kPa 时,竖向承载作用不明显。同时,软土厚度较厚时,成桩质量不易控制。挤密桩法优劣分析如表 2-5 所示。

（a）

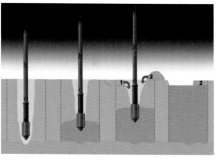
（b）

图 2-42　挤密桩现场施工照片及示意图

（a）现场施工照片；（b）施工示意图

表 2-5　挤密桩法优劣分析

优点	①技术可靠、机具设备简单、操作技术易于掌握; ②施工快速简单,可根据地层情况选用多种成桩方式,能形成复合地基,提高承载力,减小沉降; ③桩体兼有承载体及竖向排水通道两种作用,能加快软土固结,减小后期沉降
缺点	①此种方式适合表层有一定厚度的填土,能保证施工机械施工、移动的地段;对于湖区,需先抽水、回填后,方能进行施工。 ②施工费用较高,本项目体量巨大,经济性差。 ③桩体直径较小,对上部填土施工方式要求较高,若采用上部填料强夯,砂石桩损害率较高
结论	该方法经济适用性较差,施工费用较高,且施工速度慢。本项目暂不考虑该方法

2.2.5 水泥搅拌桩法

该方法采用水泥作为固化剂,通过特制的搅拌机械,在地基深处就地将软土与固化剂强制搅拌,由固化剂和软土间产生一系列物理-化学反应,使软土硬结成具有整体性、水稳定性和一定强度的水泥加固土,从而提高地基强度和变形模量。水泥搅拌桩具有造价低、处理效果明显等优点,但其处理深度一般不超过20m,且不适用于处理欠固结软土层。水泥搅拌桩法优劣分析如表2-6所示。

表2-6　水泥搅拌桩法优劣分析

优点	工艺相对简单,可根据地层情况选用多种成桩方式,能形成复合地基,提高承载力,减小沉降
缺点	①此种方式适合表层有一定厚度的填土,能保证施工机械施工、移动的地段,对于湖区,需先抽水,回填后,方能进行施工; ②施工费用较高,本项目体量巨大,经济性差; ③桩体直径较小,且桩体为水泥土脆性材料,对上部填土施工方式要求较高,若上部填料采用强夯,桩体损害率较高; ④对于塑性指数大于25的黏土,搅拌效果较差
结论	施工费用高,经济适用性较差,且施工速度慢,本项目不考虑该方法

2.2.6　桩-网复合地基

桩-网复合地基是指天然地基经过处理,使下部土体得到竖直向"桩"的加强,然后在该区域铺设水平向"网"(土工合成材料),由此形成加筋土复合地基加固区,使网-桩-土协同作用,共同承担荷载。

桩-网复合地基体系从上到下由三部分组成:一是上部加筋土;二是中部加筋褥垫层;三是下部桩土加固区。其中第二、三部分对荷载应力具有较明显的扩散作用,可有效减小地基沉降量。

桩-网复合地基通过变形协调,充分发挥桩、土和土工合成材料各自的作用,有效地控制工后沉降和工后沉降差,这种加固工法与常规地基处理方式的不同之处在于:①布桩"小而疏",即桩径小,桩距与桩径比大;②桩顶垫层增设土工合成材料。

该工法的最大优点就是在充分发挥土和合成材料功能的前提下,实现最大桩间距,从而减小置换率、减少桩数、降低成本。对于复杂多变的工程地质条件、上部荷载条件等诸多不利工况的工程问题,效果更佳。桩-网复合地基优劣分析如表2-7所示。

表2-7　桩-网复合地基优劣分析

优点	通过桩-网复合地基,能有效提高地基承载力,减小地基沉降
缺点	①桩-网复合地基中的桩,一般采用预制桩或灌注桩,不管采用哪种成桩方式,均需对地基(本项目为淤泥)进行预处理,以满足施工机械的正常施工,且处理费用较高; ②总体施工成本较大,费用偏高; ③桩身材料对上部填土施工方式要求较高,若上部填料采用强夯,桩身损害率较高
结论	施工费用高,经济适用性较差,本项目不考虑该方法

2.2.7 孔内深层夯桩法

该方法使用机具成孔(钻孔或冲孔),经孔道在地基处理的深层部位进行填料,用具有高动能的特制重力夯锤,进行冲、砸、挤压的高压强、强挤密的夯击作业,从而达到加固地基的目的。但作为散体材料桩,需要地基土体提供侧向约束才能达到传递上部荷载的作用,当软土的凝聚力 c 值小于 15kPa 时,竖向承载作用不明显,同时软土厚度较厚时,成桩质量不易控制。

2.2.8 注浆法

该方法通过压力注浆机将水泥浆或其他胶结浆液由钻孔注入土层内部孔隙中,以改善土体的物理力学性质。但注浆法处理效果受地质条件的影响,其适应性需现场试验验证。同时,需要大量水泥浆或其他胶结浆液,造价高,不适合大面积施工。

2.2.9 处理方案优劣分析

根据以上地基处理方式的特点,下面主要从工法的可行性和投资的角度对各处理方式进行综合比选。

2.2.9.1 处理工法的可行性

①真空预压法:真空预压法的加固原理是通过抽取空气和水形成真空,在土中某些边界造成负压缩,从而将土体中孔隙中的部分水、气抽出,使土体产生团结而加固。真空预压法先在欲加固的软土地基上铺筑砂垫层,然后按照一定间距打设袋装砂井(或塑料排水板或砂井),再在其上覆盖不透气的密封膜,借助于埋设在砂垫层中的通道,通过射流泵将膜下土体中的空气和水抽出,使密封膜内外形成一个压差,这个压差就相当于在砂垫层上施加了一个预压荷载,砂垫层中形成的真空度,通过砂井(或塑料排水板)渐渐向下延伸,又通过砂井(或塑料排水板)向四周的土体扩展,使土体中的空气和水在真空度的作用下发生由土体向砂井的渗流,最后由砂井(或塑料排水板)汇至地表的真空管中被抽出,从而使土体发生固结。该方法主要有以下几个优点:

a.真空度沿竖向排水体传递及向土体中扩展,就是孔压下降的过程。由于真空预压法在加固软土地基的过程中,作用于主体的总应力并没有增加,降低的只是土中的孔隙压力,而孔隙压力是一个球应力,所以不会产生剪切变形,只有收缩变形,不会发生侧向挤出,仅有侧向收缩,因此,该方法可以一次性快速加载而无须分级加载。

b.真空预压法利用大气压差加固土体,不需要大量的堆载预压材料。

c.真空预压法在加固土体过程中,在真空吸力的作用下易使土中的封闭气泡排除,从而使土的渗透性提高、固结过程加快。

d.真空预压法加固软土地基,地基周围的土体是向着加固区内的土体移动的,有利于加固区内土体密实度的提高。

②堆载预压法:堆载预压法是在拟建的结构物施工前就对地基施加等效荷载或大于等效荷载的超载进行预压,使结构物在使用期间发生的沉降绝大部分在预压期间完成,并使地基土的地基承载力和抗剪强度得到提高。为了加快排水过程,堆载预压一般可结合砂井、塑料排水板等排水体一起使用,这样可以缩短预压时间,提高固结度的增长速率。荷载部分一般采用填土方法实现。对抗剪强度很低的软弱土可采用分级加载的方式进行加载,逐步提高地基土的抗剪强度,防止超载作用下地基土的失稳。

对于机场而言,在荷载作用下,地基沉降主要由瞬时变形、主固结变形和次固结变形三部分组成。对于机场大面积填土荷载,土层的变形可看成一维压缩,瞬时变形可不考虑。堆载预压法可加速土层的固结,缩短预压时间,同样,采用大于使用荷载的超载进行预压可加速土层的压缩过程,这已被许多工程实践所证明。同时,超载预压对减小使用荷载下土层的次固结变形也有正向的效果,且超载越大,超载卸除后发生次固结变形的时间越推迟,土的次固结系数越小。这是由于超载卸除后,土体由原来的正常固结状态变成超固结状态而使次固结系数减小。

堆载预压法的优点:

a.处理深度大,能够处理深层的软土。对于机场大面积填土工程,上部荷载的应力扩散较小,堆载预压的荷载能够向深层土体传递,利用塑料排水板,加速软土的排水固结,可以处理深部的软土。

b.固结度增长快,施工期沉降大。由于塑料排水板缩短了软土的排水路径,在上部荷载的作用下,土体的固结速度快,能够在施工期获得较大的沉降,减少工后沉降。

c.降低次固结沉降。在超载预压的作用下,土体中的有效应力增加,使超载卸除后土体由原来的正常固结状态变成超固结状态,因而减小使用荷载作用下土的次固结变形,并推迟其发生的时间。

d.可充分利用场内填土。本工程场内填方工程量大,可将场内部分填方优先作为超载土方,超载结束时再将超载土方卸载至场内平整即可。

③真空联合堆载预压法:该工法兼顾了真空预压和堆载预压的优势,主要是通过加载的方式排除土体中的水和气,降低土体的含水量,土骨架受到有效应力的挤密作用,使得土颗粒得到重新排列组合,改善其受力特性。但是在真空度方面要求极其严格,真空度需要维持在650mm汞柱左右,相当于87kPa的真空压力,在很多实际工程中,并不能完全达到这一要求,一般可维持80kPa左右的真空压力。对于本工程而言,处理面积大,密封效果难度大,若真空度无法保证,地基处理效果可能不明显,因此本工程应谨慎

使用。

④直排式真空预压法：该工法是对常规真空预压法的优化，属于新工艺技术，主要有以下几个特点：

a.防淤堵技术。控制滤膜孔径，大幅度提高泥水分离效果；有效克服泥砂通过滤膜时造成的淤堵，达到很好的泥水分离目的。

b.无缝连接技术。采用手型接头，无缝连接塑料排水板与真空管，无需砂垫层，实现了低碳环保，缩短了真空传递路径，减少了真空度的沿程损失，加快了固结时间，提高了加固效果。

c.土体增压技术。进行真空预压的同时，通过增压系统，对软土进行侧向增压，使土体中的水分定向流动，加速土体固结。

d.水气分离技术。提高真空利用率，缩短施工时间。传统的抽真空射流泵的真空分布均匀性差。利用水气分离技术，将真空传至集水井，在集水井分布10个出口，每一出口连接真空主管，将真空从主管再传递至支管，真空压力均匀分布，可实现自动控制。

根据以上分析，堆载预压法、真空预压法和直排式真空预压法对本场地深厚软土的处理均适用，真空联合堆载预压法应谨慎采用。

2.2.9.2　造价投资角度

根据处理工艺特点及相关工程经验，每平方米造价从高到低排序为真空联合堆载预压法、常规真空预压法、直排式真空预压法和堆载预压法。因此，从造价投资的角度来看，堆载预压法较优。

根据上述工艺的技术特点及其适用性，结合场地特点，如场地软土分布厚度、范围、分布条件、施工适宜性等因素，分析比较得出最优的地基处理方案。在本次软土地基处理中充分考虑项目现场的自然环境、地理条件、地质条件和周围环境，同时考虑项目施工的技术经济问题，选择合适的地基处理方法，扬长避短，最大限度地达到地基处理的设计效果，减少资源消耗，节约成本，减少对周围结构和环境的影响和破坏。针对本项目，各处理方法的技术特点分析对比如表2-8所示。

表 2-8　地基处理方法技术特点分析对比汇总

处理方法		技术特点		综合评价
		优点	缺点	
换填法		①适用于各种浅层地基处理；②场地适用性好，处理效果好，可靠性高；③工艺、操作、设备简单，施工速度快	①换填深度一般不超过3 m；②土石方工程量较大；③当地下水位较大时，换填难度较大，需及时采取降水措施	①场地适应性好，技术可靠，处理效果明显；②工艺设备简单，便于施工操作；③挖填土方工程量较大
动力固结法	强夯法	①设备简单，便于操作；②可大面积施工，施工速度快；③适用范围广，处理效果好	①含水量较大的软黏土处理效果较差；②对地基土扰动较大	①机场工程中常用工法，处理效果明显，施工速度快；②工艺设备简单，施工速度快；③造价适中
	强夯置换法	①处理效果明显；②造价较低；③工期较短	①含水量较大的软黏土处理效果较差；②对地基土扰动较大；③施工变异性大，质量不易控制	①施工速度快，工期短；②对软弱土的处理效果较差；③施工变异性大，质量不易控制
静力排水固结法	堆载预压法	①适用于饱和软黏土；②处理效果可靠性高；③处理时间可控性高	①当加载方式采用超载时，需要较大的预压土方；②塑料排水板工程量较大	①处理时间可控，通过调整超载土方来满足工期要求；②处理效果明显，机场工程有成熟的应用经验；③超卸载土方量较大，存在一定的弃方
	真空预压法	①适用于饱和软黏土；②处理时间可控性高；③不需要超载土方	①密封效果对处理效果的影响较大；②工序繁多，工艺复杂；③用电量大，对临时用电要求高；④真空设备需连续运转，造价高	①处理时间可控性高；②不需要超载土方；③工序繁多，工艺复杂；④造价高
	真空联合堆载预压法	①处理效果可靠性高；②处理时间可靠；③超载土方相对较少	①工序繁多，工艺复杂；②处理效果受限于密封条件；③对临时用电要求高，需要堆载土方	综合了真空预压法和堆载预压法的优点，存在两者的缺点
	直排式真空预压法	①工期短，处理效果好；②塑料排水板防淤堵，可避免排水板折断、堵塞；③采用无缝连接技术，保证真空度有效传递；④不需要砂垫层	①大面积使用投资成本高；②工艺、设备复杂	①工期短，处理效果好；②塑料排水板防淤堵，处理有保障；③工艺设备复杂；④造价高

续表 2-8

处理方法		技术特点		综合评价
		优点	缺点	
动力排水固结法	高真空击密法	①适用于渗透性较好的饱和砂土、饱和软土；②具有排水固结和强夯击实的双重效果；③可使浅层地基土达到超固结	①对饱和软黏土的适用性较差；②处理深度有限，一般小于8m；③造价高，处理工艺复杂	①具有排水固结和强夯击实的双重效果；②对于淤泥质土层的处理效果较差；③处理深度有限
	NF加压式套管冲击排水固结法	①具有排水固结和强夯击实的双重效果；②智能监测，信息化施工；③处理效果较好	①处理深度有限，一般为6~8m；②工艺、设备复杂	①具有排水固结和强夯击实的双重效果；②智能监测，信息化施工，处理效果较好；③处理深度有限
水泥搅拌桩法		①施工时无噪声，无振动和无污染；②施工速度快；③处理深度大	①限制条件较多，场地适用性差；②施工变异性大，质量不易控制；③需要大量水泥，造价高	①施工速度快，处理深度较大；②施工无噪声，无振动和无污染；③施工变异性大，质量不易控制；④限制条件较多，场地适用性差
注浆法		①处理深度大；②设备简单，施工速度快	①处理效果受地质条件影响较大，适用性需现场试验确定；②水泥用量大，造价高，不适合大面积使用；③对地下水污染较大	①处理深度大，施工速度快；②适用性需现场试验确定；③造价高；④对地下水污染大
孔内深层强夯桩法（DDC）		①具有高动能、超压强、强挤密的效果；②处理深度大，最大可达30m；③造价较低，可就地取材	①对软土地基适用性较差；②对地基扰动大	①处理深度大；②造价较低，可就地取材；③对软土地基适用性较差
碎石桩法		①工艺简单，施工方便；②施工速度快	①处理饱和软黏土地基效果差；②需要验证其适用性；③施工变异性大，质量不易控制	①施工速度快；②处理饱和软黏土地基效果差；③施工变异性大，质量不易控制；④需验证场地的适用性

2.2.10　方案综合比选与结论

软土地基处理方案应根据技术先进、经济合理、安全适用、质量保证这四个原则开展比选。最终通过对以上方案在技术可行性、经济合理性、工期等方面的综合对比分析,结合本工程场地水文地质条件、场地现状地形、土石方填筑高程等实际情况,比选结论如下:

(1)无软土分布区地基处理方案比选

无软土区的主要岩土工程问题为特殊性土,处理对象主要为表层人工堆填层,同时需对原地基土层进行密实处理。

由地勘资料可知,绝大部分区域的表层人工堆填层小于1m,局部区域在2.5m左右。根据上文对地基处理工艺的分析,换填法适用于浅层处理,处理得最为彻底、有效,经济性较好。因此,对于人工堆填层,考虑采用换填法进行处理。

目前常用的密实工艺有振动碾压法、冲击碾压法和强夯法,其中,振动碾压法的处理深度在0.4m左右,冲击碾压法的处理深度在0.8m左右,强夯法的处理深度可达6～8m。鉴于飞机荷载影响深度一般为5m左右,考虑到道面结构层厚度、填土厚度,原地基土层密实深度应为3m左右,选择强夯法是合适的。本工程中,借土区料源主要以石料为主,设计中对道槽区的回填料也要求为石料,根据类似工程经验,强夯法回填是适用的。强夯法作为回填工艺时,虚铺厚度一般在4m左右,可把回填填料作为强夯垫层使用,对原地基浅层2～4m的处理效果较好。因此,对于原地基土层的密实采用土石方填筑与原地基处理相结合的强夯工艺。

(2)软土分布区地基处理方案比选

对于软土厚度小于3m的区域,根据以上处理工艺的特点,结合类似工程经验(如保山机场、梧州机场),换填法是首选方法。该法工艺、设备简单,便于操作,施工速度快,同时场地适应性好,技术可靠度高,处理得最为彻底。挖出的软土可用于土面区回填,不存在弃方。

本工程软土厚度大于3m区域主要位于湖区,分布范围广、处理面积大,因此,选取经济有效的处理工艺尤为重要。注浆法、桩-网复合地基法、水泥搅拌桩法,造价高,不适合大面积采用,同时其适用性需通过现场试验验证,因此本工程不考虑以上工法。软土厚度大于3m,换填法施工难度大、造价高。DDC桩法、碎石桩法在淤泥质土层中施工变异性大,施工质量难以保证。强夯置换法处理深度有限,一般不大于10m,湖中心软土厚度普遍大于10m,同时,强夯置换法需要大量的石料,工程造价非常高,本工程不予考虑。高真空击密法对淤泥质土处理效果差,处理深度有限,本工程不予考虑。NF加压式套管排水固结法处理深度一般为6～8m,且造价高,本工程不予考虑。

根据以上分析,对于本工程深厚软土主要考虑静力排水固结法,即堆载预压法、真空预压法、真空联合堆载预压法、直排式真空预压法。综合地基处理工艺的可行性和造价投资,堆载预压法更适用于本工程深厚软土地基处理。

2.3 地基处理设计思路与技术要求

2.3.1 地基处理设计理念与思路

(1)设计理念

本工程设计依据三大原则:科学性、经济性、合理性,贯彻"坚固适用、技术先进、经济合理"的方针,具体如下:

①满足国家和民航行业规范要求,保证机场未来正常运行。

②满足机场各功能分区的具体要求,保证工程质量。

③立足本期建设,同时考虑中、远期扩展。

④本工程作为机场项目首先开工的部分,应充分考虑与后续施工之间的衔接。

⑤在保证工程质量前提下,尽量减少土石方量,减少工程对周边环境的影响和破坏,节约征地面积,尽量做到场内土方平衡,节约工程投资。

⑥立足"安全、可靠、长效、美观、环保"的总原则,在现有技术条件下,尽量做到技术成熟、施工易行和经济合理;遵循尽可能依山就势和因地制宜的设计理念;应充分考虑环境保护,美化环境。

⑦充分考虑多方面影响,设计完善的质量保证措施,减少各方面因素对工程质量的影响。

⑧注意与其他专业之间的协调和沟通,不影响其他专业设计。

⑨需考虑本期工程与下一期工程在间歇期间可能产生的不良影响(如场地大规模积水等),在设计方案中给予充分考虑,尽量为业主排忧解难。

⑩在岩土工程处置工艺的选择上,首先应保证工程质量,确保所选工艺在处理质量上的可靠性。在保证工程质量的前提下,综合考虑工期、投资、创新等其他因素,选取最优设计方案。

⑪不墨守成规,积极接受和学习新事物、新工艺、新技术、新材料,尽量保证设计方案的创新性。

⑫根据岩土工程的专业特点,坚持动态反馈设计的岩土工程设计方法,实时根据现场实际施工情况反馈的内容,及时调整设计参数和设计方案,保证设计方案的合理性和经济性。

⑬严格按业主所要求的进度、质量和投资进行设计。

(2)设计思路

在了解软土地基分布特征及处理目的的基础上给出针对不同实际情况的设计思路。

如针对原地基处理从工后沉降问题、边坡稳定问题、特殊性土质问题考虑设计思路;针对土石方填筑则从不同区域的近远期影响及稳定性、承载力方面考虑设计思路。具体设计思路如下:

①原地基处理

a.解决道槽区地基工后沉降问题:主要处理的对象为淤泥和淤泥质黏土层,主要处理思路为通过换填、堆载预压等措施降低其工后沉降。而对于无软土分布的区域,提高表层原状土密实度,使其形成一定厚度的硬壳层即可。

b.解决边坡稳定影响区原地基土层抗剪强度低的问题:主要影响边坡稳定性的因素是抗剪强度低的淤泥和淤泥质土,解决思路为提高该土层的抗剪强度。

c.解决草皮土、腐殖土、新建填土、淤泥,以及膨胀土等特殊性土问题:根据《民用机场岩土工程设计规范》(MH/T 5027—2013)、《公路路基设计规范》(JTG D30—2015)的相关要求,不经处理,不得作为道槽持力层。草皮土、腐殖土在土石方工程清表时考虑全部清除,新建填土层和软土层在道槽区地基处理中考虑置换。对于膨胀土,根据《民用机场岩土工程设计规范》(MH/T 5027—2013)、《公路路基设计规范》(JTG D30—2015)相关要求,应保证道床范围80 cm内不含该土层即可。

②土石方填筑

严格按照上部建(构)筑物要求的地势标高进行设计,全面考虑工程范围内各分项工程所产生的土石方工程量,统一计算、统一调配,真正做到土石方平衡。

a.道槽区、道路区、边坡稳定影响区及其远期规划区,考虑填料存在长年浸水的可能,回填时应优先使用水稳定性好的石料。

b.工作区、航站区及其远期规划区,考虑到后期建筑基础施工及二次地基处理的需要,不宜采用纯石料回填,但应保证回填地基具有较好的承载力,因此,宜采用较好的土料、土夹石或山皮土回填。

c.土面区及其远期规划区,上部一般无承载需求,各种填料均可填筑。

③边坡工程

a.边坡填筑尽量选用硬质石料(A类填料),不选黏土等软弱性材料。

b.软弱土层处边坡,在填筑前需进行地基处理,确保边坡稳定安全。

c.边坡支护面应尽量选择浆砌石等方案,确保浸水边坡稳定安全。

2.3.2 地基处理设计技术要求

(1)场地用地功能分区

根据要求,本项目场地按照用地功能分区,详见表2-9。

表 2-9　鄂州花湖机场场地分区

分　区	范　围
本期飞行区道面影响区	道肩两侧各外延 1～3m 的范围，填方区尚需以 1：0.6～1：0.4 向两侧放坡至原地面
本期飞行区土面区	飞行区内飞行区道面影响区以外的区域,不包括填方边坡稳定影响区
本期航站区	包括分拣中心、航站楼、管制中心、停车楼(场)、航站交通及服务设施等的区域
本期工作区	包括快件中心、货代区、机场办公区、综合保障区、生活服务区等
远期工作区土面区、航站区	场地平整范围内预留的规划发展区域
远期飞行区道面影响区、土面区、航站区	场地平整范围内预留的规划发展区域
填方边坡稳定影响区	根据填方高度和天然地基的实际条件，由设计单位通过具体分析自行确定

（2）各功能分区地基承载力要求

各功能分区地基承载力要求如表 2-10 所示。

表 2-10　各功能分区地基承载力要求

序号	分区	地基承载力特征值（kPa）
1	本期飞行区道面影响区	150
2	本期飞行区土面区	80
3	本期航站区	120
4	本期工作区地块	100
5	本期工作区路网	120
6	远期飞行区道面影响区	150
7	远期飞行区土面区	80
8	远期航站区	120

（3）地基沉降变形要求

对于机场跑道地基的允许沉降量,世界各国都没有明确统一的规定,国际民航组织（ICAO）也未制定出相关标准。我国民航机场设计一般采用工后沉降、差异沉降等指标控制地基沉降。由于跑道地基工后沉降与地基土类型、压缩层厚度、压实方法等诸多因素有关,不同机场其工后沉降相差较大,例如,修建在软土地基上的上海浦东机场,一跑道工后 11 年沉降平均值达到 60cm、最大值达到 80cm;二跑道工后 4.5 年沉降平均值达到 23cm。再如,修建在填海地基上的日本大阪关西机场,工后 4 年测得的沉降量已超过 1.5m。可见,由于不同机场的工后沉降差异较大,其工后沉降控制标准也应针对各机场的具体情况、通过经济技术比较后分别确定。

如何确定机场飞行区的允许沉降控制标准,成为机场建设的重大技术、经济决策问题。它既影响机场的飞行安全和寿命,又制约着机场投资的控制,是机场建设者面临的重大课题。

本工程通过初步的理论计算,以及结合相关规范和国内类似工程经验,确定飞行区道面影响区和土面区,在设计使用年限 30 年内的工后沉降和工后差异沉降应不大于表2-11 所述的规定。

表 2-11　工后运行期沉降量和差异沉降要求

序号	分区	工后运行期沉降量 （按使用年限 30 年计）	工后运行期差异沉降
1	本期飞行区道面影响区	跑道 25 cm、滑行道及机坪 30 cm	沿纵向 1.5‰（跑道）,沿排水方向 2.0‰（滑行道及机坪）
2	本期飞行区土面区	应满足位于本期土面区的排水、管线等设施的使用要求,沉降量应控制在 40 cm 以内	
3	本期航站区、转运中心区	满足场地平整造地要求,航站楼和转运中心建设时可进行二次处理	
4	本期工作区地块	满足场地平整造地要求,有特殊要求时,场地应根据具体使用要求进行二次处理	
5	本期工作区路网	满足场地平整造地要求,沉降量应控制在 30 cm 以内,根据具体使用要求可进行二次处理	
6	远期飞行区道面影响区	同本期飞行区道面影响区	
7	远期飞行区土面区	同本期飞行区土面区	
8	远期航站区	同本期航站区	

本工程地基处理和土石方施工总工期为 12 个月,工后沉降验收观测期为 12 个月。工后沉降验收观测期分两个阶段,分别为竣工验收后 6 个月和 12 个月。沉降观测区域的机场场道工程最迟不晚于 2021 年 1 月 1 日开始施工,转运中心最迟不晚于 2019 年 9月 1 日开始基础施工。

实际工程中,在施工期间和工后进行沉降和变形监测,通过沉降观测来确定预留沉降期。

（4）边坡稳定性要求

根据《民用机场岩土工程设计规范》（MH/T 5027—2013）,在正常使用条件下,边坡稳定安全系数不小于 1.30,暴雨或连续降雨条件下不小于 1.1,地震工况条件下不小于1.02。临湖段边坡需满足《堤防工程设计规范》（GB 50286—2013）的相关要求。

土堤边坡抗滑稳定采用瑞典圆弧法或简化毕肖普法计算时，安全系数不应小于表 2-12 的规定。

表 2-12　堤防安全系数

堤防安全级别		1	2	3	4	5
安全系数	瑞典圆弧法 正常运行条件	1.30	1.25	1.20	1.15	1.10
	瑞典圆弧法 非正常运行条件 I	1.20	1.15	1.10	1.05	1.05
	瑞典圆弧法 非正常运行条件 II	1.10	1.05	1.05	1.00	1.00
	简化毕肖普法 正常运行条件	1.50	1.35	1.30	1.25	1.20
	简化毕肖普法 非正常运行条件 I	1.30	1.25	1.20	1.15	1.10
	简化毕肖普法 非正常运行条件 II	1.20	1.15	1.15	1.10	1.10

（5）土石方压实度指标

土石方在飞行区道面影响区和填方边坡稳定影响区应均匀、密实，在其他区域应基本均匀、密实，土石方压实度指标应符合表 2-13 的规定。

表 2-13　土石方压实度指标

部位			土基顶面或土面以下深度（m）	压实度（%）
土基区	填方		0～1.0	98
			1.0～4.0	95
			＞4.0	93
	挖方及零填		0～0.3	98
土面区	填方	跑道端安全区	0～0.8	90
			＞0.8	88
		升降带平整区	0～0.8	90
			＞0.8	88
		其他土面区	＞0	85
	挖方及零填	跑道端安全区	0～0.3	90
		升降带平整区	0～0.3	90
		其他土面区	0～0.2	85
航站区	填方		＞0	93
工作区	填方		＞0	90
预留发展区	填方		＞0	88
填方边坡稳定影响区	填方		＞0	93

注：①表中深度，对飞行区道面影响区自道基顶面起算，对其他场地分区自地势设计标高起算。

②表中压实度系按《土工试验方法标准》（GB/T 50123—2019）重型击实试验法求得，在多雨潮湿地区或当土质为高液限的黏土时，根据现场实际情况，可将表中的压实度降低 1%～2%。

③石方填筑和土方混合料填筑的密实度宜采用固体体积率控制，可用灌砂法或灌水法检测，土基区应不小于 83%，土面区应不小于 72%。

（6）道基顶面最小反应模量要求

道基顶面反应模量应在现场用承载板试验确定，检测频率不小于10000 m²/点，道基顶面最小反应模量要求见表2-14。根据本工程填料特点，道基顶面最小反应模量取 60 MN/m³。

表 2-14 道基顶面最小反应模量指标

填料种类	最小反应模量要求（MN/m³）
黏性土、细粒土	40
粗粒土	60
块（碎）石	80

（7）道床填料最小强度要求

道床填料最小强度要求如表2-15所述。

表 2-15 道床填料加州承载比（CBR 值）指标

挖填类型	土基顶面以下深度（m）	道床填料最小强度（CBR）（%）
填方	0～0.3	8
	0.3～0.8	5
挖方及零填	0～0.3	8
	0.3～0.8	4

2.4 初步方案设计

软土地基处理初步方案设计需要从沉降变形、边坡稳定、特殊土等工程技术方面着手开展，进而从沉降计算、固结计算、分区计算以及计算方法等方面进行理论验算。最后，根据这些分析结果来提出初步设计方案。

2.4.1 沉降计算与分析

（1）最终沉降计算

本工程最终沉降计算采用《建筑地基基础设计规范》（GB 50007—2011）推荐的分层总和法，计算公式如下：

$$s = \sum \psi_s s_i \ ; \ s_i = \frac{P_i H_i}{E_{si}}$$

式中 s——最终沉降量（mm）；

P_i——第 i 层土顶面与底面附加应力的平均值（kPa），主要由填土自重荷载、道面结构层自重荷载及飞机荷载组成，且由于填筑体自重荷载和道面结构层自重荷载的作用面积较大，不考虑附加应力的扩散；

H_i——第 i 层土的厚度（m）；

E_{si}——第 i 层土的压缩模量（MPa）；

ψ_s——《建筑地基基础设计规范》（GB 50007—2011）规定的沉降计算经验系数，由压缩模量当量值确定。

①荷载情况说明

机场工程地基所受荷载主要为填筑体自重荷载、道面结构层自重荷载，此外机坪区域考虑飞机荷载，有以下几个特点：

a.填筑体自重荷载和结构层自重荷载为恒载，且面积一般较大，可当作大面积荷载处理，即荷载在土体中的传递不随深度而扩散。

b.飞机荷载需经过结构层和填土层后才能传递到地基上，结构层和填土层对飞机荷载具有一定的扩散作用，因此，道槽区挖方区及填方高度较小的区域，起主要作用的荷载为飞机荷载；相反，当填方达到一定高度后，飞机荷载的影响将变得很小。

c.综上所述，跑道滑行道区域按照填筑体实际填筑厚度计算填筑体荷载，道面结构层按 $25\,kN/m^3 \times 0.8\,m = 20\,kPa$ 考虑。

②沉降计算深度确定

与建筑物不同，机场因填筑面积较大，填筑体引起的附加荷载沿深度衰减缓慢，基本呈矩形分布。对于一般地基条件，计算深度可取至附加应力等于上覆土层自重应力10%的深度。但对于软土地基，其影响深度可达到深部的不可压缩层，一个极端的例子是填海建造的日本关西机场，建成至今沉降超过 11.5 m，其软土厚度超过 300 m，设计时沉降计算深度考虑不足，实际沉降量远超过预计值。鉴于机场工程附加荷载分布及其沿深度变化的特点，对于软土地基不宜用附加应力不超过自重应力的10%来确定计算深度。

对于非软土地基条件，也可按《建筑地基基础设计规范》（GB 50007—2011）中计算深度的确定方法，考虑机场工程特点，按沿深度不衰减的极端情况考虑。当计算深度达到 40 m 时，再增加 1 m 计算因深度而新增的沉降量，能满足《建筑地基基础设计规范》（GB 50007—2011）的要求，因此一般情况下计算深度不超过 40 m。

③沉降计算经验系数（修正系数）确定

a.沉降计算经验系数（修正系数）的作用

为提高沉降计算的准确度，在采用分层总和法进行沉降计算的基础上，引入沉降计算经验系数，这是一个修正计算沉降量的经验系数，概括地反映了在分层总和法中所未反映的因素。考虑到地基变形的非线性性质，一律采用固定压力段下的压缩模量值必然会引起沉降计算的误差。

b.沉降计算经验系数(修正系数)的选用

由于地基土类型和应力的历史差异，以及软弱土地基加固方法不同，采用分层总和法时修正系数 ψ_s 取值范围很大。

《建筑地基基础设计规范》(GB 50007—2011)中主要依据变形计算深度范围内地基土压缩模量当量值的大小，ψ_s 取 0.2 ~ 1.4。

《建筑地基处理技术规范》(JGJ 79—2012)对正常固结饱和黏性土地基 ψ_s 可取 1.1 ~ 1.4，荷载较大或地基软弱土层厚度大时应取较大者。

《公路路基设计规范》(JTG D30—2015)关于软土地基沉降计算，综合考虑荷载大小、填土速率和软土地基加固方式等因素的影响，ψ_s 取 1.1 ~ 1.7。

目前尚难依据机场建设中地基沉降积累的经验给出修正系数 ψ_s 的取值范围，应结合现场试验和专项研究成果进行合理选择。

（2）固结计算

当原地基不处理时和采用强夯处理时可将填筑体表面作为地基的排水边界，按照单面排水固结模型考虑，其固结度按下式计算：

$$U = 1 - \frac{8}{\pi^2} e^{-\frac{\pi^2}{4} T_v}$$

$$T_v = C_v t / H^2$$

式中　C_v——竖向固结系数；

　　　T_v——竖向固结的时间因素；

　　　H——单向排水土层厚度（m）；

　　　t——固结时间（d）；

　　　U——固结度。

（3）工后沉降计算

原地基工后沉降计算公式如下：

$$s_0 = (U_n - U_m) \cdot s$$

式中　s_0——工后沉降量（mm）；

　　　U_m——施工完成时对应的固结度值；

　　　U_n——设计使用期限对应的固结度值，本工程取1；

　　　s——总沉降量（mm）。

（4）计算方法

本工程采用专业沉降计算软件 Settle 3D 进行沉降计算，其计算原理与前文所述计算方法一致。

对于固结沉降的计算，软件主要有两种计算方法：一是非线性方法（相对精确），二是线性方法。

非线性方法需要的土层物理力学参数有：土体的重度、饱和重度、超固结比 OCR、压缩指数 C_c、回弹指数 C_r、初始孔隙比 e_0 以及固结系数等。

线性方法需要的土层物理力学参数有：土层重度、饱和重度、压缩模量以及固结系数等。

由于目前的地勘资料仅提供了线性方法所需的参数，未提供超固结比 OCR、压缩指数 C_c、回弹指数 C_r、初始孔隙比 e_0 等非线性计算参数，本阶段沉降计算采用线性计算，后期地勘单位提供相关计算参数后，可采用非线性方法对计算结果进行验算。

（5）计算分区

地勘资料显示，本场地主要压缩性土层为②层新近湖塘沉积层（②-1 层淤泥、②-2 层淤泥、②-3 层淤泥质黏土和②-5 层淤泥质黏土），即以上土层为主要的沉降贡献层。因此，可根据场地软土分布，将场地分为三类：①无软土分布区域；②软土厚度小于 3 m 区域；③软土厚度大于 3 m 区域。

（6）计算结果

①无软土分布区域

a.跑滑系统区

选取典型区域，根据土方计算图可知填方高度为 4 m 左右，考虑道面结构 0.8 m 厚，飞机荷载可忽略不计，沉降计算结果如图 2-43 所示。

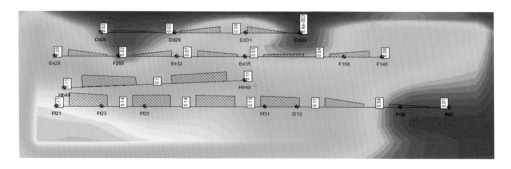

图 2-43 跑滑系统区道面使用年限内（30 年）工后沉降（m）（无软土分布区域）

根据沉降计算结果，工后沉降最大值为 17 cm，小于规范要求限值（跑道 25 cm，滑行道及机坪 30 cm），因此满足设计要求。同时，选取差异沉降较大区域，计算其差异沉降为 0.22‰，满足差异沉降要求。

b.站坪区

选取典型区域,根据土方计算图可知填方高度为3m,考虑机场建设期填土3m厚和道面结构0.8m厚,飞机荷载忽略不计,沉降计算结果如图2-44所示。

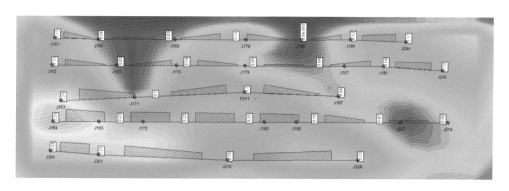
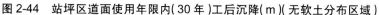

图2-44 站坪区道面使用年限内(30年)工后沉降(m)(无软土分布区域)

根据沉降计算结果,工后沉降最大为29cm,小于规范限值(机坪30cm),因此满足设计要求。同时,选取差异沉降较大区域,计算其差异沉降为1.1‰,满足差异沉降要求。

根据以上计算结果,无软土分布区域内沉降计算基本满足规范要求,但局部区域因土层分布不均,工后沉降较大,需提高原地基土层的均匀性。

经比选,采用强夯法进行处理的同时结合土石方填筑工艺,即清除完表层人工堆填层后,直接采用强夯法进行土石方回填,既进行了土石方回填,同时又处理了原地基2~4m厚的土层。根据相关工程经验,提高表层原状土密实度,使其形成一定厚度的硬壳层即可满足要求。

②软土厚度小于3m区域

a.跑滑系统区

选取典型区域,填方高度为5m左右,同时考虑道面结构0.8m厚,飞机荷载忽略不计,沉降计算结果如图2-45所示。

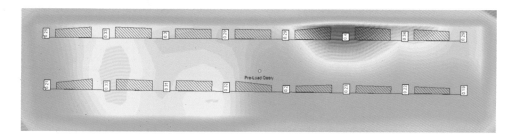

图2-45 跑滑系统区道面使用年限内(30年)工后沉降(m)(软土层厚度小于3m区域)

b.站坪区

选取典型区域,填方高度为3m左右,同时考虑机场建设期填土3m厚和道面结构0.8m厚,飞机荷载忽略不计,沉降计算结果如图2-46所示。

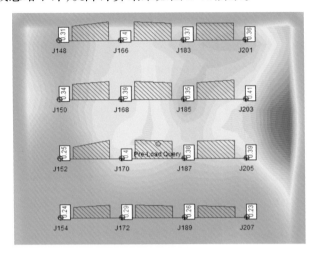

图2-46　站坪区道面使用年限内(30年)工后沉降(m)(软土层厚度小于3m区域)

c.远期道槽区

选取典型区域,填方高度为4m左右,同时考虑机场建设期填土3m厚和道面结构0.8m厚,飞机荷载忽略不计,沉降计算结果如图2-47和图2-48所示。

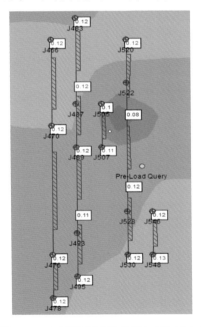

图2-47　远期道槽区整体竣工后(10年)
沉降(m)(软土层厚度小于3m区域)

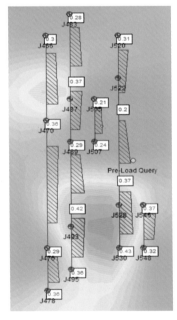

图2-48　远期道槽区道面使用年限内(30年)
工后沉降(m)(软土层厚度小于3m区域)

综合以上计算结果,软土层厚度小于3m区域在道面使用年限内(30年)工后沉降为 12～40cm,不能满足设计要求。

经比选(详见第 2.2 节),对于道槽区范围内厚度小于 3m 软土采用换填法处理,即清除全部软土层,换填满足要求的石料。对于无软土分布区域,采用换填法处理后,道槽区沉降可满足规范要求。

③软土层厚度大于 3m 区域

A.地基处理前沉降计算

a.跑滑系统区

选取典型区域(软土层厚度为 10m),根据土方计算图可知该区域本期填方高度为 6m 左右,同时考虑道面结构 0.8m 厚,沉降计算结果如图 2-49 所示。

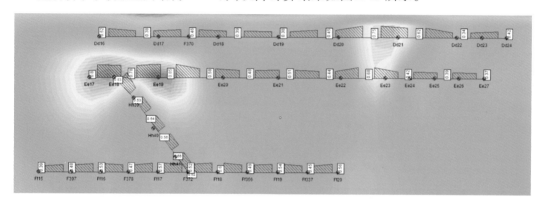

图 2-49　跑滑系统区整体竣工后使用年限内(30 年)工后沉降(m)(处理前软土层厚度大于 3m 区域)

从以上计算结果不难看出,跑滑系统区处理前软土层厚度大于 3m 区域工后沉降为 39～83cm,不能满足设计要求。

b.站坪区

选取典型区域(软土层厚度为 8m),根据土方计算图可知该区域填方高度为 6m 左右,考虑填土 3m 厚以及道面结构 0.8m 厚,沉降计算结果如图 2-50 所示。

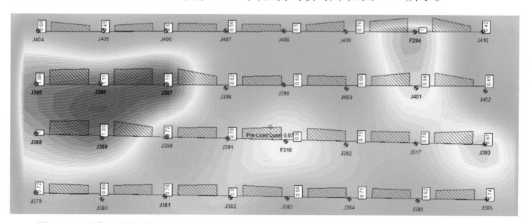

图 2-50　站坪区道面使用年限内(30 年)工后沉降(m)(处理前软土层厚度大于 3m 区域)

显然,站坪区处理前软土层厚度大于3m区域工后沉降为62~111cm,不能满足设计要求。

c.远期道面区

根据招标文件,远期道面区需在完工后10年内达到设计沉降要求,因此沉降观测期为10年。选取典型区域,软土层平均厚度为7.5m,本期填方高度为6m左右,同时考虑机场建设期填土3m厚以及道面结构0.8m厚,沉降计算结果如图2-51和图2-52所示。

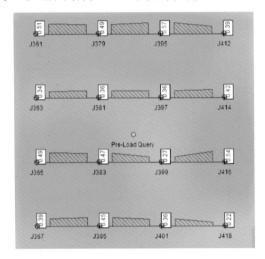

图2-51 远期道面区整体竣工后10年沉降(m)(处理前软土层厚度大于3m区域)

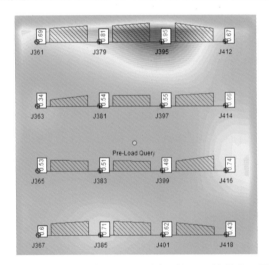

图2-52 远期道面使用年限内(30年)工后沉降(m)(处理前软土层厚度大于3m区域)

据以上计算结果,远期道面(处理前软土层厚度大于3m区域)使用年限内工后沉降为18~38cm,因此远期道面区在完工后10年内沉降不能达到规范要求。

d.土面区

根据土面区软土分布及厚度,并参考其他功能区域进行计算。

根据道槽区软土层厚度小于3m区域沉降计算结果,工后沉降12~40cm,可满足规范要求。

显然,软土层厚度大于3m区域工后沉降不能满足设计要求。由于土面区不存在道面结构荷载和飞机荷载,同时其沉降时间可适当放宽至机场建设完工,暂按本期工程完工后两年计。其处理方式可参考远期道槽区。

B.地基处理后沉降计算

经比选,软土层厚度大于3m区域采用堆载预压法进行处理,根据各功能分区沉降要求的不同,分别对采用堆载预压法处理后的原地基进行沉降计算。通过不断调整堆载预压相关参数,直到沉降满足设计要求,具体计算结果如下所述。

a.跑滑系统区

经计算,排水板间距1.2m,加载系统荷载超过本期设计标高1.5m(略大于机场设计标高),堆载时间5个月,最大工后沉降为10cm,最大差异沉降为0.55‰,可满足规范要求。计算结果如图2-53和图2-54所示。

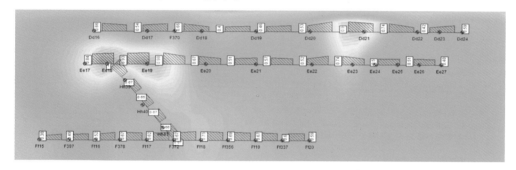

图2-53　跑滑系统区堆载5个月后沉降(m)(处理后软土层厚度大于3m区域)

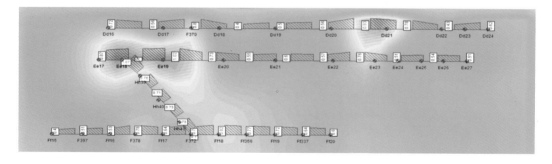

图2-54　跑滑系统区道面使用年限(30年)工后沉降(m)(处理后软土层厚度大于3m区域)

b.站坪区

经计算,排水板间距1.2m,加载系统荷载超过本期设计标高4.5m(略大于机场设计标高),堆载时间5个月,最大工后沉降为13cm,最大差异沉降为0.74‰,可满足规范要求。计算结果如图2-55和图2-56所示。

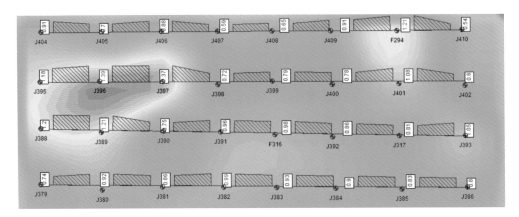

图 2-55　站坪区堆载 5 个月后总沉降(m)(处理后软土层厚度大于 3m 区域)

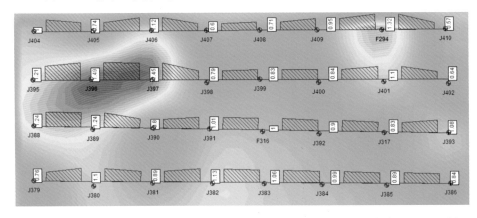

图 2-56　站坪区道面使用年限(30 年)总沉降(m)(处理后软土层厚度大于 3m 区域)

c.远期道槽区

经计算,排水板间距 1.5m,加载系统荷载等于本期填土荷载,堆载时间 10 年,工后沉降基本小于 5cm,可满足设计要求。计算结果如图 2-57 和图 2-58 所示。

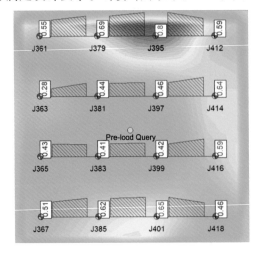

图 2-57　远期道槽区堆载 10 年后沉降(m)(处理后软土层厚度大于 3m 区域)

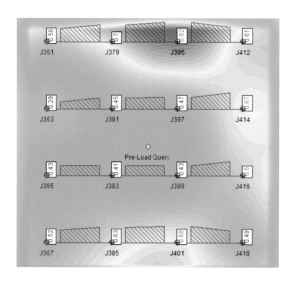

图2-58 远期道槽区道面使用年限(30年)沉降(m)(处理后软土层厚度大于3m区域)

根据以上计算结果,本期道槽区排水板间距为1.2m,加载系统荷载略大于机场设计标高填土荷载,满载时间5个月,其工后沉降和差异沉降可满足设计要求。土面区和远期道槽区排水板间距为1.5m,加载系统荷载等于本期填土荷载,其工后沉降和差异沉降可满足设计要求。

综上所述,道槽区无软土分布区域换填表层人工堆填层,再对原地面进行密实后,沉降计算可满足设计要求;道槽区软土层厚度小于3m区域换填软土层后,沉降可满足设计要求;道槽区和土面区软土层厚度大于3m区域采用堆载预压法处理后,沉降可满足设计要求。

2.4.2 初步方案的提出

(1)西标段

①无软土分布区:处理对象主要为浅层人工堆填层(杂填土、素填土、植物层和耕土),采用换填法处理,同时结合土石方强夯填筑工艺,对原地面进行密实处理。

②软土层厚度小于3m区:处理对象为浅层软土(淤泥、淤泥质土),采用换填法处理,同时结合土石方强夯填筑工艺,对原地面进行密实处理。

③软土层厚度大于3m区:处理对象为湖、塘深厚软土,采用排水固结法处理,其中本期道面影响区采用超载(相对于本工程设计标高)预压排水固结法处理,远期道面影响区、土面区采用等载(相对于本工程设计标高)预压排水固结法处理。

(2)东标段

①道面影响区(含跑道、滑行道、停机坪等道面影响区)地基处理方案

根据软土分布区域、分布深度的不同,分别采用如下几种地基处理方式:

a.清淤置换法

对于软土局部孤立区域,存在较薄的②-2淤泥层和②-3淤泥质黏土层,层厚小于2.0m,面积较小,为减小后期工后沉降和差异沉降,清除该区域淤泥层后,回填土石方并对回填的土石方采用强夯处理方案。

b.强夯置换法

对于软土分布面积较大且连续,层厚2.0～5.0m的区域,采用强夯置换地基处理方案,强夯处理后,上部填筑土石方,土石方填筑时采用强夯处理方案。

c.塑料排水板+堆载预压法

对于软土层厚度大于5.0m的区域,采用塑料排水板+堆载预压地基处理方案,清理完成②-1淤泥层后,在淤泥层顶部铺设一层复合土工垫和碎石垫层(或砂砾垫层),再插打排水板,分层进行堆载预压处理。上部填土分层填筑时,塑料排水板顶部3m范围内土石方填筑压实采用振动碾压(或冲击碾压)法,3m以外区域采用强夯法。

②土面区、航站区、转运中心、工作区地基处理方案

根据软土分布区域、分布深度的不同,分别采用如下几种地基处理方式:

a.抛石挤淤法

对于软弱土层厚度小于3.0m的区域,采用抛石挤淤方案进行处理。处理后上部土石方填筑采用强夯法。

b.强夯置换法

对于软土层厚度为3.0～10.0m的区域,采用强夯置换处理方案,强夯置换墩应穿过淤泥土层(②-2淤泥层)。

强夯处理后,上部土石方填筑时采用强夯法。

c.塑料排水板+堆载预压法

局部软土层深度大于10m的区域,采用塑料排水板+堆载预压法,处理方式及适用条件同道面影响区。

2.5 试验段设计与计算分析

试验段设计与计算分析的目的是,通过严格按照设计和技术规范要求进行试验段施工,归纳、分析、整理以确定用不同填料达到规范要求的压实度时所需的机械设备组合方式、碾压遍数、压实系数、最佳含水量、最佳松铺厚度以及劳动力组织、生产效率等参数,并按此施工参数、施工工艺展开全面施工。此外,通过不同施工工艺地层影响检测及沉降监测,为工后沉降及差异沉降分析计算提供数据支持。

2.5.1 东标段试验段设计

机场工程涉及的岩土工程问题因地形地貌、工程地质条件等不同而有很大差异,需要对试验段有针对性地进行设计。本项目段试验段试验主要包括原地基处理试验和土石方填筑试验,其中原地基处理试验有强夯置换试验、堆载预压试验。

2.5.1.1 强夯置换试验

强夯置换主要是利用重锤高落差产生的高冲击能将碎石、片石、矿渣等性能较好的材料强力挤入地基中,在地基中形成一个个的粒料墩,墩与墩间土形成复合地基,以提高地基承载力,减小沉降。

强夯置换试验的目的有:

①确定不同能级情况下,强夯置换成墩深度及影响深度;

②确定强夯置换墩的直径;

③确定夯击击数;

④确定强夯置换复合地基承载力和压缩性指标。

本工程强夯置换复合地基处理技术参数有:

①强夯置换采用柱锤冲击成孔,分层填料分层冲扩挤密,从而达到挤淤排水加速固结的目的,强夯置换采用直径为1.2m、重量约为15t的柱锤,夯扩墩直径为2.0m,采用梅花形布点,间距为5.0m×5.0m。

软弱土层厚度为2~3m时,采用2000kN·m夯击能强夯置换;软弱土层厚度为3~5m时,采用3000kN·m夯击能强夯置换;软弱土层大于5m时,采用4000kN·m夯击能强夯置换,局部含有硬壳层或硬塑土夹层的区域相应提高1000kN·m能级。强夯置换为2遍点夯,点夯完成后进行1遍满夯,满夯夯击能为1000kN·m。

②强夯置换填料应采用级配良好的块石、碎石等硬粗颗粒材料,粒径为10~30cm,粒径大于30cm的颗粒含量不宜超过30%,粒径小于10cm的颗粒含量不超过20%。选择在合适区域开展强夯置换现场试验,其中局部区域为工作区,考虑后期地基的二次处理要求;强夯置换墩填料最大粒径按不大于20cm控制。

③本次强夯置换试验共分为4个试验区,如表2-16所示。

表2-16 强夯置换试验段分区

工艺	分区编号	清淤情况	堆载情况	强夯夯击能	软土层厚度
强夯置换	Q1	不清淤	—	2000kN·m	2~3m
	Q2	不清淤	堆载	3000kN·m	3~5m
	Q3	清淤	堆载	3000kN·m	3~5m
	Q4	不清淤	—	4000kN·m	5~6m

④强夯置换前应先根据实际现场情况铺设碎石层，便于夯机施工。施工需从四面各处同时施工。施工完毕后推平场地，并采用单击夯击能 1000kN·m 进行满夯,锤印搭接长度不小于 1/4 夯锤直径。

⑤满夯完成后,墩顶铺设一层厚度不小于 500mm 的碎石或山皮石,最大粒径不大于 10cm。

2.5.1.2 堆载预压试验

首先,在本工程堆载预压区按 50m×50m 方格网布置集水井。其次,本工程选择在合适的区域进行塑料排水板插板施工试验和塑料排水板堆载预压现场试验。试验共分为 2 个插板施工试验区、2 个堆载预压试验区,具体如表 2-17 所示。

表 2-17 堆载预压试验段分区

工序	分区编号	清淤情况	堆载情况	排水板长度
排水板	C1	不清淤	—	7～8m
	C2	不清淤	—	6～16m
	D1	清淤	等载	11～13m
	D2	清淤	超载	11～13m

塑料排水板试验的目的有:

①掌握满足设计要求的各种技术参数,如塑料排水板的打插深度、间距及完成一根排水板全过程的施工时间等。

②确定塑料排水板施工中通常出现回带现象的处理措施,确保塑料排水板质量满足施工及规范要求。

③通过试验比选,确定土工垫层的材料选用。

④比较针对②-1 淤泥层淤泥进行不同方式的处理后塑料排水板施工的经济性和可行性,确定塑料排水板施工中②-1 淤泥层淤泥的处理方式。

⑤通过试验沉降监测,确定加载速率和沉降计算参数,推算工后沉降和差异沉降,为沉降控制措施提供参考依据。

本工程堆载预压法技术参数有:

①本工程塑料排水板打设深度不大于 15m,根据相关规程参考数据,本工程可以选择 B 型塑料排水板作为垂直排水通道,其宽度为 100mm,厚度不小于 4mm,性能指标应满足要求。

②塑料排水板平面按照正方形布置,试验段区域软土层厚度大,布置间距为 1.1m× 1.1m,打设深度应穿透软土层,进入下部粉质黏土层 1.0m。排水板上端露出碎石垫层

（或砂砾垫层）顶面0.2m。

③为保证排水质量，本工程采用防淤堵塑料排水板（型号B型）。该排水板的滤膜可根据黏土颗粒调整排水孔径大小，达到最好的排水及防淤堵效果。

④考虑到项目附近砂料紧缺，不能满足塑料排水板的工程需要，本项目排水垫层采用碎石垫层（或砂砾垫层），垫层石料采用中微风化花岗岩、中微风化粉砂岩、中微风化细砂岩，垫层总厚度为0.80m，渗透系数不小于0.01cm/s，含泥量不超过3.00%，分层填筑；铺设范围超出处理范围0.30m，排水碎石垫层（或砂砾垫层）厚度允许偏差不大于±5.00cm。根据试验情况，碎石垫层下可铺设一层多向复合土工垫或加筋滤网。

2.5.1.3 强夯置换和堆载预压搭接面过渡试验

本工程软土地基处理中有部分强夯置换分区紧邻堆载预压分区。强夯置换和堆载预压的软土地基加固机理不同，为保证不同工艺交界面的地基处理质量，减小交界面的差异沉降，需要对强夯置换和堆载预压搭接面进行过渡处理。

过渡段地基处理原则：考虑两种地基处理方式的叠加，原则上以强补弱。

过渡段地基处理方式：堆载预压区在靠近搭接面位置，增打一排强夯置换碎石墩，墩间土插打塑料排水板。

过渡段地基处理试验目的：通过试验确定强夯置换和堆载预压搭接面施工顺序，对过渡段地基沉降进行监测，验证过渡段两种工法叠加处理方式的可行性。

本工程选择在C2区与Q1区搭接处、D1区与Q3区搭接处做堆载预压与强夯置换搭接面过渡段施工试验，考虑到C2区、Q1区、D1区和Q3区都为工作区，以及后期地基的二次处理要求，强夯置换墩填料最大粒径按不大于20cm控制。试验共分为2个过渡段施工试验区，如表2-18所示。

表2-18　不同工法搭接面过渡试验段分区

工艺	搭接面所在位置	分区编号
施工搭接面过渡段试验	C2与Q1	J1
	D1与Q3	J2

施工搭接面过渡试验段J1，强夯置换与插板施工搭接面，过渡段位置先打设强夯置换墩后在墩间土及周围插板施工。

施工搭接面过渡试验段J2，强夯置换与插板施工搭接面，过渡段位置先插板施工后再补充打设强夯置换墩。

2.5.1.4　土石方填筑试验

试验段 Q2、Q3、D1、D2 地基处理完成后,上部需进行堆载,垫层顶部以上至完成面高度范围内土石方填筑可采用振动碾压(或采用冲击碾压)压实,并有如下要求:

①应根据所选用的压实方法、压实机械类型、压实功能和压实度要求,进行现场振动碾压(或冲击碾压)试验。通过现场振动碾压(或冲击碾压)试验,确定分层铺填厚度、振动碾压(或冲击碾压)遍数、含水量适控范围。

②所用填料的最大粒径不得大于压实层厚的 2/3,级配良好,不均匀系数 $C_u \geqslant 5$,曲率系数 C_c 为 1～3,含泥量不大于 15%。当采用碎屑岩类岩石料时,要求粒径大于 2 cm 颗粒的质量大于总质量的 50%。

③所用的填料,必须严格控制其含水量,填料的含水量应达到或接近(±2%)最优含水量。填料的含水量高于最优含水量时,应进行晾晒;低于最优含水量时,应洒水。

2.5.1.5　试验段检测与监测

(1)强夯置换施工检测及监测

①土工试验

强夯置换施工前和施工后应钻孔取样并进行室内试验,钻孔取样并进行室内试验的主要目的是检测强夯置换区淤泥及淤泥质粉质黏土的物理参数变化情况,从而探究强夯加固效果。试验项目包括:质量密度、天然含水量、土粒相对密度、天然孔隙比、干密度、内摩擦角、黏聚力、压缩系数、压缩模量等。

②孔隙水压力测试

孔隙水压力测试主要目的是通过分析强夯前后孔隙水压力的变化情况,观测孔隙水压力增长和消散情况,研究强夯置换过程中地基土的应力和应变变化,进而探究此地基土质条件下强夯的加固机理。试验时,在所选试验区布置 3 个测孔,每个测孔在不同深度放置 3 个孔隙水压力传感器(软土层较厚时可考虑增加 1 个孔隙水压力传感),孔隙水压力传感器上下间距根据软土层厚度均匀布置。

③沉降观测

强夯置换施工完成后,在碎石垫层顶部布置软土层顶沉降监测点,上部土石方填筑完成后布置表面沉降监测点。

④挤压效应监测

在试验段周围布置边桩和测斜管,测试强夯置换引起的侧向水平位移及验证强夯置换区域上部填筑后坡脚的稳定性。强夯置换挤压效应监测示意如图 2-59 所示。

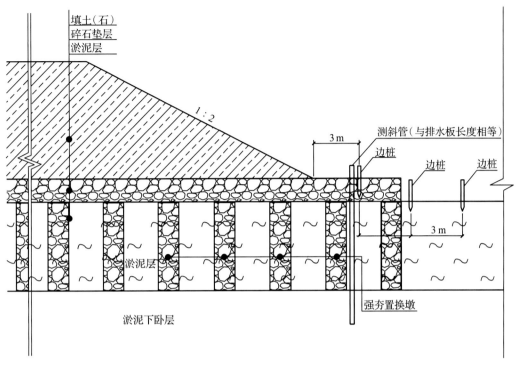

图 2-59 强夯置换挤压效应监测示意

⑤单墩施工影响范围测试

在强夯置换墩附近布置影响范围监测点,确定单墩施工对周围土体的影响范围,夯坑外围隆起量观测示意如图 2-60 所示。

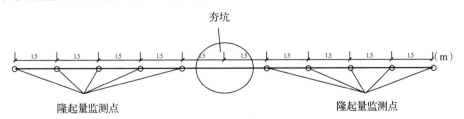

图 2-60 夯坑外围隆起量观测示意

⑥静力触探试验

强夯置换施工前后分别进行静力触探试验,强夯置换前做 1 次试验,强夯置换后 3 d、10 d、15 d、28 d 各做 1 次试验,确定强夯前及强夯后有效加固深度内土的压缩模量,以及强夯后下卧软土层的压缩模量,以指导地基变形计算。

⑦墩体检测

用重型动力触探检测墩体密实度、长度、触底情况及承载力与密度随深度的变化,强夯置换墩体钻孔取芯如图 2-61 所示。进行置换墩载荷试验,置换墩载荷试验主要是确定置换墩的抗压承载力特征值及变形模量。

图 2-61　强夯置换墩体钻孔取芯

⑧十字板剪切试验

十字板剪切试验主要测定堆载预压区域淤泥及淤泥质粉质黏土不排水抗剪强度。在每个堆载预压区域布置 3 组十字剪切板试验,且在施工前后分别测 1 次。

(2)塑料排水板施工检测及监测

①塑料排水板检测

a.塑料排水板的规格、质量和排水性能必须满足设计要求和有关规定。检测方法:检测出厂合格证和抽检试验报告。

b.塑料排水板下沉时严禁出现扭结、断裂和撕破滤膜等现象。检测方法:检测施工记录并观察检查。

c.塑料排水板打设深度和回带量检验。塑料排水板要求打设至设计深度(局部可根据实际情况进行调整),回带量不大于 500 mm,检测数量不低于插板根数的 30%。检测方法:检测施工记录并现场检查。

d.塑料排水板间距检测,检测数量不低于插板根数的 4%,允许偏差 ±50 mm。

②孔隙水压力监测

孔隙水压力监测的主要目的是通过分析堆载预压排水板施工前后孔隙水压力的变化情况,观测孔隙水压力增长和消散情况,研究堆载预压过程中软土层的沉降,为后续沉降计算提供依据。在所选试验区的布置测孔,每个试验区域不少于 3 个测孔,每个测孔每隔 3 m 深度设 1 个孔隙水压力传感器。

③沉降观测

软土层内部埋设分层沉降板观测软土的分层沉降,每个测孔每隔 3 m 深度设 1 个沉降板,软土层底部埋设 1 个沉降板;软土表层沉降板放置在堆载预压区碎石垫层顶面,在插板打设之后埋放,每个试验区域不得少于 3 个;填土至交工面高程后,埋设表面沉降标,每个试验区域不得少于 3 个。

④水平位移检测

试验段土石方填筑时,设置边桩和测斜管进行坡脚水平位移监测。施工时根据施工现场实际情况,监测边桩设置在堆载预压区域坡脚边缘。监测边桩一般采用钢筋混凝土预制,并在桩顶预埋不易磨损的测头。边桩应埋设稳固,埋置深度以地表以下不小于 1.0 m 为宜。

（3）不同地基处理工艺过渡段监测

在强夯置换与塑料排水板过渡段施工时,在两种工艺区域分别在碎石垫层顶部布置软土层顶沉降监测点,上部土石方填筑完成后布置表面沉降监测点。

（4）土石方填筑检测

①通过试验段确定相关施工参数:碾压工艺、碾压遍数、分层虚铺厚度。

②检测填筑体密实度、固体体积率等。

③检测填筑体的地基承载力。

2.5.2　西标段试验段设计

2.5.2.1　堆载预压试验

要通过现场堆载预压试验确定排水板施工工艺和堆载预压效果。

（1）砂垫层铺筑形式

鉴于排水固结的处理对象为淤泥和淤泥质土,质地软、承载力低,砂垫层的厚度决定了后续施工可否正常实施。本试验通过对不同砂垫层铺筑形式的机械施工效果进行分析,确定合适的砂垫层厚度和机械配置等施工参数。

选择两块试验区域,每块尺寸为 50 m×50 m,分别对以下两种组合进行对比试验:①土工垫+50 cm 厚砂垫层;②土工垫+75 cm 厚砂垫层。

（2）排水固结效果验证

通过选取场地典型的独立区块,进行排水固结地基处理试验,试验区面积为 7500 m²,软土层深度为 5～6 m,填方高度为 6 m 左右。

按堆载预压设计方案实施后,进行沉降监测、水平位移监测、孔隙水压力监测等,验证排水固结效果。监测内容如表 2-19 所示。

2.5.2.2　强夯试验

本标段采用强夯法（两遍点夯+一遍满夯）作为换填处理后第一层填料回填的处理工艺,同时作为原地面的密实处理工艺。强夯采用两遍能级为 3000 kN·m 的点夯和一遍能级为 1000 kN·m 的满夯,强夯试验参数组合如表 2-20 所示。

表 2-19　西标段堆载预压试验监测内容

序号	监测内容	监测仪器	埋设方法	监测标准
1	原地面沉降	沉降板	表面埋设	沉降堆载中心点地面沉降速率小于或等于 20 mm/d
2	表面沉降	表面沉降标	表面埋设	
3	孔隙水压力	振弦式孔隙水压力传感器	预埋	超孔隙水压力不超过预压荷载产生附加应力的 50%～60%

表 2-20　强夯试验参数组合

虚铺厚度	夯点间距	夯点布置	夯击遍数	单点击数	最后两击平均夯沉量
3 m、3.5 m、4 m	4.5 m	正方形	2 遍	10～12	≤5 cm
	d/4 搭接	搭接型	1 遍	4～5	≤5 cm

注:d 为夯锤直径。

填料采用中～微风化且水稳定好的石料,槽底 80 cm 范围内最大粒径不大于 20 cm,槽底 80 cm 范围外最大粒径不大于 40 cm,级配良好($C_u \geqslant 5$ 且 C_c 为 1～3)。

通过对不同虚铺厚度强夯试验,确定达到收锤标准后的强夯击数、填料固体体积率、松铺系数等参数。

强夯施工完成后,通过对原地基进行标贯检测,对比强夯施工前标贯击数,验证强夯施工对原地基的密实处理效果。

强夯过程中监测项目有:

(1)单点击数:作出单点击数与单击(累计)夯沉量关系表,绘制单点击数-夯沉量关系曲线图(N-Δs 曲线),确定最佳击数,作为大面积施工的依据。

(2)间隔时间:两遍点夯之间、满夯与点夯之间的时间间隔取决于夯后土体超孔隙水压力消散情况,因此应在场区设置若干个孔隙水压力监测点,以一遍点夯后超孔隙水压力消散达 70% 时,才可进行下一遍点夯、满夯或检测。若先进行的 2～3 组试验中超孔隙水压力消散情况的规律性较强,之后的试验可按此规律确定的间隔时间进行,无须再进行孔隙水压力的监测。

2.5.2.3　碾压试验

通过现场土石方填筑试验,在选定合适的施工机具条件下(本标段主要为振动碾压和冲击碾压)确定不同压实层厚和压实遍数等施工工艺参数。

(1)振动碾压

在取土区选取适合于道槽区填筑的填料,填料的颗粒级配、含水量均应满足填筑施工要求。本工程填料为石料。

按表 2-21 所示参数组合,每种填料开展 2 组试验(按虚铺厚度 40cm、50cm 分别开展),再利用最佳填筑厚度增加一组验证试验。每场试验应作出碾压遍数-压实度曲线,碾压遍数对应为 4、6、8、10、12、14,直至碾压遍数-压实度曲线出现拐点或固体体积率达到 83%,同时也应作碾压遍数-碾压沉降量曲线。

表 2-21 填筑试验(振碾)参数组合

试验填料	碾压机具	铺土厚度(cm)	行车速度(km/h)	试验条块尺寸(m×m)
红砂岩	振碾	40/50	2～3	50×50

得出固体体积率分别为 75%、77%、79%、81%、83% 时对应的填料挖填比和最优施工参数(包括虚铺厚度、碾压遍数及对应的碾压沉降量)。

(2)冲击碾压

在取土区选取适合于道槽区填筑的填料,填料的颗粒级配、含水量均应满足填筑施工要求。本工程填料为石料。

按表 2-22 所示参数组合,每种填料各开展 3 组试验(按虚铺厚度 60cm、80cm、100cm 分别开展),再利用最佳填筑厚度增加一组验证试验。每场试验应作碾压遍数-压实度曲线,碾压遍数对应为 15、17、19、21、23、25,直至碾压遍数-压实度曲线出现拐点或固体体积率达到 83%,同时也应作碾压遍数-碾压沉降量曲线。

表 2-22 填筑试验(冲碾)参数组合

试验填料	碾压机具	铺土厚度(cm)	行车速度(km/h)	试验条块尺寸(m×m)
红砂岩	冲碾	60、80、100	10～15	30×100

得出固体体积率分别为 75%、77%、79%、81%、83% 时对应的填料挖填比和最优施工参数(包括虚铺厚度、碾压遍数及对应的碾压沉降量)。

2.5.3 设计方案论证与优化

(1)正式施工前,机场业主组织参建各方及专家学者召开了多轮次的论证会,对设计方案进行反复研究、比较,针对软土地基处理方案的意见和建议主要集中在以下几个方面:

①软土处理工艺按软土层厚度选择。专家建议,厚度小于 3m 的软土采用换填法处理;厚度为 3～6m 以及局部厚度为 6～10m 的软土采用强夯置换处理,但强夯置换需通过现场试验确定强夯置换方案的适用性;厚度大于 6m 的大面积软土区域采用排水固结法处理。

根据专家意见,结合项目特点,最终选定换填法、排水固结法两种方法进行花湖机场软土地基处理。换填法和排水固结法是处理软土最为有效也最为常规的工艺,在岩土工程领域得到了一致的肯定。强夯置换方法因对场地的适用性要求较高，其中适用的场地处理效果好，强夯置换墩既能提供承载能力，也能作为排水通道，但对不适用的场地，强夯置换墩的墩体难以形成，很难达到预期的处理效果。因此，对于强夯置换法，需要通过现场试验验证其处理效果。

花湖机场建设场地软土具有明显的分布特征，其中软土主要分布在湖、沟、塘区域，西标段软土层厚度小于3m区域主要位于场地范围内零星分布的鱼塘，软土层厚度大于3m区域主要位于螺丝径湖和走马湖湖区，东标段局部鱼塘软土层厚度达到3～6m。鉴于不同处理工艺之间的搭接、不均匀沉降、刚度协调等问题难以控制，综合考虑后西标段分别采用换填法和排水固结法。东标段因部分鱼塘的特殊性，三种工艺均考虑采用，即同样维持投标处理方案。

② 不均匀沉降控制问题。专家建议，综合利用分级分段开挖台阶，增设褥垫层、土工格栅等措施来调整不均匀沉降。

a. 对于开挖台阶，两个标段设计方案中均有考虑。在填挖交界、沟塘、原地势高差变化大处时（坡比大于1：5）应设置台阶，台阶顶面向内倾斜，台阶高宽比不大于1：2，每级台阶高度不大于50cm。此外，不同工作面间要注意协调、两个相邻工作面高差要求不大于4m，以避免"错台"现象。不同工作面或标段之间，采用正常碾压式碾压搭接，搭接范围不小于5m。

b. 排水固结法采用超载预压，软土将由次固结状态变为超固结状态，与换填区原状黏土的沉降和刚度均应差别不大，同时考虑到原地基处理后上部还有5～8m的填筑体（填料为石料），可起到褥垫层的作用，对协调不均匀沉降和地基刚度方面都是有利的。考虑到岩土工程存在一定的不确定性，对于不均匀沉降的控制采用动态反馈设计，即各分区之间的沉降过渡和补强根据地基处理后沉降监测情况适时考虑。机场工程协调不均匀沉降的常规做法，是在道槽顶面位置设置褥垫层、土工格栅等。

③ 适时开展试验段。专家建议，考虑到软土地基处理的复杂性和不确定性，应针对各地基处理工艺开展试验段，确定地基处理方案的可行性和工艺参数。

各标段积极组织编制和筹划试验段方案，试验段试验项目包括：清淤方式、回填工艺、堆载预压的插板试验、填筑速率控制、排水垫层材料的选取、强夯置换施工工艺参数、地基处理效果检测等。

（2）2018年11月29日，建设单位再次组织召开本工程软土地基处理技术方案咨询会。专家组综合考虑本项目地质条件、工期、建设规模等因素，认为两个标段采用的软土地基处理技术方案基本合理，总体可行。同时提出了相应的意见和建议，具体主要包括以下几个方面。

① 尽快开展试验段。专家建议，应尽快安排强夯置换、堆载预压试验段，根据试验

段检测结果确定强夯能级、置换深度、堆载预压高度、排水板间距等施工参数和固结系数等沉降预测参数。

②地基处理工艺按软土层厚度选择。专家建议，大面积软土处理宜按以下原则考虑：软土层厚度小于3m，采用清淤置换；软土层厚度3～6m，采用堆（超）载预压；软土层厚度6～8m，如采用强夯碎石柱应进行专项试验与论证；较深软土层（厚度>6m），可从填料、施工工期、造价等方面进一步对比深层搅拌桩、管桩、堆载预压等方案。

③不均匀沉降控制。专家建议，土层搭接面、不同地基处理工艺界面搭接应慎重，原则为以强补弱。

④地下水问题。专家建议，进一步查明砂层含水层的分布、承压水头标高等，指导堆载预压设计。

综合以上专家意见，专家关注的问题是一致的，在地基处理工艺选择上，换填法和堆载预压法在本工程是适用的，强夯置换法因其较强的适用性，需通过现场试验验证；开展试验段非常有必要，但因征地工作滞后，试验段未能按时开展；不同处理工艺、搭接面不均匀沉降控制措施等需谨慎对待。建设单位应及时组织勘察单位开展水文地质调查，主要目的：①查明走马湖工程区域内水文地质条件；②研究走马湖工程区域内主要的砂层空间分布；③查明是否与长江之间具有物理介质连续性、是否存在水力联系；④评价水文地质条件变化对工程建设的影响，为工程施工和机场运行提供决策依据。

（3）针对承压水对地基处理效果影响的问题，设计咨询单位提出相应的意见和建议，具体如下：

①建议完善堆载预压排水系统，以确保排水效果。场区内部分区域淤泥下卧土层为透水砂层，与外界河流联通，同时该层存在承压水，为保证堆载预压处理效果，要求在打插每根排水板之前割掉1m滤膜，并用订书机将滤膜订好密封，再进行排水板施工。保证即使排水板进入透水砂层，也会被淤泥堵塞排水板底部板芯，达到将底部排水通道堵塞的目的，从而使周边河流水以及承压水无法进入堆载预压处理范围。

②解决承压水对地基处理效果影响的大致方法：a.四周设置截水帷幕，切断补给；b.减压降水，降低承压水头；c.加大超载量。

水文地质勘查尚未开展，承压水的补给来源及方式难以确定，整个湖区范围过大，采用止水帷幕的方式投资过大，同时阻水的效果难以保证，因此设计单位不建议采用止水帷幕。对于减水降压措施，换填区为避免开挖后出现承压水溢流，影响回填施工，可考虑采用止水帷幕，但回填料均要求采用中～微风化且水稳定性好的石料，以保证工程质量；堆载预压区基本位于湖区，施工范围广、面积大，减水降压措施可实施性较低。加大超载量在一定程度上可以提升地基处理效果，同时加快固结速度，在投资允许的条件下可考虑采用。

③建议在湖区选取代表性区域进行试验性施工，充分评估承压水对堆载预压效果

的影响。

排水固结的基本原理是通过快速增加荷载使软土中形成超孔隙水压力,从而在超孔压的作用下将土孔隙中水排出,压缩孔隙以达到加速沉降的目的。因此,只要软土体中能够形成超孔压,软土的固结就能完成。承压水会占用一部分排水板排水通道,可通过及时对集水井抽排水,确保排水板排水通畅。承压水对软土的排水固结影响不大,试验段的堆载预压试验过程中,土体在荷载作用下能正常发生沉降就可充分证明这点。

（4）2019年1月28日,建设单位组织相关单位召开"走马湖水系综合治理工程承压水问题专家论证会",专家就承压水对施工的影响、技术措施的合理性和可操作性提出了如下建议:

① 根据地质结构情况,排除承压水与山体基岩裂隙水和长江水系联通情况;

② 堆载预压效果与超载量有关,与承压水和地下水无关;

③ 软土排水固结一般需10～12个月完成,随着时间的推移,排水板可能发生淤堵,长期来看,承压水对软土排水固结无影响;

④ 从固结机理来看,固结排水主要为水平方向排水,排水板穿透承压水层（砂层）与否影响不大,但排水板穿透软土层,割掉部分滤膜的必要性不大;

⑤ 建议进一步优化水平排水通道设计,增大通水能力。

经过上述论证会,明确了承压水对堆载预压处理效果的影响可忽略,取消割掉排水板底部滤膜措施。对水平排水通道进行优化,即在主盲沟之间增设支盲沟,增加排水通道,确保排水通畅。

（5）2019年3月7日,建设单位组织召开"机场工程各标段对地基处理要求汇报会",为保证机场项目与本项目有效衔接,飞行区工程及空管工程,工作区、航站区、货运区工程,管廊工程,转运中心工程和供油工程等设计单位对地基处理及土石方工程提出了相应要求,具体有:

① 各工程影响范围内回填材料采用黏土、砂土或碎石土,最大粒径不大于20cm,回填土地基承载力特征值不小于150kPa,回填土压实度不小于94%（重型标准）,固体体积率不小于80%;

② 相应处理范围内不能用强夯置换法和抛石挤淤法;

③ 为减少地基不均匀沉降,横跨两个标段的建筑范围内（如转运中心大楼）相同地质情况下地基处理方式统一。

（6）2019年1—3月,西标段组织实施了试验段工程,包括地基处理试验（堆载预压试验、强夯试验）和碾压现场试验。地基处理试验段试验主要成果如下:

① 堆载预压试验通过不同砂垫层厚度、是否设置土工垫等试验,确定采用铺设土工垫+75cm厚砂垫层的方法可满足现场插板机施工条件;通过堆载过程中集水井排水

情况、土体中孔隙水压力变化情况、软土压缩情况(沉降监测)等监测表明,排水固结处理效果较好。

②强夯试验通过不同填料虚铺厚度(3m、3.5m、4m)试验,确定不同虚铺厚度条件下强夯施工参数(夯击数、夯沉量等)。试验表明,在三种虚铺厚度条件下,强夯后填料固体体积率均可满足规范要求。同时,在虚铺厚度3m的条件下,强夯后的原地面采用引孔标贯检测,标贯击数均有较高程度的提升(强夯前为5～6击,强夯后为10～12击),即采用强夯法原地基处理效果明显。

(7)2019年3月14日,建设单位组织召开"走马湖水系综合治理工程(机场配套工程)西标段试验段总结专家咨询会",会上专家根据地质情况、试验段阶段性成果及存在的问题,认为强夯对原地基加固有一定效果,采取从填筑体引孔进行标贯试验验证了原地基加固后的密实性,从加快施工角度出发,建议取消或减少原地基检测频次,采用夯击数、最后两击平均沉降量、总夯沉量控制施工质量;堆载预压法用于淤泥的固结处理有较好的处理效果,本工程采用堆载预压法可达到预期软土地基处理的目的,其他区域可同步开展堆载预压施工,同时注意加强试验段沉降观测及孔隙水压力监测,为下一步预测、判定沉降固结稳定提供依据。

(8)2019年3月28日,建设单位再次组织召开"走马湖水系综合治理工程(机场配套工程)设计施工总承包西标段试验段阶段性总结专题会议",会议明确了西标段试验段总结取得可行的、明确的效果,地基处理采用的方案基本可行,可以满足民航机场对地基处理的要求,可指导下一阶段施工。

(9)2019年4月10日,建设单位组织召开"走马湖水系综合治理工程(机场配套工程)东标段试验段阶段性总结及设计方案调整专家评审会",专家提出如下建议:

①进一步归纳总结试验段监测、检测数据并结合工效对比,完善试验总结报告;

②道面影响区主要采用塑料排水板+堆载预压,应进一步完成堆载过程及效果的评价;

③下一阶段补充填筑工艺试验。

(10)2019年4月29日和5月6日,建设单位相继在鄂州(机场公司)和广州(西标段设计院)组织召开"走马湖水系综合治理工程(机场配套工程)西标段设计方案优化专题会",根据试验段成果及现场实际施工情况对西标段地基处理方案进行了优化,具体优化内容如下:

①因全场地势方案调整,减少了填区土方量,多余土方量用于堆载预压区超载,即增加超载土方高度,提高超载比,有效缩短工期。跑道区超载比由原方案的1.17增加至1.49;平滑区超载比由原方案的1.29提高至1.46。

②场内清除的淤泥堆放至土面区后,采用等载预压排水固结法处理,以满足工后沉

降不大于40cm的沉降要求。

③可能产生较大不均匀沉降区域设置沉降过渡段，包括堆载预压与换填区之间的沉降过渡和填挖交界面的沉降过渡（具体详见设计方案）。

④在沉降过渡段区域加密监测点，每隔10m设置1个沉降监测点。

⑤根据现场实际情况，提出两种卸载标准方案：a.按招标文件要求，一年施工期和一年沉降观测期，即可在超载过程中使土层达到超固结状态，卸载后工后沉降几乎为零，可满足连续上道面两个月沉降不大于5mm的标准，即卸载施工完成后可立即进行道面施工；b.若工期紧张，即不能保证一年施工期和一年沉降观测时间，可根据监测数据推算工后沉降和差异沉降，在满足设计要求的条件下卸载，即等载条件下达到连续上道面两个月沉降不大于5mm的标准（满载预压时间不小于5个月、固结度不小于90%、沉降速率不大于0.5mm/d、预测工后沉降和差异沉降满足设计规范要求）。

（11）2020年8月19日，建设单位组织召开"走马湖水系综合治理工程（机场配套工程）卸载方案论证会"。根据堆载预压沉降监测情况，结合专家组意见，确定卸载标准和上道面标准，具体如下：

①卸载标准：满载预压时间不小于6个月；固结度不小于90%；对于道面影响区域需严格控制沉降速率连续5d不大于0.3mm/d，后期可根据卸载试验段结果进行适当调整。

②上道面标准：卸载后应继续沉降监测不小于2个月，沉降速率小于0.2mm/d，可开展道面基层施工，沉降速率小于0.1mm/d可开展道面面层施工。

2.5.4　东标段试验结论

2.5.4.1　强夯置换试验段分析结论

（1）强夯置换试验段施工过程

本区域于2018年12月28日开始试夯，第一遍点夯于2019年1月16日完成，第二遍点夯于2019年1月26日至2月22日实施。

（2）检测项目及施工参数

检测项目及施工参数包括：①孔隙水压力监测；②隆起影响范围监测；③置换墩长检测；④施工前置换墩桩间土静力触探检测；⑤施工前置换墩桩间土样检测；⑥施工后置换墩桩间土静力触探检测；⑦施工后置换墩墩底取样检测；⑧锤击数及最后两击夯沉量监测。以下举例分述。

孔隙水压力监测：通过对强夯置换Q4区Q4-SY1、Q4-SY2、Q4-SY3三个观测点2m、5m、8m深的观测数据分析，可判断孔隙水压力消散期为7d左右，确定一遍点夯和二遍点夯的间隔时间为7d左右。

隆起影响范围监测：通过对 Q4 区 10 个夯点周边隆起数据的监测分析，强夯置换对周边土体的影响范围为 6m 左右，最大隆起量 65cm，强夯置换隆起曲线如图 2-62 所示。

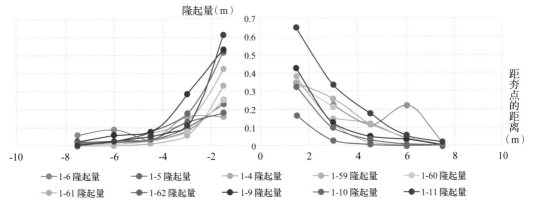

图 2-62　Q4 试验区夯坑隆起曲线

（3）强夯置换试验段结论

① 置换墩长入泥平均深度约为 3.5m，且与能级、锤长、锤重等关系不大；

② 使用直径为 1.2m 的夯锤，置换墩直径可达到 2m 左右；

③ 当单点夯击数超过 16 击时，夯坑周边开始有明显隆起；

④ 最后两击夯沉量普遍为 15～30cm；

⑤ 强夯置换作用明显，但对桩间土的加固效果还需时间验证；

⑥ 两边点夯间隔时间宜控制在 7d 以上。

通过强夯置换试验证明：针对本项目软土地基该工艺置换效果明显，但是处理深度有限，且功效较低。故本工艺不宜用于质量控制标准严格且工期紧张的道面影响区。应充分利用其置换效果显著的优点，在软土深度较浅的土面区使用。

2.5.4.2　堆载预压试验分析结论

通过对试验段数据进行分析，两标段均是沉降监测实际值大于沉降计算理论值。分析认为主要有以下四点原因：

（1）地质勘察推荐参数属于区域代表性，具有一定的局限性；

（2）②-4 层为粉质黏土；

（3）沉降经验系数取值偏小；

（4）填筑体重度取值偏小。

通过试验段数据反演分析，并结合现场实际施工进度等情况，原设计方案无法满足工后沉降要求，需进一步增加超载，提高超载比，以加速施工期软土固结速率，最终满足工后沉降要求。

2.5.5 西标段试验结论

（1）堆载预压试验

① 砂垫层铺筑形式

对比 50cm 厚砂垫层+复合土工垫和 75cm 厚砂垫层+复合土工垫机械施工情况如下：当砂垫层厚度为 50cm，施工机械施工时，周边区域均存在淤泥上翻，前缘土工垫出现鼓包、接缝开裂情况，如图 2-63 所示；当砂垫层厚度为 75cm 时，履带小车、挖掘机、农用车等常规施工机械均可正常运行，亦可满足排水板机械施工要求，如图 2-64 所示。

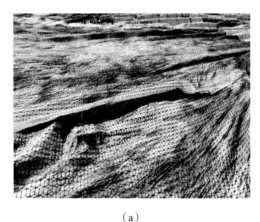

（a） （b）

图 2-63 50cm 厚砂垫层+复合土工垫现场施工情况

（a）土工垫鼓包、开裂；（b）车辆下陷

（a） （b）

图 2-64 75cm 厚砂垫层+复合土工垫现场施工情况

（a）铺砂正常施工；（b）排水板正常施工

② 排水固结效果验证

施工过程中沉降变形与荷载的关系曲线如图 2-65 所示，在填土过程中沉降变形未出现较为明显的拐点，随着填土荷载的增加，沉降变形呈逐渐增大的趋势，即软土在堆载过程中发生固结沉降,排水固结效果显著。

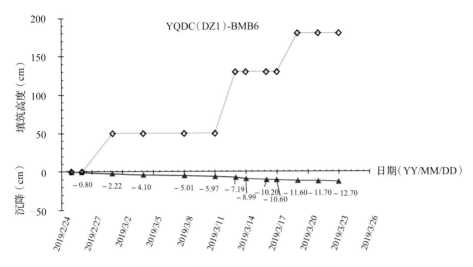

图 2-65 沉降变形与荷载的关系曲线

(2)强夯试验

根据现场强夯试验的试验数据,可得到如下结论:

① 对强夯施工后填筑体固体体积率进行检测,虚铺厚度为 3m、3.5m 和 4m 的固体体积率分别为 85.2%、84.5% 和 83.9%,即第一层填筑体填筑厚度为 4m 以下,固体体积率均可满足设计规范要求。

② 强夯前对原地面进行标贯检测,标贯击数为 5 ~ 6 击,强夯施工后原地基标贯击数为 10 ~ 12 击,均较强夯前有较大提升,即西标段第一层填筑采用强夯施工,既可满足填筑要求,同时对原地基有一定密实作用。因此,该方案是合理且有效的。

(3)冲击碾压填筑试验

对虚铺厚度分别为 60cm、80cm 和 100cm 的试验区域采用冲击碾压密实,各碾压遍数下填筑体固体体积率如下:冲碾遍数为 20 遍,虚铺厚度为 60cm 的固体体积率为 84.5%;虚铺厚度为 80cm 的固体体积率为 83.4%;虚铺厚度为 100cm 的固体体积率为 81.2%。考虑到各功能分区及深度对固体体积率要求的不同,冲击碾压施工建议参数如表 2-23 所示。

(4)振动碾压填筑试验

对虚铺厚度分别为 40cm 和 50cm 试验区域进行振动碾压密实,各碾压遍数下填筑体固体体积率如下:虚铺厚度为 40cm、碾压 12 遍后的固体体积率可达到 83%;虚铺厚度为 50cm、碾压 14 遍后的固体体积率可达到 83%。考虑到各功能分区及深度固体体积率要求的不同,振动碾压施工建议参数如表 2-24 所示。

表 2-23　冲击碾压施工建议参数

功能分区及深度	虚铺厚度	冲碾遍数
道槽区 0～80 cm（固体体积率要求 83%）	80 cm	20 遍
道槽区 80 cm～H 及边坡区 0～H（固体体积率要求 81%）	100 cm	20 遍
航站区、工作区 0～H（固体体积率要求 79%）	100 cm	20 遍
跑道端土面区 0～80 cm（固体体积率要求 76.5%） 跑道端 80 cm～H 及其他土面区（固体体积率要求 75%）	100 cm	18 遍

注:H 为道槽底深度,下同。

表 2-24　振动碾压施工建议参数

功能分区及深度	虚铺厚度	振碾遍数
道槽区 0～80 cm（固体体积率要求 83%）	40 cm	14 遍
道槽区 80 cm～H 及边坡区 0～H（固体体积率要求 81%）	50 cm	14 遍
航站区、工作区 0～H（固体体积率要求 79%）	50 cm	12 遍
跑道端土面区 0～80 cm（固体体积率要求 76.5%） 跑道端 80 cm～H 及其他土面区（固体体积率要求 75%）	50 cm	8 遍

2.6　软土地基处理设计方案

2.6.1　西标段地基处理设计

原地基处理范围主要包括道面影响区(含远期发展区)、边坡稳定影响区和土面区。根据前文的方案比选,确定西标段原地基主要采用换填法和排水固结法处理。

无软土分布区:处理对象主要为浅层人工堆填层(杂填土、素填土、植物层和耕土),采用换填法处理,同时结合土石方强夯填筑工艺,对原地面进行密实处理。

软土层厚度小于 3 m 区:处理对象为浅层软土(淤泥、淤泥质土),采用换填法处理,同时结合土石方强夯填筑工艺,对原地面进行密实处理。

软土层厚度大于 3 m 区:处理对象为湖、塘深厚软土,采用排水固结法处理,其中本期道面影响区采用超载(相对于本工程设计标高)预压排水固结法处理,远期道面影响区、土面区采用等载(相对于本工程设计标高)预压排水固结法处理。

（1）换填区处理设计方案

换填区包括无软土分布区和软土层厚度小于 3 m 区，采用一般换填法。要求将①层人工堆填层和软土层（淤泥、淤泥质黏土层）清除干净，回填满足要求的填料。

换填深度根据勘察钻孔揭露软土层厚度和①层人工堆填层厚度确定，开挖回填过程中及时采取临时降水措施。

回填料采用中～微风化水稳定性较好的石料，最大粒径不大于 40 cm，级配良好（$C_u > 5$ 且 C_c 为 $1 \sim 3$）。由于场地地下水位较高，采用较大块石压底，基底稳定后再回填换填料，回填料固体体积率不小于 83%。

①结合土石方强夯填筑工艺对原地基密实处理：本工程场地地下水丰富，在换除表层一定厚度的素填土后，底部原状土含水率往往比较高，且不排除有地下水外露的情况，因此，对原状土的处理具有较高难度。

由于借土区料源以石料为主，本次设计对道面影响区的回填料也要求为石料，根据类似工程经验，强夯法回填是适用的。强夯法影响深度一般可达 $6 \sim 8$ m，而强夯法作为回填工艺时，虚铺厚度一般在 4 m 左右，因此，可把回填填料作为强夯垫层使用，对原地基浅层 $2 \sim 4$ m 的处理效果较好。

若清除表层软弱土层后，原地基含水率较低，且无积水，即满足冲碾施工要求的情况下，可采用冲碾对原地基进行密实处理。

② 抛石挤淤：考虑到 1# 便道位于边坡稳定影响区内，1# 便道是施工期临时道路的主干道，若采用开挖清淤处理，需挖除部分 1# 便道路基，且开挖过程中无法保证 1# 便道的边坡稳定性。因此，对于邻近 1# 便道的部分边坡稳定影响区，软土处理采用抛石挤淤法。

抛石回填料采用中～微风化水稳定性较好的石料，最大粒径不大于 80 cm，级配良好（$C_u > 5$ 且 C_c 为 $1 \sim 3$）。

挤淤完成后，对抛石回填料进行强夯补强，强夯采用两遍能级 3000 kN·m 的点夯和一遍能级 1000 kN·m 的满夯，强夯参数与强夯填筑参数一致。

（2）堆载预压区处理设计方案

该处理方案的主要目的是加速软土地基固结，使软土地基固结沉降和次固结沉降提前发生，以减少地基工后沉降和不均匀沉降。

①本期道面影响区的堆载预压方案

处理对象为本期道面影响区的深厚软土层，具体设计方案如下：

a.场地平整

场地清表后或沟塘处理后，铺设一层多向复合土工垫，并虚铺 0.75 m 厚砂垫层，然后进行排水板施工，排水板间距为 1.2 m，施工完成后铺设 0.5 m 厚山皮石，山皮石压实度需满足土石方相关要求。

回填的山皮石要求级配良好,最大粒径不大于15cm,含水率控制在最优含水率±2%范围内。

b. 砂垫层

砂垫层的含泥量不得大于3%,渗透系数应大于1×10^{-2}cm/s。砂垫层宽出地基处理范围不小于1m。

c. 竖向排水体

采用新型防淤堵塑料排水板(FDPS-B型),该塑料排水板的滤膜和芯板通过特殊工艺熔合成一体,使其具有整体性好、抗拉强度大、通水量大的特点。该塑料排水板的滤膜可根据黏土颗粒度调节孔径的大小,达到最佳排水及防淤堵效果。

d. 排水盲沟和集水井的布置

横向和纵向分别布置排水主盲沟和支盲沟,主盲沟与支盲沟间隔布置,主盲沟之间、支盲沟之间的间距均为50m。盲沟位置可根据现场实际情况进行调整,主盲沟交点处设置集水井。

e. 盲沟

设置碎石盲沟:主盲沟断面尺寸为0.5m×0.5m,支盲沟断面尺寸为0.3m×0.3m,盲沟底面接砂垫层底面,主盲沟和支盲沟坡度均为1%,主盲沟引至集水井,支盲沟引至主盲沟。

敷设土工布:人工将土工布铺入沟底,铺放土工布时,沟面上要留有一定的土工布卷边,以包裹碎石填料,土工布之间搭接长度为30cm,以保证过滤效果。土工布敷设时采取适当固定措施,防止碎石填充时移动土工布,土工布施工完毕后,加强成品保护。土工布规格不小于250g/m²,渗透系数为$5\times10^{-2}\sim5\times10^{-1}$cm/s。

充填碎石:选用粒径为30～50mm的级配碎石,碎石含泥量不大于3%。

f. 集水井

集水井下部采用钢筋笼固定,上部采用水泥管填筑,钢筋笼高1.5m,深入下部土层不小于0.5m。集水井顶面应高于设计标高,不小于1m。为保证堆载预压效果,堆载预压过程中(包括加载过程和满载过程)及时将集水井中水排出场外。

堆载预压边界设置临时排水沟,将集水井排出的水排出场外,沟内设置土工布,土工布规格与盲沟的一致。

地基处理完成后,应将集水井的混凝土管截断至设计高程以下0.5m,并采用粉质黏土或砂按照设计要求的压实度回填至设计高程。

g. 加载土方填筑

地基处理采用排水固结法时,加载系统采用压实填土和超载填土(相对于本工程设

计标高）。根据沉降计算结果,加载高度应适当超过机场最终设计标高。土方填筑分为三个阶段:

第一阶段为压实填筑施工。即本工程设计标高加预留沉降高度以下按照土石方压实标准进行填筑。沉降预留高度最终以现场实际发生为准。

第二阶段为超载填土填筑,为保证超载土方边坡的稳定性和排水要求,超载边坡度为1∶3。

第三阶段为超载填土卸载阶段,卸载后的填土顶面高程等于设计高程加0.2m。卸载后填土顶面采用冲击碾压进行补强,卸载土方可回填至其他区域。

压实填筑和超载填筑(机场槽底设计标高起算)可以参照沉降速率、超孔隙水压力和侧向位移进行控制(堆载中心点地面沉降速率不大于15mm/d,超孔隙水压力不超过预压荷载产生附加应力的50%～60%,水平位移不超过5mm/d)。

h.堆载预压施工时间

在保证地基及临时边坡稳定的前提下可适当加快填土施工,以保证填土时间和预压时间。填土时间不少于2个月,堆载预压时间不少于5个月,堆载预压施工总工期按8个月考虑。

i.超载土体(相对于本期工程设计标高)卸载标准

满载预压时间不小于5个月;固结度不小于90%;超载作用下的有效应力不小于永久荷载作用下的总应力,预测工后沉降和差异沉降需满足规范要求。

根据监测数据,由各参建单位研究决定沉降速率控制标准。

在堆载预压完成卸载后,采用冲击式压路机对填土进行补强。

②土面区(未堆放淤泥)、远期发展区堆载预压方案

a.场地整平、砂垫层、竖向排水体等的相关要求同"本期道槽区堆载预压方案"。

b.横向和纵向分别布置排水盲沟,间距为50m。盲沟位置可根据现场实际情况进行调整,盲沟交点处设置集水井。

c.土面区和远期发展区采用本期工程设计标高填土加载即可,加载土方按土石方要求填筑,排水间距为1.5m。

d.填土加载速率控制指标同"本期道槽区堆载预压方案"。

③土面区(堆放淤泥)堆载预压方案

考虑到全场借方较多,为尽量减少投资,由土面区消化场内挖出的淤泥,尽量减少外弃土方。鉴于土面区有40cm的工后沉降要求,考虑采用排水固结法对土面区堆放的淤泥进行处理,兼对原地基软土进行处理。具体施工工艺如下:

a.淤泥堆放至18m标高后,铺设0.5m山皮土,并铺设一层复合土工垫,然后敷设0.5m厚砂垫层和排水板施工,排水板间距为1.5m,施工完成后回填至设计标高+沉降预

留补土厚度。

b.砂垫层、竖向排水体的相关要求同"本期道槽区堆载预压方案"。

c.横向和纵向分别布置排水盲沟，间距为50m。盲沟位置可根据现场实际情况进行调整，盲沟交点处设置集水井。盲沟的其他相关要求同"本期道槽区堆载预压方案"。

d.填土加载速率控制指标同"本期道槽区堆载预压方案"。

2.6.2 东标段地基处理设计

根据机场建设项目的特点和总平面规划图，本次建设工程按照功能不同将场地划分为道面影响区（含远期道面影响区）、一般土面区及边坡稳定影响区，不同区域地基处理方式具体如下。

①道面影响区（含远期道面影响区）：

a.对于大面积深厚软土层区域采用塑料排水板堆载预压工艺处理；

b.对于局部软土层较浅区域采用清淤置换工艺处理。

②一般土面区：

a.软土层厚度小于3m区域直接回填，并进行强夯或碾压处理；

b.软土层厚度在3～10m区域采用强夯置换工艺处理；

c.软土层厚度在10m以上区域采用塑料排水板堆载预压工艺处理。

③边坡稳定影响区：

a.上部耕植土、淤泥等厚度小、埋藏浅、强度较高的地层，采取清除填土、植物土和淤泥等不良土质的方式进行处理。

b.存在需要处理软土的区域，采用碎石桩（振动沉管）工艺处理。

（1）塑料排水板堆载预压设计

①排水垫层设计

考虑到项目附近砂料紧缺，不能满足塑料排水板的工程需要，基于料源及排水效果的考虑，本项目水平排水垫层采用碎石垫层或砂垫层，垫层总厚度不小于0.50m，并保证能够满足施工机械施工要求。排水垫层需分层填筑，铺设范围超出处理范围1.0m，垫层厚度允许偏差不大于±5.00cm。

a. 碎石垫层：渗透系数不小于0.01cm/s，碎石粒径不大于5cm，含泥量不超过3.00%，为保证排水效果，应采用耐久性高及耐崩解性能好的石料。对于本工程，制作碎石时应采用场内中～微风化花岗岩、中～微风化粉砂岩、中～微风化细砂岩，不得使用泥质岩。

b.砂垫层：在能够采购到符合要求的中粗砂时，可采用透水性较好的中粗砂作为垫层中粗砂,黏粒含量不应大于3%,渗透系数应大于0.01 cm/s。

堆载预压区域软土场地清表后或沟塘处理后,铺设一层多向复合土工垫或加筋滤网,在其上方铺设排水垫层,然后进行塑料排水板施工。塑料排水板施工完成后,采用分层碾压方式铺设1.0m厚山皮石,并采用冲击碾压法进行补强,冲碾遍数为两遍,以提高回填山皮石和砂垫层的压实度,加速下部软土排水固结。山皮石压实度需满足土石方相关要求。

②竖向排水体设计

本工程塑料排水板堆载预压地基处理中,选择防淤堵型塑料排水板(B型)作为垂直排水通道。

塑料排水板平面布置按照正方形布置,打设的排水板应穿透软土层,进入软土下部土层,排水板上端露出碎石垫层顶面0.2m。

③集水井的布置与设计

堆载预压区按照间距50m×50m设置集水井。东标段集水井设计如图2-66所示。

a.下部采用钢筋笼固定,上部采用水泥管填筑,钢筋笼高1.5m。集水井顶面应高于设计标高,不小于1.0m。堆载过程中应及时将水排出场外。

b.堆载预压边界设置临时排水沟,将集水井排出的水排出场外。

c.地基处理完成后,应将集水井的混凝土管截断至槽底设计标高以下0.5m,采用中粗砂或级配碎石按照设计要求压实度回填至设计标高。

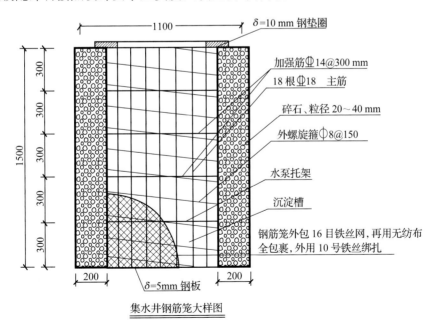

集水井钢筋笼大样图

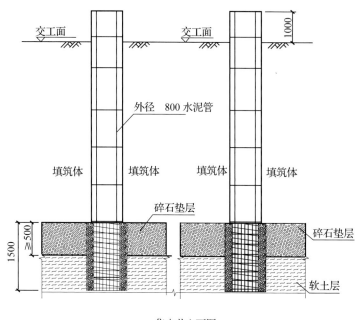

集水井立面图

图 2-66　东标段集水井设计图

④盲沟设计

塑料排水板排水垫层采用中粗砂垫层时，按 50m×50m 间距设置碎石主盲沟，东标段盲沟设计如图 2-67 所示。主盲沟交叉位置设置集水井；主盲沟间设置次盲沟，与主盲沟间距为 25m。

图 2-67　东标段盲沟设计图

a.设置碎石盲沟：断面尺寸为 0.5m×0.5m，排水盲沟纵向坡度不小于 0.5%，主盲沟引至集水井，支盲沟引至主盲沟。

b.敷设土工布：人工将土工布铺入沟底，铺放土工布时沟面上要留有一定的土工布卷边，以包裹碎石填料，土工布之间搭接长度为 30cm，以保证过滤效果。土工布敷设时采取适当固定措施，防止碎石填充时移动土工布。土工布施工完毕后，要加强成品保护。

土工布规格不小于 250g/m², 渗透系数为 $5 \times 10^{-2} \sim 5 \times 10^{-1}$ cm/s。

  c. 充填碎石：选用粒径 30～50mm 的级配碎石，碎石含泥量不大于 3%。塑料排水板堆载预压断面图如图 2-68 所示。

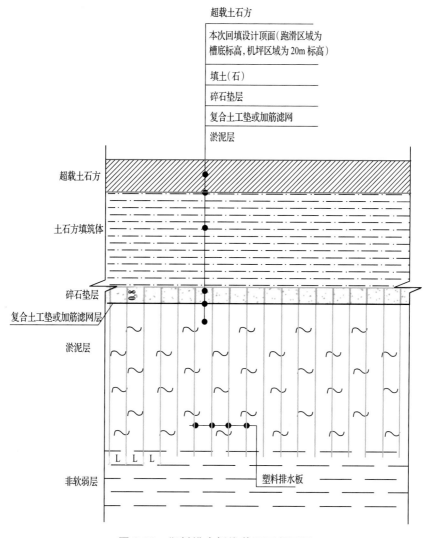

图 2-68　塑料排水板堆载预压断面图

⑤堆载体设计

  考虑本项目建设工期较为紧张，因此本期道面区采用超载预压设计，超载比根据场地功能分区、软土层厚度以及上部荷载条件等确定。

  主湖区跑滑道面影响区：采取超载预压，在槽底标高基础上继续填筑 5.5m，其中 1m 为沉降预留。主湖区跑滑道面影响区超载示意如图 2-69 所示。

  主湖区以外道面影响区：采取超载预压，在槽底标高基础上继续填筑 3m，其中 0.5m 为沉降预留。

预留道面影响区与土面区:采取等载预压。

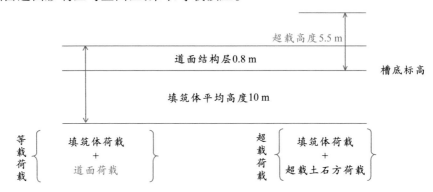

图 2-69　主湖区跑滑道面影响区超载示意

主湖区机坪道面影响区:采取超载预压,在 20 m 标高基础上继续填筑 7 m,其中 1 m 为沉降预留。主湖区机坪道面影响区超载示意如图 2-70 所示。

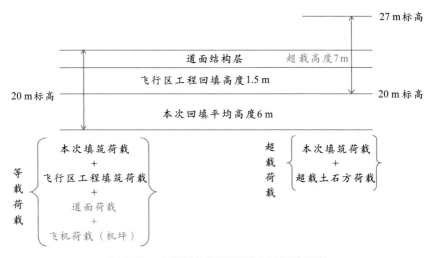

图 2-70　主湖区机坪道面影响区超载示意

（2）清淤换填设计

本工程清淤换填设计区域主要为本期道面影响区范围及局部软土层厚度小于 2.0 m 的孤立区域。清淤换填断面示意如图 2-71 所示。

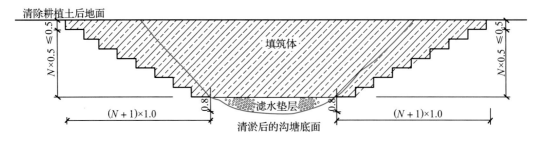

图 2-71　清淤换填断面示意图

①清淤:应把沟底、沟侧的淤泥及腐殖土清除,清淤工作应彻底。

②开挖台阶:沿沟壁开挖1:2坡度的台阶。

③底部设置80cm厚滤水垫层。

④分层回填至原地面或设计标高。

(3)强夯置换设计

强夯置换主要是利用重锤高落差产生的高冲击能将碎石、片石、矿渣等性能较好的材料强力挤入地基中,在地基中形成一个个的粒料墩,墩与墩间土形成复合地基并形成排水通道,加速墩间土的排水固结,以提高地基承载力,减小沉降。本工程强夯置换工艺仅用于软土层较浅的土面区。地基处理技术参数如下:

①强夯置换采用强夯置换锤冲击成孔,分层填料分层冲扩挤密,从而达到挤淤排水加速固结的目的,强夯置换锤采用直径为1.2m的柱锤,夯扩墩直径为2.0m,采用正方形布点,间距为3.2m×4.0m。

强夯置换为2遍点夯,点夯完成后进行1遍满夯,点夯夯击能为3000kN·m,满夯夯击能为1000kN·m。

②强夯置换填料应采用级配良好的块石、碎石等颗粒材料,粒径以100~300mm为主,粒径大于300mm的颗粒含量不宜超过30%,粒径小于100mm的颗粒含量不超过20%。

③根据强夯置换的试验段结果,强夯置换点夯夯击数必须同时满足以下两个条件方可收锤:

a.最后两击平均夯沉量不大于30cm;

b.单点夯击击数不小于16击。

④强夯置换前根据现场情况铺设碎石层,便于夯机施工。施工应从四面各处同时进行,不可从一侧向另一侧的顺序施工。施工完毕后,推平场地,采用单击夯击能1000kN·m进行满夯,锤印搭接不小于1/4夯锤直径。

⑤满夯完成后,墩顶铺设一层厚度不小于500mm的山皮石。

(4)碎石桩设计

碎石桩的直径为0.6m,间距为1.3m×1.3m。碎石桩采用正方形布置,桩身穿过软土层(淤泥及淤泥质黏土)进入下部硬土层不小于0.5m(桩长为5.5~16.5m),碎石粒径为2~6cm,不均匀系数$C_u \geq 5$,曲率系数C_c为1~3,含泥量不大于5%,抗压强度不低于30MPa,软化系数不应小于0.7且耐崩解性能要高。

2.7 搭接地段设计

软土地基处理涉及不同的交接、搭接地段,这些地段的设计关系到整个软土地基的施工方式和施工质量。因此,需从填筑面、填挖交界面以及土面区不同工艺搭接面等方面进行详细的设计。

2.7.1 堆载预压区与换填区沉降过渡段处理方案

为协调堆载预压区与换填区交界区域的不均匀沉降,在两个地基处理区域之间设置沉降过渡区,如图 2-72 所示。

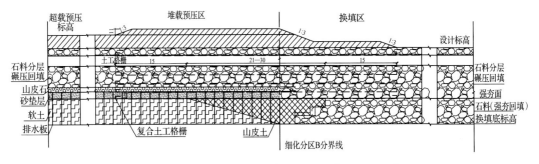

图 2-72 堆载预压区与换填区沉降过渡段处理示意

(1)堆载预压一侧淤泥按 1:5～1:8 的坡度进行放坡,最终根据现场开挖情况确定坡度,确保临时边坡稳定。

(2)换填区一侧采用 1:2 坡度的台阶回填,台阶处的回填料采用冲碾补强并满足土石方填筑要求。

(3)过渡段区域内采用山皮土回填,以此作为刚度协调段,同时可保证堆载预压区段排水板正常施工。靠近换填区一侧山皮土压实度需满足土石方填筑要求,当换填面积水严重时,浅层可适当采用石料回填。

(4)砂垫层底面铺设一层多向复合土工垫,顶面铺设一层土工格栅,后续每隔 1m 铺设一层土工格栅,直至设计标高。土工垫、土工格栅反包长度均为 1.2m。

(5)过渡段范围超载高度在其他区域基础上增加 1m。

2.7.2 填筑面搭接处理

由于填筑区域范围大、工段多,工作面分散,各工作面起始填筑标高不一,存在工作面搭接问题。若工作面搭接处理得不好,会在填筑体软弱面或薄弱面产生填筑体差异沉降。因此应对填筑面搭接处进行适当处理,根据填方机场建设经验,结合本机场的特点,填筑面搭接处按下列要求进行处理。

(1)各工作面之间施工进度应注意协调一致,两个相邻工作面高差不得大于一个强夯或碾压层厚度,且不大于 4m。

(2)相邻工作面水平搭接范围及搭接处理方法一般应符合以下要求:两侧均采用强

夯工艺施工时,强夯搭接处理范围不小于 20m,搭接处理范围超过搭接面两侧不得小于一个锤径;两侧均采用碾压工艺施工时,碾压搭接处理范围不小于 5m。

(3)碾压和强夯的设计参数与土石方填筑要求相同。

(4)填筑工作面搭接处理详见图 2-73 和图 2-74。

(5)强夯填筑与碾压填筑工作面搭接时,先进行强夯填筑,后进行碾压填筑。

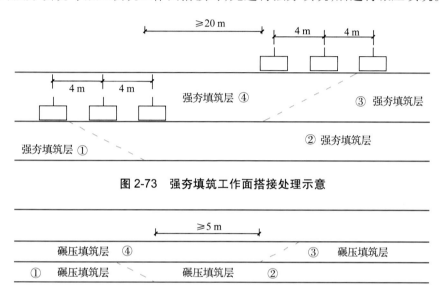

图 2-73　强夯填筑工作面搭接处理示意

图 2-74　碾压填筑工作面搭接处理示意

2.7.3　填挖交界面处理

填挖交界面是指填筑体内部的填方区和周边原地面交界面、填方区和挖方区的交界面,是高填方机场经常出现的薄弱环节。为了保证填挖交界处能均匀过渡,根据填方机场建设经验,填挖交界面按下列方式进行处理。几种类型的交界处搭接如图 2-75 至 2-77 所示。

(1)对于飞行区道面影响区的填挖交界面,垫层(道基顶面以下 0.6m 厚)底面以下 8m 原地面坡度大于 1∶1 时,超挖成 1∶1;褥垫层底面以下 3～8m 原地面坡度大于 1∶2 时,超挖成 1∶2;褥垫层底面以下 0～3m 原地面坡度大于 1∶8 时,超挖成 1∶8。

(2)对于航站楼范围的填挖交界面,地势设计标高以下 8m 原地面坡度大于 1∶1 时,超挖成 1∶1;地势设计标高以下 3～8m 原地面坡度大于 1∶2 时,超挖成 1∶2;地势设计标高以下 0～3m 原地面坡度大于 1∶8 时,超挖成 1∶8。

(3)对于飞行区土面区、工作区和规划区的填挖交界面,地势设计标高以下 3m 原地面坡度大于 1∶2 时,超挖成 1∶2。

(4)以上范围内超挖形成的斜坡或原地面斜坡均开挖成台阶,台阶顶面向挖方侧倾斜,台阶高度为50cm。

填挖交界处土石方填筑除进行分层压实外,还应按下列要求进行强夯补强处理:

(1)飞行区道面影响区、填方边坡稳定影响区、航站楼和工作区道路的填挖交界面采用强夯处理。

(2)交界面每次强夯层厚度应与土石方填筑层相同,并不应大于4m(松铺厚度),强夯处理参数与土石方填筑强夯相同。

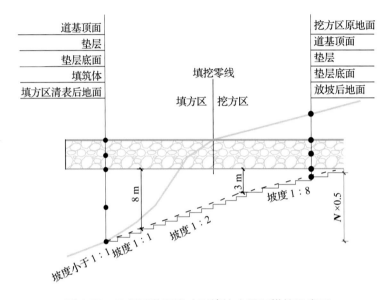

图2-75 飞行区道面影响区填挖交界面搭接示意图

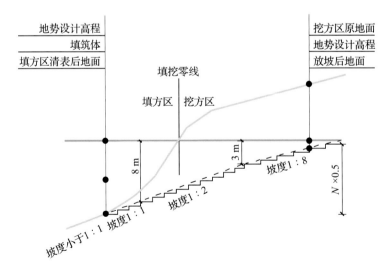

图2-76 航站楼填挖交界面搭接示意图

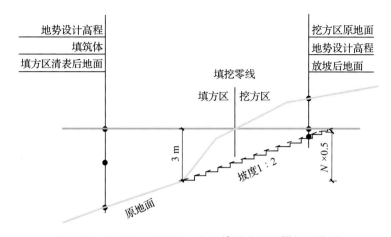

图 2-77　飞行区土面区、工作区填挖交界面搭接示意图

2.7.4　土面区不同工艺搭接面处理

强夯置换和塑料排水板搭接面只存在于土面区，搭接面处理措施为强夯置换墩交叉进入塑料排水板区域中的第一排，并在强夯置换墩墩间插打排水板。强夯置换和塑料排水板搭接面处理示意如图 2-78 所示。

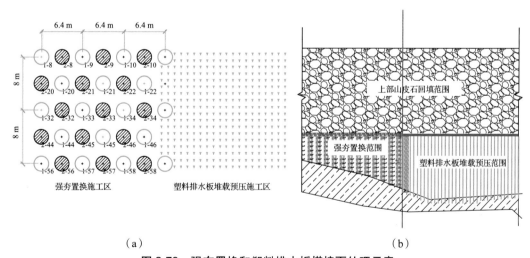

（a）　　　　　　　　　　　　　　　　　　　　　　　　　（b）

图 2-78　强夯置换和塑料排水板搭接面处理示意

（a）平面示意图;（b）断面示意图

3 软土地基处理施工方案与实施关键技术

软土地基承载力弱,如果不妥善处理,会引起地基不稳定,进而影响建筑结构的稳定性,因此,作好软土地基处理对于提高工程结构质量具有重要意义。在实施软土地基处理方案时,有许多因素需要考虑,可以通过有效的处理方法来改善和调整场地的土壤结构和承载力。本章在场地勘察及软土地基处理方案总体设计的基础上拟定软土地基处理施工方案与实施关键技术,详细阐述施工难点、软土地基施工准备、软土地基施工规划、软土地基施工处理等几个方面,并对施工过程中遇到的关键技术问题做了全面深入的剖析。

3.1 施工难点分析

(1)地形复杂,湖泊占地面积大。

地质情况复杂,跨越多个地貌单元,并且湖泊水面区域占到全场地的 1/4 ～ 1/3,填湖造陆涉及的技术问题多且难度大。

(2)软土层厚度大,且厚度不一,软土地基处理难度较大。

涉及的软土主要包含②-1 淤泥层(浮于湖底之上,不成形,可随湖水漂移)、②-2 淤泥层、②-3 淤泥质黏土层、②-5 淤泥质黏土层,软土层厚度最大可达 13.00 ～ 19.00m,且厚度随地势变化较大,对地基处理要求较高。软土地基若处理不当,后期可能发生较大的沉降及不均匀沉降,影响机场的正常使用。

(3)各功能分区对地基处理的要求不一,需根据不同的使用功能采取相应的地基处理方案。

地基处理的目的是根据场地分区,解决地基的沉降问题,控制工后沉降和工后差异沉降,改善地基均匀性,提高地基土强度和承载力,使地基、建(构)筑物的沉降变形尽可能协调一致,提高地基的抗滑性能,保证边坡稳定。由于各场地分区的工程性质、使用要求、建设条件等存在较大差异,需根据各功能分区的不同,结合各自的地质条件,对各分区分别采取相应的地基处理方案,加大了施工统筹的难度和施工的难度。

（4）本项目工程量大，如何利用场地资源及信息化新技术降低工程成本、加快施工进度是本工程的重难点。

在严格遵守技术标准、法规的前提下，正确处理和协调资金、进度、资源、技术、环境等的关系，优化设计方案，贯彻执行国家的技术经济政策，做到"技术先进、经济合理、安全实用、确保质量"，合理降低工程成本，使设计项目能更好地满足业主所需要的功能和使用价值，充分发挥项目投资的经济效益、社会效益和环境效益。

3.2 施工准备

3.2.1 土石方调配

土石方调配的目的是在土石方运输量或土石方运输成本最低、施工方便的条件下，确定土石方的调配方向和数量。土石方调配时还应注意挖方与填方平衡，在挖方的同时进行填方，减少重复倒运，挖方量与运距的乘积之和尽可能为最小，即运输路线和路程合理，运距最短，总土石方运输量或运输费用最小，从整体上缩短工期和提高经济效益。

（1）场内挖方概况

主湖区南侧场内挖自然方共 457 万 m³，主湖区北侧场内挖自然方共 461 万 m³，结合《场地岩土工程勘察报告书》（简称地勘报告），土石方综合填挖比为 1∶1。

根据地勘报告，机场红线内挖方土石比为 3.2∶6.8，其中土层占比 32%，软岩占比 34%，较软岩占比 34%。

场内陆地挖方区土方填挖比为 1∶1.14。石方根据地勘报告分为软岩和较软岩，填挖比取值不同，软岩填挖比取 1∶1.05，较软岩填挖比取 1∶0.86。

（2）山体净空处理概况

大虎垴挖自然方 62 万 m³，1 号山挖自然方 463 万 m³，3 号山挖自然方 43.6 万 m³。

根据地勘报告，料源区（1、2、3 号山）土石比取值为 1.42∶8.58，料源区（1、2、3 号山）土方填挖比为 1∶1.14，石方填挖比为 1∶0.86。

（3）土石方调配方案

依据《民用机场高填方工程技术规范》（MH/T 5035—2017），结合地勘报告分析结果，料源区填料分类及建议如表 3-1 所示。

表 3-1　料源区填料分类及建议

层号	岩土名称	填料代号	填料建议
③-5	粉质黏土	C	飞行区土面区、航站区、工作区
④-1	粉质黏土	C	飞行区土面区、航站区、工作区
④-2	粉质黏土	C	飞行区土面区、航站区、工作区
⑤-1	粉质黏土	C	飞行区土面区、航站区、工作区
⑤-2	粉质黏土	C	飞行区土面区、航站区、工作区
⑥-1	强风化细砂岩	C	飞行区土面区、航站区、工作区
⑥-2	中风化细砂岩	A	飞行区道面影响区道基、飞行区土面区、航站区、工作区、填方边坡稳定影响区
⑦-1-1	强风化泥岩	C	飞行区土面区、航站区、工作区
⑦-1-2	中风化泥岩	C	飞行区土面区、航站区、工作区
⑦-2-1	强风化泥质粉砂岩	C	飞行区土面区、航站区、工作区
⑦-2-2	中风化泥质粉砂岩	A	飞行区道面影响区道基、飞行区土面区、航站区、工作区、填方边坡稳定影响区
⑦-2-3	微风化泥质粉砂岩	A	飞行区道面影响区道基、飞行区土面区、航站区、工作区、填方边坡稳定影响区
⑧-1-1	强风化粉砂岩	C	飞行区土面区、航站区、工作区
⑧-1-2	中风化粉砂岩	A	飞行区道面影响区道基、飞行区土面区、航站区、工作区、填方边坡稳定影响区
⑧-1-3	微风化粉砂岩	A	飞行区道面影响区道基、飞行区土面区、航站区、工作区、填方边坡稳定影响区
⑧-2-1	强风化细砂岩	C	飞行区土面区、航站区、工作区
⑧-2-2	中风化细砂岩	A	飞行区道面影响区道基、飞行区土面区、航站区、工作区、填方边坡稳定影响区
⑧-2-3	微风化细砂岩	A	飞行区道面影响区道基、飞行区土面区、航站区、工作区、填方边坡稳定影响区
⑨	煤层	D	用作填料时应专项研究
⑩-1	强风化花岗岩	A	飞行区道面影响区道基、飞行区土面区、航站区、工作区、填方边坡稳定影响区
⑩-2	中风化花岗岩	A	飞行区道面影响区道基、飞行区土面区、航站区、工作区、填方边坡稳定影响区
⑩-3	微风化花岗岩	A	飞行区道面影响区道基、飞行区土面区、航站区、工作区、填方边坡稳定影响区

本工程土石方调配应综合考虑其他子项产生的土石方,尤其是地基处理工程。由于借土区无法供应地基处理工程所需的砂垫层等特殊材料,应考虑外购,该类填料不能纳入场内的土石方调配。

实际施工时,还应根据具体的施工组织方案,细化土石方调配方案,尽量做到土石方综合运输距离最小。

总体来说,经合理调配,本工程可基本做到场内(含净空处理区)土石方平衡。

3.2.2 爆破技术

3.2.2.1 总体爆破方案

根据爆区的地形、地质和岩性情况,结合工程工期及爆破渣块粒径等要求,石方爆破施工主要采用"深孔台阶松动爆破"开挖法,具体为:各爆破作业区在运输道路开拓和台阶爆破作业平台创建后,沿山体外沿向中心区域,自上至下、后退式逐层开挖。设计深孔爆破标准台阶高度为12m,结合周边保护民房、铁路等保护目标的距离,采用逐孔或多孔起爆网络,控制单响药量,减少爆破振动、飞石等有害效应。

本工程爆破开挖施工总体分以下几个阶段进行:

①第一阶段:爆破开拓剥离阶段。为配合运输道路开拓及爆破作业平台的创建,采用"深孔爆破与浅孔爆破相结合"的松动爆破方案,爆破表层岩石至运输道路或爆破作业平台设计高程。根据地形及剥离深度的不同,灵活调整爆破深度,深孔爆破深度为6~12m,钻孔直径90mm,浅孔爆破深度为1~5m,钻孔直径42mm。

②第二阶段:深孔台阶爆破开挖阶段。运输道路开拓、作业平台创建完成后,采用深孔台阶松动爆破法逐层爆破开挖。根据钻孔设备机械性能及类似工程经验,本工程设计标准爆破台阶高度为12m,钻孔深度为13m,钻孔直径为110mm。爆破施工由2个爆破作业班组,在2个不同的爆破区域或作业平台同步实施钻孔、爆破作业。

③第三阶段:场地整平阶段。开挖主体达到场地设计高程后,进行局部平场、清底等补遗收尾爆破施工,爆破深度根据开挖现状和场地设计高度灵活调整,深孔爆破深度为6~12m,钻孔直径为90mm,浅孔爆破深度为1~5m,钻孔直径为42mm。

实施爆破前,根据《爆破安全规程》(GB 6722—2014)相关规定编制爆破振动监测方案。在爆破过程中实施动态监测,并按照相关标准评价爆破对周边建(构)筑物和其他保护对象的振动影响。爆破后对监测数据进行统计分析,根据萨道夫斯基经验公式,获取本工程地质条件下爆破振动分布特征和衰减规律,动态调整孔网参数及装药参数。根据《爆破安全规程》(GB 6722—2014)相关规定,在第一次大规模深孔台阶爆破前,先进行钻孔试爆,并根据爆破效果调整爆破参数。

3.2.2.2 爆破参数设计

(1)深孔台阶爆破参数

爆破作业平台创建后,本工程主要采用深孔台阶爆破开挖,其爆破参数如图 3-1 所示。图中 H 为台阶高度;W 为底盘抵抗线;L 为钻孔深度;L_1 为堵塞长度;L_2 为装药长度;a 为孔距;b 为排距;h 为超钻深度。

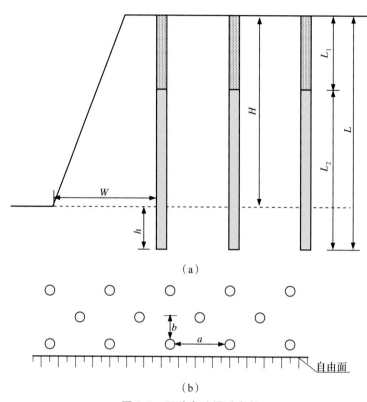

图 3-1 深孔台阶爆破参数

(a)剖面图;(b)平面图

①爆破台阶高度

道路开拓及爆破作业平台创建的施工爆破高度随地形灵活调整,一般 $H=6\sim12\,\mathrm{m}$;深孔台阶爆破设计的标准台阶高度 $H=12\,\mathrm{m}$。

②钻孔直径

钻孔直径的大小主要取决于钻孔机械性能、爆破高度、岩石性质等因素。本工程道路开拓和爆破作业平台创建时主要采用高风压潜孔钻机,钻孔直径 $D=90\,\mathrm{mm}$;深孔台阶爆破主要采用全液压潜孔钻机,钻孔直径 $D=110\,\mathrm{mm}$。

③炮孔布置

综合钻孔效率、钻孔质量控制、炸药能量分布等因素对爆渣粒径的影响,本工程采用垂直孔三角形多排布置。

④底盘抵抗线

底盘抵抗线的大小与炮孔直径、岩石可爆性、要求破碎程度及阶段高度等因素有关。

根据炮孔直径,底盘抵抗线按下式计算

$$W = K \cdot D$$

式中　W ——底盘抵抗线 (m);

　　　D ——炮孔直径 (m);

　　　K ——系数,取 35。

经计算,当 $D = 110 \text{mm}$ 时,取 $W = 3.85 \text{m}$。考虑现场施工的方便性,当 $D = 110 \text{mm}$ 时,确定底盘抵抗线 $W = 3.5 \text{m}$。

⑤炮孔间距

炮孔间距 a 按下式计算

$$a = mW$$

式中　m ——系数,取值范围为 $1.0 \sim 1.2$。

经计算,当 $D = 110 \text{mm}$ 时,取 $a = 3.5 \text{m}$。

⑥排距

排距 b 按下式计算

$$b = 0.9a$$

经计算,当 $D = 110 \text{mm}$ 时,取 $b = 3.0 \text{m}$。

⑦超钻深度

超钻深度是指炮孔超出台阶底盘标高的孔深,其作用是降低装药中心的位置,以克服底板阻力,使爆破后不留根底,形成平整的底部平盘,有利于挖运及下一台阶的钻孔爆破作业。根据工程实践经验,超钻深度 h 按下列公式计算及校核:

a.根据台阶高度 H 的经验公式计算

$$h = (0.12 \sim 0.25)H$$

经计算,当 $H = 6 \sim 12 \text{m}$ 时,$h = 0.72 \sim 3.00 \text{m}$。

b.根据钻孔直径 d 的经验公式校核

$$h = (8 \sim 12)D$$

经计算,当 $D = 110\,mm$ 时,$h = 0.88 \sim 1.32\,m$。

综合以上计算及校核结果,当 $D = 110\,mm$、台阶高度 $H = 12\,m$ 时,确定超钻深度取 $h = 1.5\,m$。

⑧钻孔深度 L

钻孔深度计算公式为:

$$L = H + h$$

经计算,当 $D = 110\,mm$ 时,$L = 13.5\,m$。

⑨炸药单耗

炸药单耗 q 是石方爆破中的一项重要参数,一般根据料源区岩石可爆性、爆渣粒径要求和爆破孔网参数等因素综合确定。合理的炸药单耗应先根据经验选取,再通过现场试验确定。参考类似工程的实际炸药单耗值,暂取 $q = 0.55\,kg/m^3$。

⑩单孔装药量

当 $D = 110\,mm$ 时,

前排:$Q_{前} = qabH = 0.55 \times 3.5 \times 3 \times 12 = 69.3\,kg$;

后排:$Q_{后} = 1.2Q_{前} = 1.2 \times 69.3 = 83.2\,kg$。

⑪堵塞长度

垂直孔填塞长度按下式计算:

$$L_1 = (0.7 \sim 0.8)W$$

经计算,当 $D = 110\,mm$ 时,$L_1 = 3\,m$。

典型台阶高度深孔爆破参数见表3-2。

根据《爆破安全规程》(GB 6722—2014)的规定,在进行深孔台阶爆破前必须进行钻孔试爆,根据试爆效果对表3-2中设计的爆破参数进行适当调整。

⑫起爆网路设计

深孔台阶爆破采用非电导爆管起爆网路和高能脉冲引爆非电导爆管,根据爆区最大安全距离,按最大单响药量为一个段别逐孔或多孔微差延时起爆。

表 3-2 典型台阶高度深孔爆破参数

参数名称	符号	单位	计算结果				
台阶高度	H	m	6	8	10	12	12
孔径	D	mm	90	90	90	90	110
孔距	a	m	3	3	3	3	3.5
排距	b	m	2.7	2.7	2.7	2.7	3.0
钻孔深度	L	m	6.7	8.9	11.1	13.3	13.5
炸药单耗	q	kg/m³	0.55	0.55	0.55	0.55	0.55
单孔装药量	Q	kg	28~32	36~43	44~54	54~65	70~84
堵塞长度	L_1	m	2.5	2.5	2.5	2.5	3.0

起爆网路具体连接方式为:每个炮孔装填1~2枚高段位非电毫秒延时雷管MS13,同一排的炮孔引出的导爆管用1枚低段位非电毫秒延时雷管MS3联接进行逐孔或多孔微差延时,排间炮孔用非电毫秒延时雷管MS5进行逐排微差延时。深孔台阶爆破装药结构及深孔台阶爆破起爆网路示意如图3-2和图3-3所示。

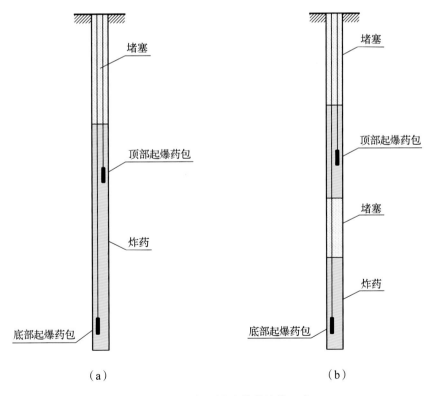

（a）   （b）

图 3-2 深孔台阶爆破装药结构示意

（a）连续装药；（b）间隔装药

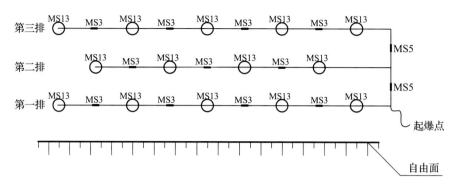

图 3-3　深孔台阶爆破起爆网路示意

（2）浅孔爆破参数

在道路开拓、爆破作业平台创建施工中,对于爆破深度小于 5 m 的爆破区域,采用浅孔爆破法开挖。浅孔爆破法设备简单、灵活机动、安全可靠。其主要爆破参数计算如下:

①底盘抵抗线

根据钻孔直径经验,底盘抵抗线按下式计算:

$$W = (0.4 \sim 1.0)H$$

式中　H——台阶高度,$H = 1 \sim 5\,\text{m}$;岩石坚硬难爆或台阶高度较高时,计算式取较小的系数。

经计算,$W = 1 \sim 2\,\text{m}$。

②炮孔间距

根据经验,炮孔间距按下式计算:

$$a = (1 \sim 2)W$$

经计算,$a = 1 \sim 2\,\text{m}$。

③超钻深度

浅孔爆破超钻深度 h 一般取爆破台阶高度的 $10\% \sim 15\%$,即

$$h = (0.1 \sim 0.15)H$$

经计算,$h = 0.1 \sim 0.75\,\text{m}$。

最终获得浅孔爆破参数如表 3-3 所示。

④起爆网路设计

浅孔爆破的起爆网路采取逐排微差非电起爆网路,并联-串联法连接。起爆网路的具体连接形式为:孔内装填 MS15 段非电雷管,同排各炮孔之间采用塑料四通或 MS1 段

瞬发导爆管雷管并联,排间采用 1～2 枚 MS3 段非电雷管串联接力延时,网路连接后采用高能脉冲激发针引爆非电导爆管雷管。浅孔爆破装药结构和浅孔爆破起爆网路如图 3-4 和图 3-5 所示。

表 3-3　浅孔爆破参数

参数名称	参数选择	参数名称	参数选择
钻孔直径(mm)	42	台阶高度(m)	1～5
钻孔间距(m)	1.0～2.0	钻孔排距(m)	0.8～1.5
超钻深度(m)	0.1～0.75	钻孔深度(m)	1.1～5.75
钻孔角度	垂直	布孔形式	梅花形
装药结构	连续或间隔	堵塞长度(m)	0.4～1.5
药卷直径(mm)	32	炸药类型	乳化炸药
炸药单耗(kg/m³)	0.4～0.6	起爆网路	逐排微差非电起爆网络

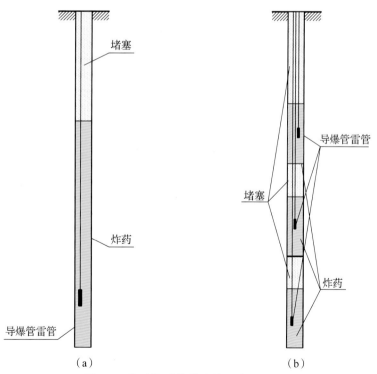

图 3-4　浅孔爆破装药结构示意

(a)连续装药;(b)间隔装药

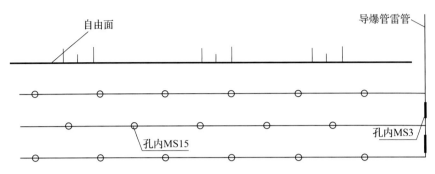

图 3-5　浅孔爆破起爆网路示意

（3）大块石二次破碎

根据招标要求中对爆渣粒径的要求,本工程深孔台阶爆破产生的少量大块石,主要采用液压破碎器破碎或挖掘机捶碎。对于体积较大的大块石或孤石,采用浅孔爆破法集中爆破,具体爆破参数如下:

①孔径 $D = 42\ mm$。

②孔深 $L = (0.6 \sim 0.8)H$;H 为钻孔方向岩石的厚度,若钻孔方向为临空面,取最小值;若钻孔方向的岩面与地面紧密结合取最大值。

③最小抵抗线 $W = 0.5b$;b 为大块岩石最小边的厚度,钻孔方向与 b 方向垂直。

④炸药单耗 $q = (0.1 \sim 0.25)\ kg/m^3$。

⑤单孔药量 Q:

a.当大块石形状近似球体或正方体时,$Q = qV$。

b.当大块石的钻孔长度 $L/W < 2$ 时,$Q = qW^3$。

c.当大块石的钻孔长度 $L/W > 2$ 时,$Q = (0.3 \sim 0.5)qW^3L$;或间隔装药。

⑥堵塞长度,$L_1 > 0.8W$ 时,需采用炮泥充填。

3.2.2.3　临近铁路爆破

鄂州花湖机场南端为鄂州市沙窝乡黄山村,分布有黄山 1 号、2 号和 3 号山,其中武(汉)黄(石)城铁隧道贯穿黄山 2 号山。为了满足机场净空要求,本工程需要将黄山 3 个山体进行降高处理。由于爆破山体周边分布有民房、工厂和铁路隧道,爆破设计需要结合周边环境情况,全面考虑爆破振动、空气冲击波和爆破飞石等有害效应,制定有效的防护措施,规避各种不利影响。

根据《爆破安全规程》(GB 6722—2014)的规定,参考以往研究成果和国内外相关文献,对爆破有害效应进行安全校核与防护设计。

（1）爆破安全校核

①爆破振动

根据《爆破安全规程》(GB 6722—2014)的规定,评价爆破对不同类型建(构)筑物和其他保护对象的振动影响,应采用质点振动速度作为判别标准。《爆破安全规程》(GB 6722—2014)给定的爆破振动安全允许标准见表 3-4。

表 3-4 爆破振动安全允许标准

保护对象类别	安全允许质点振动速度(cm/s)		
	$f \leqslant 10\text{Hz}$	$10\text{Hz} < f \leqslant 50\text{Hz}$	$f > 50\text{Hz}$
土窑洞、土坯房、毛石房屋	0.15 ~ 0.45	0.45 ~ 0.9	0.9 ~ 1.5
一般民用建筑物	1.5 ~ 2.0	2.0 ~ 2.5	2.5 ~ 3.0
工业和商业建筑物	2.5 ~ 3.5	3.5 ~ 4.5	4.2 ~ 5.0
一般古建筑与古迹	0.1 ~ 0.2	0.2 ~ 0.3	0.3 ~ 0.5
水电站及发电厂中心控制室设备	0.5 ~ 0.6	0.6 ~ 0.7	0.7 ~ 0.9
水工隧道	7 ~ 8	8 ~ 10	10 ~ 15
交通隧道	10 ~ 12	12 ~ 15	15 ~ 20

a.爆破振动安全距离计算

《爆破安全规程》(GB 6722—2014)规定的爆破振动安全距离计算公式为:

$$R = Q^{1/3}(K/V)^{1/\alpha}$$

式中　R——爆破振动安全允许距离(m);

　　　K,α——与爆破点至计算保护对象间的地形、地质条件有关的系数和衰减指数, $K = 150$, $\alpha = 1.5$;

　　　V——保护对象所在质点安全振动速度,一般民用建筑取 $V = 2\text{cm/s}$,交通隧道取 $V = 12\text{cm/s}$;

　　　Q——单段齐爆最大装药量,根据前述深孔台阶爆破参数设计,取 $Q = 178\text{kg}$。

经计算,保护目标为一般民用建筑时,$R_1 = 99.9\text{m}$;保护目标为交通隧道时,$R_2 = 30.3\text{m}$。

根据计算结果可知,爆破区域与一般民用建筑的爆破振动安全允许距离为 99.9 m;爆破区域与交通隧道的爆破振动安全允许距离为 30.3 m。

距离铁路最近处爆破振动数值取 $R = 520\text{m}$, $K = 150$, $\alpha = 1.5$, $Q = 178\text{kg}$,则有:

$$V = (KQ^{1/3}/R)^a = 2.06\text{cm/s}$$

未超过安全规范标准值 12 cm/s。

由以上计算可知,1 号山西区爆破对武石城际铁路的振动影响非常小。

b.最大单响药量计算

$$Q_{最大} = R^3 \cdot (V/K)^{3/\alpha}$$

一般民用建筑取 $V = 2.0\text{cm/s}$,交通隧道取 $V_1 = 12\text{cm/s}$,计算结果见表 3-5。

表 3-5　不同距离对应的最大单响药量

距离(m)	一般民用建筑			交通隧道		
	99.9	150	200	30.3	50	100
最大单响药量(kg)	178	600	1422	178	800	6400

本工程设计最大单响药量为 178kg，通过表 3-5 可知，在一般民用建筑爆破质点安全振动速度 $V=2.0$ cm/s 和交通隧道爆破质点安全振动速度 $V=12.0$ cm/s 的允许情况下，可根据爆源与保护目标的距离选取最大单响药量设计起爆网路，确保周边建(构)筑物振动安全。

②空气冲击波

空气冲击波最小安全距离 R_k 按下式计算：

$$R_k = K \cdot Q^{1/2}$$

式中　K——与爆破作用指数、爆破状态有关的系数，取 $K=1.5$；

　　　Q——最大单响药量（kg）；

　　　R_k——空气冲击波最小安全距离（m）。

不同药量对应的最小安全距离计算结果如表 3-6 所示。

表 3-6　不同药量对应的最小安全距离

Q（kg）	50	100	200	500
R_k（m）	10.6	15	21.2	33.5

通过表 3-6 可知，爆破空气冲击波最小安全距离远小于爆破安全警戒距离 200m，同时也远小于爆破振动安全允许距离 R，因此爆炸空气冲击波不会对周边建(构)筑物及安全警戒范围外的人员造成影响。

③爆破飞石

个别飞散物的最大距离由下式确定：

$$R_{max} = K_f qD$$

式中　R_{max}——爆破个别飞散物的最大距离（m）；

　　　K_f——与爆破方式、填塞状况、地质地形有关的系数，$K_f = 1.0 \sim 1.5$；

　　　q——炸药单耗（kg/m³）；

　　　D——炮孔直径（mm）。

本工程深孔台阶爆破取 $D_{max} = 150$ mm，$q_{max} = 0.4$ kg/m³，$K_f = 1.0$，计算得 $R_{max} = 60$ m。

根据《爆破安全规程》（GB 6722—2014）规定，深孔台阶爆破个别飞散物安全允许距离为200m,复杂条件下浅孔爆破的个别飞散物安全允许距离为300m。本工程计算飞散物最大距离为60m,符合规范要求。

④爆破振动监测方案

在爆破实施过程中,对爆破有害效应进行监测和计算分析,根据分析结果对爆破设计方案和关键技术参数进行优化。具体监测方案如下:

a.针对开挖爆破的不同场地条件,选取典型区域,进行2～3次生产性爆破试验。

b.爆破时,在爆破区域的西侧和北侧保护建筑处安装振动监测点,开展爆破振动监测,并依据《爆破安全规程》(GB 6722—2014)对爆破振动进行安全评价。

c.爆破施工全过程中,在周边保护目标处布置2～3个测点,对爆破振动、噪声、冲击波、粉尘和飞石等有害效应进行监测,监测在设计爆破参数条件下的有害效应特征,并依据《爆破安全规程》(GB 6722—2014)对爆破振动进行安全评价及爆破参数的调整。

(2)临近铁路爆破安全控制措施

①爆破振动控制措施

a.爆区合理划分,控制单次爆破总装药量。

b.优化起爆网路,严格控制单段最大起爆药量。

c.调整爆破方向,根据场地环境和台阶爆破飞石飞散的规律,改变爆破振动传播方向。

d.严格按照审批后的爆破方案进行施工,根据爆破振动监测分析及时调整爆破参数。

②爆破飞石控制措施

《爆破安全规程》(GB 6722—2014)规定:在无安全防护措施的情况下,深孔台阶爆破个别飞石对人员的安全允许距离不少于200m;浅孔爆破个别飞石对人员的安全允许距离不少于300m。

a.合理布置孔网参数。根据爆破要求、爆体性质、岩石结构和层理性质,综合确定爆破参数。

b.严格控制单段最大起爆药量。在影响爆破个别飞散物的诸多因素中,单段最大起爆药量是主要因素之一。

c.保证钻孔堵塞质量。保证足够的堵塞长度,清理台阶面上松动石块。

d.合理设计前后排时差,严格控制装药质量。尽量避开断层、裂隙发育带、严重风化带,或减低以上部位的装药量。

e.加强警戒。在爆区四周安全距离内外,设封锁线和信号,以防个别飞散物对人员和物体造成危害。

f.改变自由面方向。规划好作业面台阶推进方向,避免飞石飞向铁路。

③爆破冲击波防护措施

a.禁止采用裸露药包进行二次破碎爆破。

b.避免在断层、张开裂隙处采用过量装药。

c.深孔台阶爆破的炮孔间延时合理,以免前排先响炮孔带炮使后排变成裸露爆破。

d.保证钻孔堵塞质量和足够的堵塞长度,特别是第一排孔。

e.爆破时除爆破操作人员外,其他无关人员撤离至安全警戒范围外。

④有毒气体控制措施

a.禁止使用过期变质的炸药,加强炸药的防水、防潮保护或使用防水炸药;

b.保证堵塞长度和堵塞质量,避免炸药的不完全爆轰;

c.爆破之后经 15 min,人员方可进入爆破现场,防止炮烟中毒。

3.2.2.4 爆破施工组织

(1)施工工艺及流程

在确保人员、周边建筑、设施绝对安全的前提下,保证爆破效果,尽量缩短工期,满足土石方爆破工程的要求,做到安全、先进、合理、可行、经济。本工程的爆破施工主要包括开拓道路、创建作业平台、钻孔、装药、堵塞、连线、爆破等施工程序,具体工艺流程如图 3-6 所示。

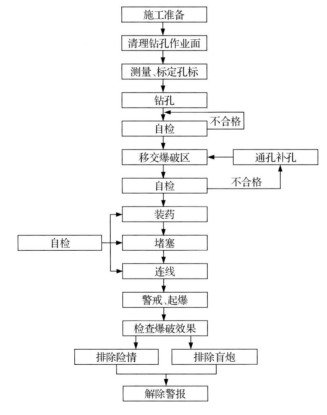

图 3-6　爆破施工工艺流程

编排施工工艺时,应根据爆破区域的特点、周边环境情况及工程要求,保证在有限的施工场地和有限的施工时间内完成爆破任务。充分利用爆破场地,投入充足的机械、设备和劳动力,编排合理、科学的作业程序,保证平行流水作业,使钻孔、装药、安全防护、起爆、爆后检查等各项施工作业有条不紊地进行。

(2)施工工序

①施工准备

a.熟悉设计文件,理解设计意图,核实工程量。根据设计文件和现场实际情况,对施工作业进行具体、详细的策划,编制施工作业指导书,对进场人员进行技术培训。

b.施工前应根据当地原有水系,开挖临时排水沟,形成施工临时排水系统。避免施工场所大面积积水而影响施工生产,同时也避免造成水土流失、污染农田,造成农业用水系统被破坏。

c.图纸会审。由项目经理牵头,工程技术部有关技术人员和各部门负责人对施工图进行学习和审核,汇总问题,提请业主组织图纸会审。将图纸会审的内容分别标到各施工图相应的部位并备案。

d.依据审定后的施工图及说明书、施工组织设计及有关的文件和资料,进行施工图预算编制。

e.现场测量控制网的测设及内业工作。

f.采集建筑材料等样本进行试验,试验结果报监理工程师及业主批准。

②材料供应和设备进场计划

工程管理部根据技术、计划部门提供的施工用料和工程用料计划,按ISO 9002标准的要求进行市场调查,了解附近建筑材料、成品、半成品的采购渠道,以确定采购点,并按工程进度计划合理安排材料分期分批进场;有计划、合理地组织和调配各种机械设备进入现场各施工段。

③施工现场准备

a.根据给定永久性坐标和高程,进行施工场地控制网复测,设置场地临时性控制测量标桩,并做好保护。

b.选定临时设施的搭设位置,积极与地方政府及其他行政部门取得联系,建立良好的协作关系。按照施工平面图及临时设施需用量计划建造临时设施,达到配套完整。

c.做好季节性施工准备。按照施工组织设计的要求,认真落实季节性施工的临时设施和技术组织措施。

d.做好施工前期调查。查明施工区域内的各种地下、地上管线,可能存在的不良地基等分布情况。

④劳动组织准备

a.建立工地领导机构;

b.组建精干的施工队伍;

c.集结施工力量,组织劳动力进场;

d.做好职工入场教育培训工作。

⑤施工内外协调

a.外部协调

及时与业主、总承包代表、监理工程师、当地政府及其他部门取得联系,协商外围事宜,做好施工前准备工作。

b.内部协调

各部门严格按进度计划安排工作。所需机械、材料,按进度计划组织进场。

(3)测量标定

根据爆破设计方案确定的爆破参数,将爆破范围、炮孔位置、炮孔深度等标定在相应部位。

(4)钻孔施工

首先由测量人员用全站仪按照设计要求,定出孔位,标注倾角、孔深。钻孔员对钻具进行检查,方可开机。开机后要空载预热一段时间,将钻机开至设计的爆破区域,按测量给定的点位进行钻机定位、钻孔作业。在钻孔及吹孔作业时要注意将岩粉回收,避免或减少岩粉对环境的污染。作业完毕后要由专职人员进行验收,检查其孔深、倾角、孔位是否符合设计要求。对不合格的炮孔要按照质量控制程序文件要求进行纠正,直至达到合格为止,最后用编织袋装岩粉封堵孔口。

(5)钻孔质量验收

钻孔完成后,由工程技术人员进行验收。检查校对孔位、孔深、倾角是否符合设计要求,对于不符合要求的钻孔,必要时要求进行调整。建立严格的监督、验收、签字制度,以确保钻孔质量符合爆破设计要求。

(6)安全防护施工

由于本次爆破区域范围大,对于部分爆区周边环境较复杂区域,采取土袋覆盖措施进行针对性防护。

(7)装药、堵塞、连线

作业前向所有作业人员现场进行技术交底,明确职责任务。按照爆破设计方案的技术参数进行装药填塞、分组连线。装药完成后,进行网路连接。

(8)警戒、爆破

装药、填塞、连线和防护完成后,经技术人员反复检查核实无误,撤出作业人员,实施警戒,根据指挥部的命令起爆。爆破后迅速派人检查现场,将爆破效果及时向指挥部报告,由指挥部下达解除警戒的命令,撤回警戒人员。

3.3 施工规划

本工程软土地基处理涉及水域范围广、交通组织庞杂、排水量大等问题,这些问题的处理是软土施工的前提。因此,软土地基处理的施工规划从湖区抽水、施工交通组织、集水井排水、临时排水等方面做详细的介绍。

3.3.1 湖区抽水

(1)湖区排水分为初期排水和经常性排水。初期排水为一次性拦断主湖区(即东西方向穿越机场的走马湖主要湖域,下同)而进行的大规模、连续性排水,具体方案为采用30kW大功率潜水泵抽水排往下游湖面。湖水排水点设置在机场红线东侧围堰外,利用潜水泵将水抽排至下游湖面,潜水泵采用发电机供电。

(2)经常性排水为对施工期间降雨、渗水、渗漏等水的抽排,主要在各工作区内通过开挖排水沟和设置集水坑,将水接力抽排至上游围堰外湖面。

(3)抽水施工机械配置

抽水施工所需机械为30kW潜水泵(用于初期排水)及7.5kW潜水泵(用于经常性排水)。根据施工经验及现场实际情况,上述设备的施工工效如表3-7所示。

表 3-7　抽水设备的施工工效

序号	设备名称	型号	工效	备注
1	潜水泵	200QW400-13-30	400 m³/(台·时)	出水管直径为20cm
2	潜水泵	100QW100-15-7.5	100 m³/(台·时)	—

主湖区抽水量为183万 m³,抽水工期为20d,每天抽水20h,平均每小时抽水量为4575 m³。

①初期排水30kW潜水泵数量:4575/400 = 11.44 ≈ 12台,因此主湖区前期抽水施工期间30kW潜水泵配置数量为12台。

②经常性排水7.5kW潜水泵数量:按照主湖区3个施工工区每个施工工区有5个抽水点,共配置15台7.5kW潜水泵。

(4)湖区抽排水完成后,在各施工工区用水上挖机同时开沟沥水,沥水沟按照50m×50m方格网纵横布置。沥水沟由北向南、由西向东1‰放坡。在沥水沟最低处设置集水坑,将沥出的水抽经 D630 排水管排至上游围堰外。各工作区配置 2 台水上挖机同时施工。

3.3.2 施工交通组织

3.3.2.1 便道总平面布置

(1)早期交通情况

场区内主要通道为 1#、2#、3# 施工便道。场区内现状有 X008 沙杨公路、S112 省道。1# 便道起于黄山脚下,止于 S112 省道,路线长度约为 6.044 km;2# 便道起于 X008 沙杨公路,止于 S112 省道,路线长度约为 2.236 km;3# 便道起于黄山脚下,止于 X008 沙杨公路,部分利用现状道路右侧加宽,路线长度约为 0.976 km;X008 沙杨公路加宽工程起点与 1# 便道相交,止于云家垮水塘附近,左侧加宽至路基宽 15 m,路线长度约为 2.764 km。

1#、2#、3# 便道路基宽 15 m,按照双向四车道布设,标准断面路基宽度为:0.5 m 土路肩+4×3.5 m 行车道+0.5 m 土路肩。S112 省道为双向两车道,X008 沙杨公路从双向两车道拓宽至四车道,道路宽度为 15 m。

(2)交通需求分析

主湖区平均每天填方量为 8 万 m³,考虑到雨季及其他特殊时期,高峰期每天填方为 12 万 m³。采用斗容量为 20 m³ 的自卸车运输,高峰期每日车次为 6000 次。

按每天工作 16 h 计算,每分钟车次约为 6.25 次。车辆平均运距考虑为 3 km,平均车速假定为 20 km/h,每趟车在道路中通行时间为 9 min,道路中同时运行的车辆约为 57 辆。按照国家安监总局制定的《金属非金属矿山安全规程》第 5.3 节对露天矿山道路运输安全的要求,不利天气下前后车距不应小于 40 m,且本方案选用车车长约 10 m,因此,便道总长为 57×(40+10)=2850 m。考虑开采场及堆土区等待时间,其他材料运输车辆、工程机械通行时间,以及高峰期运输,取系数 1.6,便道实际总长为 2850×1.6=4560 m,即服务于主湖区的便道长度应大于 4560 m。

(3)主湖区便道布置概述

以 1# 主便道和 X008 沙杨公路为起点,向湖区延伸修筑次便道,分布情况如图 3-7 所示。其中,1-1# 便道和 1-2# 长度分别为 1541.5 m 和 1926.5 m,起于 1# 主便道,为临主湖区便道,线路走向紧邻主湖区,临湖便道平均路面标高约为 18 m。

X-1# 便道在原村道基础上部分拓宽,长 1156.65 m,其中被拓宽道路长 807.72 m,新建道路长 348.93 m。道路路面标高为原有道路路面标高。

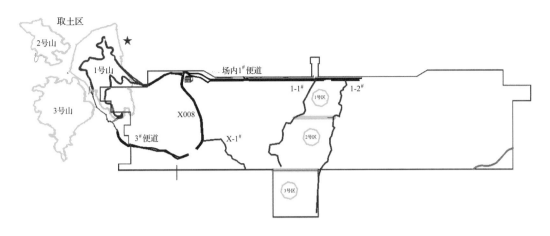

图 3-7 主湖区便道布置图

（4）施工顺序

主湖区共设置 1-1#、1-2#、X-1#三条施工便道。施工初期，分三个作业面进行便道填筑，其中，1-1#及 1-2#便道以 1#便道为起点向下游开始填筑，X-1#便道从 X008 开始进行拓宽。待 X-1#便道修筑至主湖区边缘，打开一个作业面后，从下游向上游填筑 1-2#便道。

3.3.2.2 便道断面设计

场内次便道采取双向两车道，临湖便道宽 10 m，临湖一侧设置防撞墩，两侧各设置 1 m 宽人行道。X-1#便道在原有混凝土道路基础上拓宽，原有道路平均宽度为 3 m，拓宽至 8 m。

（1）临湖便道

1-1#、1-2#为临湖便道。主湖区两侧湖堤形式分两种，如图 3-8 所示，一种为自然的湖边山体，多为砂岩构成，临湖处标高为 17.7～19.5 m；另一种为人工修筑的田埂，将主湖区域周边湖岔隔开，多为人工填土，标高在 17.5 m 左右。临湖便道的修筑根据此两种不同地形，设置不同的断面形式。

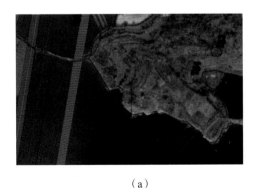
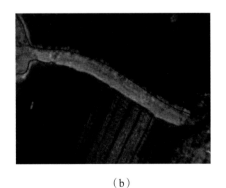

（a）   （b）

图 3-8 主湖区原湖堤形式

（a）自然形成的湖边山体；（b）人工修筑的田埂

①对于原地形为自然山体的临湖便道，临湖一侧按 1∶2 放坡至原湖堤顶面，并设置防撞墩，便道按坡度为 2% 向远离湖一侧设置横坡；远离湖一侧按 1∶1 放坡至原地面，坡下设置断面 0.5 m×0.5 m 排水沟，排水沟两侧按 1∶1 放坡至坡底，并设置坡度为 0.5% 的纵坡。路面积水顺着路面横坡汇入排水沟，再经由排水沟汇入主湖区周边湖汊。其标准断面如图 3-9 所示。

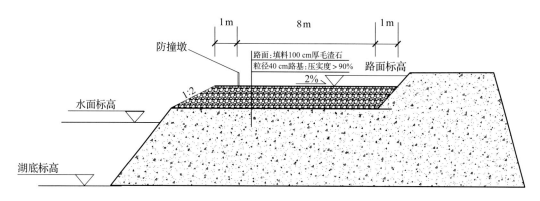

图 3-9　临湖便道标准断面图（自然山体）

②对于原地形为田埂的临湖便道，以田埂为边界，便道向远离湖区一侧拓展，便道临湖一侧按 1∶2 放坡至原湖堤顶面，并设置防撞墩，便道按 2% 向远离湖一侧设置横坡。远离湖一侧按 1∶1 放坡至原湖面。

对于临湖便道，若主湖区沿线外扩范围土地未能如期征收，则便道需向湖区内填筑，便道路面积水通过横坡排至排水沟后，再经过排水沟汇入主湖区周边湖汊。其标准断面如图 3-10 所示。

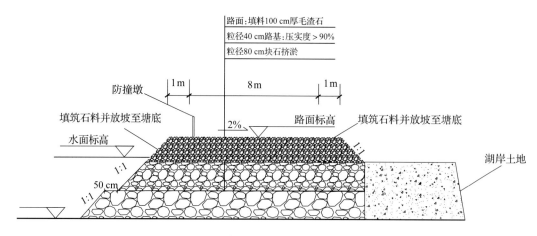

图 3-10　临湖便道标准断面图（田埂）

（2）拓宽便道

X-1#为在现有的道路上进行拓宽的便道，原道路平均宽度为 3 m，拓宽至 8 m。其道路标准断面如图 3-11 所示。

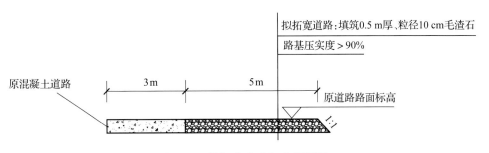

图 3-11 拟拓宽道路标准断面图

3.3.2.3 便道施工方案

（1）填料要求

由于本工程机械设备和载重车辆较多，便道质量和等级要求较高，本工程便道全部采用料源区开采出的花岗岩进行填筑，推土机摊平，钢轮压路机压实。路基填料粒径不大于 40 cm，填料中严禁含有有机物、草皮、树根、冰块等杂物及生活垃圾，路面填筑采用粒径不大于 10 cm 的毛渣石填筑。

（2）施工准备

①建立测量控制网，实时进行便道中线、高程、宽度控制，并结合实际地形图确定挖填高度。

②检查施工机具，保证其具有良好的工作效能，以便能及时安全地施工。

（3）施工方法

回填料用自卸汽车运至施工现场，派专人指挥卸料。先修筑错车平台，方便车辆调头及进出；由挖掘机配合自卸车倒土，保证路基用土卸到便道边线内；挖掘机同时进行便道的边坡处理。

①临湖便道

a. 抛石挤淤。对于湖边为人工田埂的临湖便道，抛填 80 cm 块石至淤泥顶面进行初步挤淤，随后整平块石顶面，并用挖掘机进行碾压，挤淤完成后，在抛石顶面填筑粒径较小的碎石，并整平至无明显空隙。

b. 路基填筑。对于湖边为自然山体的临湖便道，清表完成后，采用破碎锤对山体岩石进行破除，并结合挖掘机和振动压路机进行碾压整平。

对于湖边为人工田埂的临湖便道，利用振动压路机对田埂进行碾压，碾压至压实度不小于 90%；同时在抛石顶面堆砌粒径为 40 cm 的石料，路基填筑体与抛石挤淤填筑体间留50cm宽台阶。路基自抛石顶面填筑至田埂面标高,分层摊平压实,压实度不小于90%。

c.路面填筑。路面采用粒径不大于10cm的毛渣石铺筑,路面厚度1m,采用推土机对卸料进行摊平,并初步压实。新填道路预留2%的横坡,以利于排水。碾压采用钢轮压路机,碾压3～4遍。碾压结束后,由人工处理便道的边坡,边坡坡度为1∶1,边坡处理要平整、坚实,保证施工便道的直线性和表面的平整度。

在施工便道修筑过程中,用水准仪和全站仪控制施工便道的表面平整度及便道的直线性。

②拓宽便道

拓宽道路先需把拓宽一侧的可能影响司机视线的杂草树木清除,清表范围为道路边线外扩1～2m。

为保证新修道路标高与原道路一致,清表厚度为40cm,清表完成后,采用挖掘机对松土进行压实,压实度不小于90%。

路基压实后,填筑50cm厚、粒径不大于10cm的毛渣石,采用振动压路机压实,具体施工步骤与新建道路相同。

3.3.3 集水井排水和临时排水

(1)主湖区堆载预压区集水井设计间距为50m×50m,集水井总数量为385个,其中超载区(道槽及航站区)为264个,等载区(土面及远期区)为121个。集水井采用自动抽排水系统,如图3-12所示。

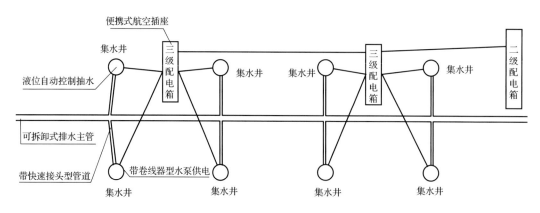

图3-12 集水井自动抽排水系统示意

(2)每个集水井采用液位自动控制潜水泵进行抽水(其中超载区采用2.2kW水泵,等载区采用1.1kW水泵),每间隔300m安装1台液位传感器用于发射信号至数字化监控中心实时监控,所有水泵插座改用航空快插头,支管与主管采用承压式快速接头,缩短安拆工作的时间。根据计算及前期实际抽水数据统计,平均每井每 24 h 抽水量为 70 ～ 80 m³。集水井自动抽水系统主要设备材料如图 3-13 所示。

序号	设备名称	图片	序号	设备名称	图片
1	2.2 kW 水泵		4	液位传感器	
2	水位继电器	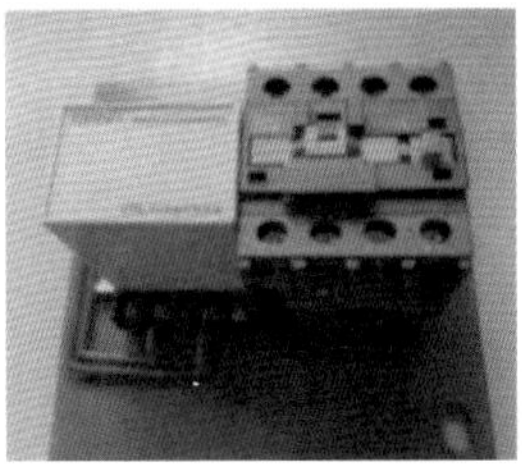	5	承压式 快速接头	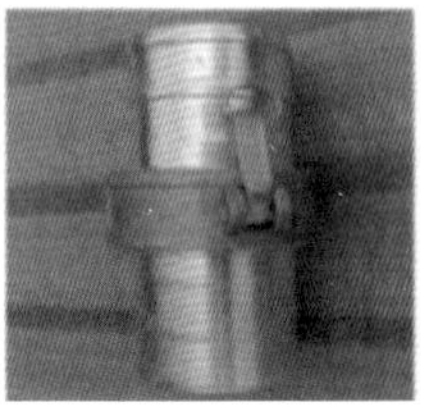
3	航空开关	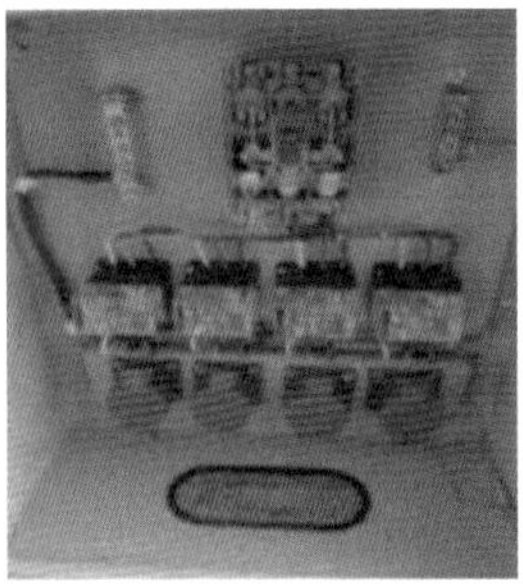	6	电缆盘线圈	

图 3-13　集水井自动抽水系统主要设备材料

（3）通过自动抽水系统将集水井的水抽出后,排至填筑体表面开挖的支排水沟,再由各个支排水沟汇集至主排水沟。根据需汇集的水流量,将水沟分为四种类型,分别为主沟、次主沟、支沟及次支沟。其中,次支沟主要位于超载填筑体顶面、两排集水井之间,用于直接收集自动抽水系统排出的水。次支沟标准截面为 0.5 m×0.5 m,两侧按 1：0.5 放坡。在次支沟内铺设塑料薄膜,防止集水井抽排出的水大量回渗。在前期不便开挖的情况下,可采用 DN 200 的管道代替次支沟。支沟主要用于直接汇集次支沟的水,然后将水导流至主沟或次主沟中。支沟的标准横截面为 1.0 m× 1.0 m,两侧按 1：0.5 放坡,在支沟内铺设土工布及塑料薄膜,防止集水井抽排出的水大量回渗。次主沟主要位于主湖区南北两侧的填筑面,用于承接雨水及远期湖区集水井的抽排水,并将水导流至主沟中。次主沟的标准横截面为 2.0 m×1.0 m,两侧按 1∶0.5 放坡。在次主沟内铺设土工布及塑料薄膜,防止雨水及集水井抽排出的水大量回渗。由于主湖区南侧的中部湖汊区域与周边排水沟未连通,需在主湖区南侧取土区开挖两段排水沟,将中部湖汊排水沟与主湖区排水沟相连。主沟主要位于主湖区,从东西、南北两个方向横贯主湖区。主湖区南北两侧及主湖区的雨水、集水井抽排水等最终都汇集至主沟中,通过主沟排至走马湖上游场外。主沟的标准横断面为 3.0 m×1.0 m,两侧按 1∶0.5 放坡。在主沟内铺设土工布及塑料薄膜,防止雨水及集水井抽排出的水大量回渗。

(4)为防止集水井抽水的管道及排水沟影响现场交通,须对主湖区土石方填筑期间的交通进行规划,并严格按此执行,才能保证集水井抽水及土石方填筑同步进行,互不影响。在行车路线经过排水沟时,埋设 DN1000 的钢管或混凝土管作为过路管道;在经过地面明管时,将明管埋地或将明管覆土,保证管道覆土厚度不小于 50 cm。东跑道局部集水井示意如图 3-14 所示。

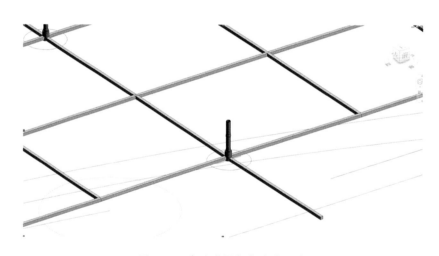

图 3-14 东跑道局部集水井示意

(5)主要用电设备为 385 台集水井抽水泵,同时考虑夜间施工照明,用电负荷计算为:水泵采用 1.1～2.2 kW 的潜水泵(超载区用 2.2 kW 潜水泵,其他区使用 1.1 kW 潜水泵)。拟将原有变压器迁移后使用,其中 2 台的容量为 315 kV·A,1 台的容量为 200 kV·A。集水井抽水总功率为 264×2.2 kW+121×1.1 kW＝713.9 kW。照明及其他负荷约 50 kW。变压器容量为 315 kVA+315 kVA+200 kVA＝830 kV·A。满载时总功率为集水井全负荷+其他负荷 ＝ 713.9 kW+50 kW＝763.9 kW。满载时功率因数为 763.9/830＝0.92＜1,满足用电要求。集水井抽水正常使用功率为 713.9÷3＝238 kW(根据前期经验值自动抽水时间占比为 1/3)。常规使用负荷为集水井抽水负荷+其余负荷＝238 kW+50 kW＝288 kW,

常规使用功率因数为 $288 \div 830 = 0.35 < 1$，满足用电要求。综上计算所得，变压器选择满足使用需求，共布置 3 台变压器，每台变压器可敷设周边 $350 \sim 400\,\mathrm{m}$ 范围内的用电。变压器型号为 2 台 $315\,\mathrm{kV \cdot A}$ 油浸式变压器，1 台 $200\,\mathrm{kV \cdot A}$ 油浸式变压器。因此，在主湖区中间布置一条 $10\,\mathrm{kV}$ 的高压线，同时为满足现场使用需求，布置一条 $380\,\mathrm{V}$ 的低压线。

（6）供电线路布置分两期：第一期为现阶段供电布置，因三、四工区部分超载区未完全施工完毕，因此需将部分路段的供电线路布置在主湖区北侧已经施工完毕的远期规划区；第二阶段为主湖区全部施工完毕后，将供电线路迁至主湖区中央，保证主湖区南北两侧的用电需求。

3.4　施工预处理

3.4.1　红砂岩处理

地勘报告显示，机场红线内分布有大量红砂岩，需要爆破、挖出后作为填料使用。由于填料对于粒径有严格要求，而红砂岩的以下特点，给工程建设带来了不小困难，曾经一度造成工程短暂停工：

（1）红砂岩的整体性好、韧性大、厚层结构、节理裂隙不发育。

（2）岩石硬度不高，可钻性强，但爆破效果差，大块多，爆破效率低。

（3）红砂岩具有软硬相间、交互成层的多元层状结构，夹层间透气透水，爆破时岩石裂隙"漏气"严重，严重影响到爆破效果。岩石爆破后普遍呈层状大块，部分大块长度达 $2 \sim 3\,\mathrm{m}$，厚度达 $0.5 \sim 1.5\,\mathrm{m}$，无法满足石料的开挖与填筑要求。

（4）爆破时，孔排距为 $4.0\,\mathrm{m} \times 3.0\,\mathrm{m}$，炸药单耗为 $0.40\,\mathrm{kg/m^3}$，大块主要集中在爆堆表面和底部，大块率高达 70%，且尺寸巨大。

（5）将孔排距缩减为 $2.0\,\mathrm{m} \times 1.8\,\mathrm{m}$，炸药单耗加大至 $1.1\,\mathrm{kg/m^3}$。在有良好自由面的情况下，爆破效果有明显改善。爆区中心岩石基本破碎，大块主要集中在边坡及表层 $2 \sim 3\,\mathrm{m}$ 区域，当表层存在夹层时，大块率会明显提高。

（6）采用"V"形网路，在无良好自由面的情况下，爆堆整体向上凸起，爆堆表面存在较多大块且大块破裂面较整齐，大块尺寸为 $1.0 \sim 2.2\,\mathrm{m}$，爆破效果无明显改善。

（7）确定孔排距后，采取分层装药结构，虽然炮孔堵塞长度减小，炸药分布更加均匀，但是大块率并没有明显降低，反而增加了爆破飞石。

（8）红砂岩爆破的炸药单耗最高达到 $1.2\,\mathrm{kg/m^3}$，虽然大块率减少，尺寸得到了有效控制，但是相比于花岗岩爆破，炸药的成本增加了 3 倍，料石的级配依然无法满足业主的粒径要求(40 cm 以内)。爆破后,大量的大块需要采用机械二次破碎,施工成本控制压力巨大。

3.4.2　湖底清淤

主湖区面积大,沉积淤泥量多,根据设计方案,需要抽水、清淤后铺设砂垫层,然后进行插板施工。是否需要清淤,清淤到什么程度,使用何种机械清淤,如何清淤,成为施工时面临的难题之一。

湖区抽排水完成后用水上挖机进行开沟沥水,沥水沟按照 50 m×50 m 方格网纵横布置。沥水沟由西向东 1‰ 放坡。在沥水沟最低处设置集水坑,将沥出的水抽排至主湖区北侧引水渠。各工作区配置 2 台水上挖机同时施工。

堆载预压区清除表层约 1 m 厚流塑状淤泥时,先在工作区分界线处清淤,全面清淤时布置两组作业,从湖区两侧向中间推进,两组间隔 40 m。每组采用两台水上挖机并排清淤,一次清淤宽度 20 m,将淤泥临时堆放至两侧,形成一个可铺设复合土工垫和砂垫层的工作面,然后进行塑料排水板和盲沟的施工,回填山皮土后碾压,作为后续清淤的机械设备作业面,采用长臂挖机和水上挖机配合将淤泥装车运往土面区晾晒回填。鉴于主湖区目前湖底淤泥高程由西向东逐渐降低,清淤时从上往下进行流水作业。流水施工可保证各工作区内形成单向坡度,利于场内排水。

3.4.3　垫层施工

由于湖区面积大,两岸间宽度达 600～900 m,如何将大量砂子运送到湖区特别是湖中心,成为施工的又一个难题。

(1)砂垫层施工厚度为 50～75 cm(根据试验数据确定),铺设砂垫层时采用推土机推进摊铺,先两边、后中间,逐步往前推进。摊铺砂垫层时应尽量减少施工对地基的扰动,避免泥土、杂物混入砂垫层。填料采用透水性较好的中砂或中粗砂,含泥量不得大于 4%。砂垫层的干密度应大于 1.5 t/m³,渗透系数应大于 $1×10^{-2}$ cm/s,砂垫层的宽度超出地基处理范围不小于 1 m。

(2)在砂垫层施工的同时,由测量人员对集水井的平面位置进行定位,施工人员根据定位安装集水井钢筋笼,填筑至钢筋笼位置时应采用小型挖机,避免造成钢筋笼损坏,钢筋笼顶部应与砂垫层平齐。

3.4.4　吹砂

(1)走马湖远期湖区采用堆载预压排水固结法进行地基处理,铺砂面积约 52.7 万 m²,其中沟塘面积 34 万 m²,陆地面积 18.7 万 m²,远期湖区需用砂量约 50 万 m³。湖区及沟塘总体呈现北高南低、西高东低的地势。远期湖区地基处理平面图和湖区地势如图 3-15 和图 3-16 所示。

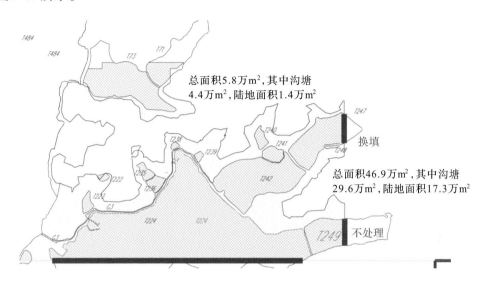

图 3-15 远期湖区地基处理平面图

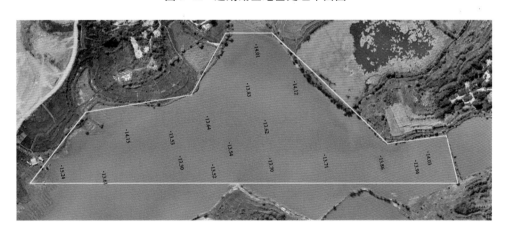

图 3-16 远期湖区地势图

（2）根据总体安排，远期湖区堆载预压铺砂采用吹砂工艺，将砂吹填至现场指定区域后摊平。由于供砂量的不确定性，远期湖区吹砂可能无法一次性全部完成。考虑到现场施工组织，远期湖区采用围堰分隔后进行分阶段施工，最大限度地保证现场工作面的完整。

（3）为控制吹砂厚度、掌握吹砂对淤泥的影响，首先进行吹砂试验，吹砂口设置在 T242 塘与 T248 塘交界处，并在吹砂过程中将管线接长以调整出砂口，使砂均匀摊开。

湖区水抽干后采用土石围堰将远期湖区分割成 5 个小区域，以便分区作业。先后共修筑 4 条围堰,拟建围堰顶宽 8 m,边坡比为 1:1.5,围堰高出原泥面 1 m。由于铺砂分区域进行,总体由北向南推进,因此先修筑 1 号围堰,在地势较低处预留出水口,宽度不小于 2 m,吹砂产生的水通过围堰出水口流至下游,及时抽排至场外。各阶段施工平面图如图 3-17 至图 3-21 所示。

图 3-17　第一阶段施工平面图

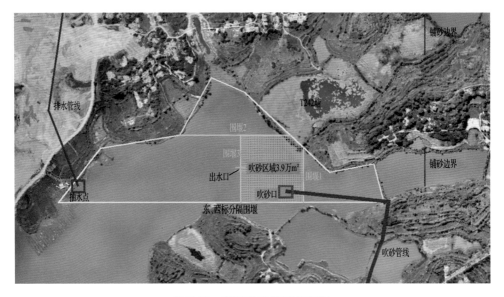

图 3-18　第二阶段施工平面图

图 3-19　第三阶段施工平面图

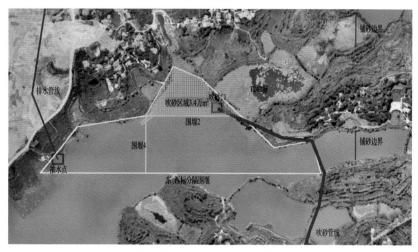

图 3-20　第四阶段施工平面图

图 3-21　第五阶段施工平面图

3.5 关键技术问题解决

3.5.1 清淤换填施工

3.5.1.1 清淤工程总体思路

根据勘察报告,湖底②-1淤泥层厚0.2～2.2m,平均厚度为0.7m左右。该层淤泥为极软土,呈流塑状态,浮于湖底之上,可随湖水漂移,因此该淤泥需要清除,在湖水抽排时,主要采用清淤泵及清淤机械进行清除(水力清淤法)。采用水力清淤法施工时,在施工现场指定区域内设置淤泥存放场,清除的淤泥经沉淀后,用于土面区填筑或净空区回填绿化。清淤工程总体施工顺序为施工准备→测量放线→淤泥层及人工堆积层挖除→测量复核。

3.5.1.2 施工安排

(1)走马湖主湖区

走马湖主湖区沿着导流渠围堰南侧,在港渠内设置一排竹围堰。竹围堰堰体长约120m,最远端离围堰岸距离20m,与围堰形成一个封闭的半椭圆形区域,作为淤泥堆放点。每根竹竿间隔1.5m,内铺设彩条布滤水,便于清水溢出,从而利于淤泥泥浆沉淀,且不淤积阻塞港渠。

在完成湖区抽排水作业后,开始进行清淤作业。根据施工图纸要求进行测量放样,标记出清淤范围,清淤边界为道面影响区边线外扩5m,以保证边界清淤效果。在沿围堰便道北面、清淤范围左右两侧各布设一排清淤机组,共22台套,机组间隔30m。机组由两侧向中间横向推进,同时采用泥浆泵将泥浆抽吸至港渠竹围堰内。完成横向作业任务后,将机组依次向北推移,重复进行抽吸作业。对于最北侧无法一次清理到位的淤泥,采用二次抽吸转运。走马湖主湖区淤泥待晾晒后就近回填。走马湖水力清淤部署平面图如图3-22所示。

(2)螺丝径湖区

螺丝径湖区属于本工程范围内面积第二大的湖区。淤泥存放点设置在永久边坡围堰外侧,淤泥晾晒后就近托运至3#山净空区绿化回填。螺丝径湖区水力清淤部署如图3-23所示。

3.5.1.3 水力清淤施工工艺

采用水力清淤施工工艺清除螺丝径湖及走马湖主湖区软塑淤泥,其工艺流程如图3-24所示。

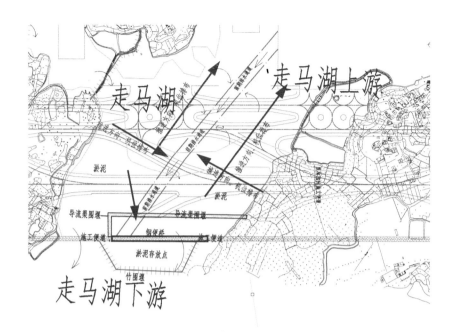

图 3-22 走马湖水力清淤部署平面图

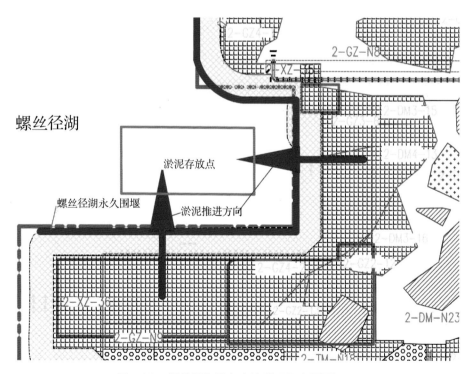

图 3-23 螺丝径湖区水力清淤平面布置图

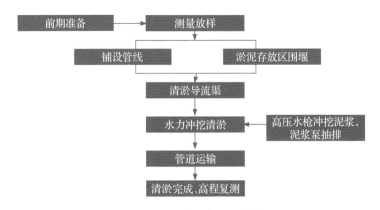

图 3-24　水力清淤施工工艺流程

3.5.1.4　质量与技术措施

（1）质量把控措施主要从勘察报告、相关图纸、测量保证和淤泥存放等几个方面展开说明。

①根据工程地质勘察报告，了解和掌握作业区域内的水文、地质情况。

②认真审阅图纸，了解并掌握图纸和设计文件对②-1 淤泥层淤泥清除的技术要求。

③进行测量放样的交底、复测和检查工作，打桩标识清淤区域及高程。做到不超挖、不少挖。

④淤泥存放点围堰牢固，采取有效措施防止垮塌。

（2）清淤施工安全既要从工人和工程安全的角度来考量，也要从环境安全的角度去把控。清淤施工安全保证措施主要体现在以下几个方面：

①加强工人安全教育，施工前进行安全交底。

②淤泥严禁往下游湖区直接排放，做好环境保护工作。

③合理安排工作面长度、冲挖深度，施工过程中严格按施工技术要求进行清淤的质量管理，加强围堰迎水面保护措施。

④邻水临边作业人员必须穿救生衣，做好安全防护。进入施工现场一律佩戴安全帽。

⑤严格按照有关安全生产规程及安全生产规定做好安全生产工作。

⑥加强监控，发现涌水现象时，及时组织人员、安排设备撤离到安全地段，待采取措施确认安全后，方可恢复施工。

⑦泥浆泵机组使用的电线电缆必须完好无损，严禁浸水作业，接头部位必须用防水胶布包裹严密，防止漏电。配电箱需做到一机、一闸、一漏、一保，并做好防雨防潮措施。

3.5.1.5　施工资源配置及施工进度保证措施

（1）工期

清淤换填施工工期为 30 d，从 2018 年 12 月 20 日起直至 2019 年 1 月 20 日止完成这一阶段的施工。

（2）工期保证措施

①制订切实可行、合理周密的施工进度计划

根据工程进度计划要求,对各施工阶段进行分解,制订出切实、合理、周密的施工作业计划和资源配套计划,并严格执行。在施工中针对各施工阶段的重点和有关条件,制定详细的施工方案,安排好施工顺序,实现流水作业,做到连续、均衡施工。做好人力、机械、材料的综合平衡,确保施工工期控制目标的实现。

②确保工期的施工技术措施

a.施工协调管理。施工协调管理是做好工程施工管理特别是进度管理的前提,是各项管理的基础。

b.项目技术负责制。由总工程师负责项目技术管理工作,设立项目内业技术组具体实施项目技术管理工作。

c.技术工艺及措施的保证:

ⓐ采用流水施工。根据计划目标要求,采用流水施工方式组织施工、开展作业面。

ⓑ应用新技术。工程技术人员根据进度计划要求,及早做好施工方案、技术交底,积极采用新工艺、新技术,提高劳动生产率。

③确保工期的后勤保障

a.机械运行保障。配备数量足够的机械设备,考虑机具的故障、破损等因素,增加富余量。设立维修厂,配足易损件,机具出现故障及时维修。采用候补机械的方式不间断施工。

b.外界环境保障。安排专人负责协调地方关系,为工程顺利施工创造良好的外界环境。

3.5.2 塑料排水板施工

塑料排水板具有排水均匀、及时,可防止雨水在防水层沉积,水分储藏及调节功能良好,自重轻、易安装、易维护、工期短等一系列的优势,因此选择塑料排水板用于该工程,其具体施工方案详见下面各小节。

3.5.2.1 施工材料

塑料排水板施工涉及的主要施工材料有碎石和排水板。复核图纸及规范等相关要求可知,材料规格具体如表3-8所示。

表3-8 塑料排水板施工材料规格

序号	材料名称	规格型号	数量	所用部位	备注
1	排水板	B型防淤堵	1133.6 万延米	—	
2	碎石	粒径≤5 cm	68 万 m³	施工垫层	

3.5.2.2 施工工艺

在本工程中软土地基作为机场工程的重要组成部分,采用塑料排水板法进行地基处理,其施工质量好坏对整个机场建设的质量具有直接的影响,因此,只有不断地提高软土地基处理技术水平,严格遵守对软土地基处理的工艺方法,才能确保整个机场建设的质量,才能确保机场建成后安全、高效地运营。下面就对塑料排水板施工方案中不同施工工艺的技术特点进行详细说明。

(1)施工前准备

①熟悉设计施工图纸,深入踏勘现场,掌握整个场地的地质情况,明确设计及施工要点,做好技术准备工作。

②开工前根据施工组织设计及现场施工图纸进行高程复测,开展水准点及控制桩的核对和增设。

③成立塑料排水板施工工艺管理小组,负责塑料排水板工艺性试验施工,提前准备合理的劳动力、机具、设备、施工材料。

④劳动力、机具、材料、设备事先详细安排,落实材料供应计划,加强进场机械的保修、保养,准备充足的配件。

⑤插板机械设备进场后,及时安装调试,保证机械行走平稳,运转正常。

(2)原材进场检测及复试

本工程选择 B 型防淤堵塑料排水板作为垂直排水通道。B 型防淤堵塑料排水板性能如表 3-9 所示。

表 3-9 B 型防淤堵塑料排水板性能指标

项目		标准	条件
打设深度(m)		< 25	
厚度(mm)		> 4.0	
宽度(mm)		98～102	
纵向通水量(cm³/s)		≥25	侧压力 > 350 kPa
滤膜渗透系数(cm/s)		> 5×10⁻⁴	试件在水中浸泡 24 h
滤膜等效孔径(mm)		0.05～0.12	以 O95 计
抗拉强度(kN/10cm)		> 1.3	当延伸率在 4%～15%时,取断裂时的峰值强度;当延伸率 > 10%时,取延伸率为 10%时所对应的强度;当延伸率 < 4%时,判定强度不合格
滤膜抗拉强度(N/cm)	干态	> 25	
	湿态	> 20	试件在水中浸泡 24 h,当延伸率在 4%～15%时,取断裂时的峰值强度;当延伸率 > 15%时,取延伸率为 15%时所对应的强度;当延伸率 < 4%时,判定强度不合格

排水板区域软土清表后或沟塘处理后,铺设一层复合多向土工格栅,其性能如

表 3-10 所示。

经实地考察,工地周边砂料紧缺,不能满足塑料排水板的工艺要求。经试验段验证,本项目排水板垫层可采用碎石垫层,垫层总厚度不小于 0.50 m,碎石材料要求渗透系数不小于 0.01 cm/s,碎石粒径不大于 5 cm,含泥量不超过 3.00%。

表 3-10 复合多向土工格栅技术参数

名称	序号	项目	单位	指标	执行标准	备注
土工格栅	1	聚合物原料		聚丙烯		
	2	单位面积质量	g/m²	> 350	GB/T 13762	
	3	纵向 2%伸长率时拉伸强度	kN/m	> 17.5	GB/T 17689	
	4	横向 2%伸长率时拉伸强度	kN/m	> 17.5	GB/T 17689	
土工布	1	等效孔径(O90)	mm	0.07 ~ 0.2	GB/T 14799	
	2	垂直渗透系数(其中 K=1.0 ~ 9.9)	cm/s	$K \times (10^{-1} \sim 10^{-3})$	GB/T 15789	
	3	CBR 顶破强力	kN	> 0.6	GB/T 14800	

(3)施工工艺流程

塑料排水板堆载预压地基处理方案如下:清理完成②-1 淤泥层后,铺设一层复合多向土工格栅,然后再铺设碎石垫层,插打排水板,设置集水井,分层堆载预压处理。排水板施工流程如图 3-25 所示,施工前对照地质资料,在布置排水板的场地范围内做必要的触探(探孔)检查,以尽量避免施打排水板时碰到地下障碍物。同时做好排水板工程原材料的试验检测。

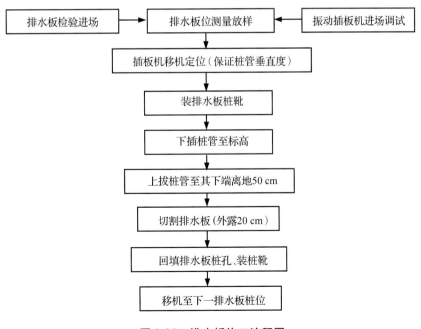

图 3-25 排水板施工流程图

①沟塘抽水、表层清除②-1淤泥层后,铺设一层复合多向土工格栅,铺设时相邻两块土工格栅之间要做好搭接处理,复合多向土工格栅搭接长度不小于30 cm,为垫层铺设创造施工条件。

②铺设一层碎石垫层,垫层压实总厚度不小于0.50 m,碎石材料要求渗透系数不小于0.01 cm/s,碎石粒径不大于5 cm,含泥量不超过3.00%,碎石垫层分层填筑,铺设范围超出处理范围1.0 m。

③测量定位:准确放样出各个塑料排水板的位置,并做好标记。

④插板机就位,安装、调试数字化设备,调试完毕后请监理单位、数字化单位共同见证调试成果。插打塑料排水板,排水板采用定载振动压入,直到设计要求的深度,不允许重锤夯击。排水板在平面以正方形布置。

⑤塑料排水板施工完成后采用分层碾压方式铺设1.0 m厚山皮石,并采用碾压法进行补强,以提高回填山皮石和垫层的压实度,使下部软土加速排水固结,达到设计要求的密实度。

⑥堆载预压区按照间距50 m×50 m设置集水井。集水井下部采用钢筋笼固定,上部采用水泥管填筑,钢筋笼高1.5 m,集水井顶面应高出设计标高不小于1.0 m。堆载过程中应及时将水排出场外。堆载预压边界设置临时排水沟,将集水井排出的水排出场外。地基处理完成后,应将集水井的混凝土管截断至槽底设计标高以下0.5 m,采用中粗砂或级配碎石按照设计要求的压实度回填至设计标高。

⑦排水垫层采用中粗砂垫层时,砂垫层虚铺厚度不小于75 cm,需按50 m×50 m间距设置碎石主盲沟,主盲沟交叉处设置集水井;主盲沟间设置次盲沟,与主盲沟间距为25 m。碎石盲沟断面尺寸为0.5 m×0.5 m,排水盲沟纵向坡度不小于0.5%。人工将土工布铺入沟底,铺放土工布时沟面上要留有一定的土工布卷边,以包裹碎石填料,土工布之间搭接长度为30 cm,保证过滤效果,土工布施工完毕后,要加强成品保护。土工布规格不小于250 g/m²,渗透系数为$5×10^{-2}～5×10^{-1}$cm/s。充填碎石选用粒径$30～50$ mm的级配碎石,碎石含泥量不大于3%。

3.5.2.3 施工过程控制措施

塑料排水板在软土地基处理中应用日趋广泛,但在软土地基处理区域中机械插打深层排水板等过程会遇到很多技术问题,因此,需要关注对施工质量的管控。下面针对实际施工过程所面临的控制措施要点进行说明。

①塑料排水板的质量应符合图纸和规范规定的要求。施工之前应将塑料排水板堆放在现场,并加以覆盖,以防暴露在空气中老化。

②在施打塑料排水板的过程中要保证排水板的垂直度,其垂直偏差按入土深度计算应不大于1.5%。

③施工时塑料排水板应严格按照图纸指出的位置、深度和间距设置,一般位置偏差不超过 5 cm。本工程塑料排水板设计间距为 0.9～1.5 m,露出地面的"板头"长度不小于 20 cm,使其与碎石垫层贯通;保护好排水板,以防机械、车辆进出时受损,影响排水效果。

④塑料排水板在插入地基的过程中,应保证板不扭曲,透水膜无破损和不被污染排水板。板的底部应有可靠的锚固措施,以免在抽出保护套管时将其带出。

⑤塑料排水板不得搭接,保持排水板入土的连续性,发现排水板断裂应重新插打新的排水板。

⑥施工中防止泥土等杂物进入套管内,一旦发现应及时清除。插打排水板形成的孔洞应用砂回填,不得用土块堵塞。

⑦塑料排水板处理路段选用级配碎石垫层,以利于增强排水效果。

⑧插打排水板达到设计入土深度后方能拔管。完成排水板的插打并切断后,露出地面的"板头"长度不小于 20 cm。

3.5.2.4 施工注意事项

①严格检测排水板的技术性能,应按设计要求对每批进场的产品抽查检验合格后方可施工。

②施工前对照地质勘察资料,在布置排水板的场地范围内作必要的触探(探孔)检查,以尽量避免施打排水板时碰到地下障碍物(探孔深度不要超过设计孔深 60 cm)。

③当碰到地下障碍物而不能继续打进或令板体倾斜(超过允许偏差),则应弃置该孔而拔管移位(相距 45 cm 左右),重新施打排水板。

④排水板的施打过程要采用定载振动压入的方法,一直打到设计要求的深度,不允许重锤夯击。

⑤排水板在装运和储存期间,要包上厚保护层,在施工现场存放要注意防晒及泥浆、灰尘污染或其他物体的碰撞破坏。

⑥排水板插打过程中,应注意排水板是否真正送入土中,或在拔管(心轴)时排水板是否被回带上来;应经常注意卷筒内塑料板的耗用量(或用自动记录装置)。

3.5.2.5 质量控制措施

塑料排水板施工质量控制措施主要有:板材控制、板位控制、垂直度控制、深度控制、回带控制、板头污染处理、施工后场地处理、施工现场管理等。

(1)板材控制

严禁使用板体断裂或滤膜撕破的排水板,不允许排水板接长使用。施工中,遇到排水板中间板体断裂或滤膜撕破的情况,应将损坏部分割除,再将剩余两端头连接后方可继续施工。另外,注意当接头位置进入导管时,将接头拔出、割去,避免被打入地基中。

(2)板位控制

施工时,首先根据中桩放出塑料排水板布置区域的大致框架,放好纵向线,然后根据导管到履带之间的距离,确定放桩排数,并按设计间距沿横向线放出各桩位。以间距1.1 m×1.1 m桩为例,静压式插板机一次可放四排,而振动式插板机只可放一排,若一次放桩过多,会被履带压乱,并造成点位偏差。

（3）垂直度控制

导管机架在插打过程中,应始终与水平面保持垂直,以此保证插打的垂直度。试验中,可利用导管机架两侧的挂线锤来控制插打垂直度。锤线长度应大于2 m,并在锤线下端机架处固定标识牌,刻上垂直线及两侧允许偏差为1.5%的控制线。现场插打前,如两个方向的锤线均控制在允许偏差线内,即可进行插板作业。

（4）深度控制

深度控制有两种方法:①对于静压式插板机,当导管底与砂面接触时,在链条上作一标记,并在插板机架上用红漆或点焊作上明显的插打深度标记,当链条上的标记与机架上的标记重合时,表明已到设计深度。②对于振动式插板机或因插打深度过大,致使现场施工员无法看清机架标记时,可以等待导管打设至设计深度时,在导管露出砂面部分与机架上同一高度处作红漆标记,但应保证该位置在操作手的视线范围内。在链条或导管上作好深度标识,既方便现场施工员控制打设深度,也方便操作手操作机械。

（5）回带控制

上拔插板套管时,施工人员应仔细观察排水板有无回带现象。若回带长度超过50 cm,则应在板位近旁补打一根。回带长度大于50 cm的排水板根数,不应超过打设总根数的5%。塑料排水板回带与排水板下端土质情况有很大关系,土质较弱时,容易出现回带现象。施工时,静压式插板机板头反向扭结,中间横插一根20 cm长插塑板（横向对折,简称"插鞘",振动式插板机板头下端为一钢筋作插鞘）。塑料排水板未进入硬塑层时,也容易产生回带。由于软塑层难以将塑料排水板固定在预定深度,因此,施工时,无论是静压式或振动式插打,都应将排水板深入硬塑层,以此避免大范围出现回带问题。若塑料排水板插打至设计深度后未进入硬塑层,则应继续插打,至导管伸入困难或履带整体抬起时方可结束。若导管中存在淤泥,塑料排水板被卡在导管内也会产生回带。因此,应经常清除导管中的淤泥并灌水,以避免回带。

（6）板头污染处理

塑料排水板在施工过程中不可避免地存在板头污染的情况,尤其是振动式施工对板头污染较大。无论是板芯还是滤膜被污染,都会对下一步工作中的竖向排水产生较大影响。目前的处理方法只有人工处理,将滤膜清洗,并将沟槽中的淤泥掏出。

（7）施工后场地处理

静压式插板机插打完后留下直径约15 cm的孔洞,振动式施工形成的孔洞较大,直径为20～25 cm。两种插打方式均会带出软塑层泥土,聚集在孔周围,若不及时清除,机械移位时会将泥土混进砂垫层,造成污染,减弱横向排水的通道作用。因此,施工完成后,应及时清除孔周围泥土,并用中砂回填孔洞,使其密实。

（8）施工现场管理

施工现场采用"一机一人"制进行管理。插板机工作应安排人员全程旁站,并进行记录。旁站人员主要监督工艺、参数及控制方法的落实情况,主要记录塑料排水板位误差、垂直度、外露长度、回带长度及补打、机械状态等情况,以备抽查。技术员的主要工作是检查旁站人员是否在场,随时检查记录是否完善,并解决现场出现的技术及质量问题。

（9）插打根数及深度记录

利用数字化前端装置记录每个区域的插打根数和单根板长。

3.5.2.6 质量控制指标及检测方法

《民用机场飞行区场道工程质量检验评定标准》(MH 5007—2017)中规定了固结排水土工合成材料实测项目验收标准,具体见表3-11。

表3-11 固结排水土工合成材料实测项目

序号	项次	检查项目	规定值或允许偏差	检查方法和频率
1	保证项目	插入深度（mm）	±200	施工记录
2	一般项目	平面边界位置（mm）	±100	经纬仪或全站仪:全部边界
3		间距偏差（mm）	±150	尺量:抽查4%,且不少于20根
4		垂直度（%）	≤1.5	施工记录
5		回带长度（mm）	≤500	尺量:抽查40%
6		回带根数（%）	<5	目测:抽查5%,且不少于10根
7		高出砂垫层距离（mm）	≥200	尺量:抽查5%,且不少于10根

3.5.3 强夯置换施工

强夯置换法是一项动力固结技术,适用的地基类型较广,且具备施工简单、加固范围选择灵活、加固效果良好等特点。同时,强夯置换法具有改善深层地基液化及提高地基承载力的作用,处理深度较大,具有强夯密实和深层置换双重功能。在软土地基处理施工中,强夯置换法的应用,可有效提升工程质量。本项目的强夯置换施工方案表述如下。

3.5.3.1 施工材料

强夯置换施工涉及的主要施工材料有强夯置换料(粒径为100～300 mm)和强夯置换垫层料(粒径为100～300 mm)。复核图纸及规范等相关要求,材料规格见表3-12。

表 3-12　强夯置换施工材料使用情况

序号	材料名称	规格要求	数量（m³）
1	强夯置换料	粒径以 100～300 mm 为主，粒径大于 300 mm 的颗粒含量不超过 30%，粒径小于 100 mm 的颗粒含量不超过 20%	155845
2	强夯置换垫层料	粒径以 100～300 mm 为主，粒径大于 300 mm 的颗粒含量不超过 30%，粒径小于 100 mm 的颗粒含量不超过 20%	208116

3.5.3.2　施工工艺

（1）强夯置换处理技术参数

强夯置换是利用重锤高落差产生的高冲击能将碎石、片石、矿渣等性能较好的材料强力挤入地基中，在地基中形成一个一个的粒料墩，墩与墩间土形成复合地基并形成排水通道，加速墩间土的排水固结，以提高地基承载力，减少沉降。强夯置换墩平面布置如图 3-26 所示。本工程强夯置换工艺仅用于软土层较软的土面区。

①强夯置换采用强夯置换锤冲击成孔，分层填料分层冲扩挤密，从而达到挤淤排水加速固结的目的。强夯置换的夯锤直径约 1.2 m，夯扩墩直径约 2.0 m，墩长 3.0～3.5 m，采用正方形布点，间距 3.2 m×4.0 m。强夯置换为 2 遍点夯，点夯完成后进行 1 遍满夯，点夯夯击能为 3000 kN·m，满夯夯击能为 1000 kN·m。

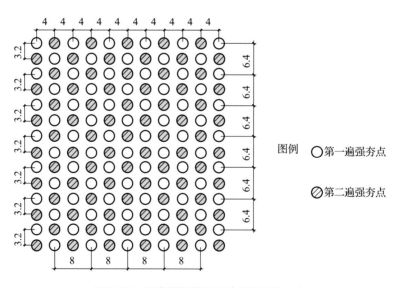

图 3-26　强夯置换墩平面布置（单位：m）

图例　○第一遍强夯点

⊘第二遍强夯点

②强夯置换填料应采用级配良好的块石、碎石等颗粒材料，粒径 10～30 cm，粒径大于 30 cm 的颗粒含量不超过 30%，粒径小于 10 cm 的颗粒含量不超过 20%。

③根据强夯置换小区试验结果，强夯置换点夯夯击数必须满足以下两个条件方可收锤：

a.最后两击平均夯沉量不大于 30 cm；

b.单点夯击击数不小于 16 击。

④强夯置换前应先根据实际现场情况铺设施工垫层，便于夯机施工。点夯施工需从四面各处同时施工，不可从一侧向另一侧顺序施工。施工完毕后，推平场地，采用单击夯击能 1000 kN·m 进行满夯，锤印搭接长度不小于 1/4 锤径。

⑤满夯完成后，墩顶铺设一层厚度不小于 500 mm 的山皮石。

（2）施工准备工作

①前期准备工作

a.熟悉施工图纸，进行更深入的现场踏勘，掌握整个场地的地质情况，明确设计及施工要点，做好技术准备工作。

b.在施工准备阶段，合理调配人员，进行设备调试、维修。

c.施工机具的规格、性能、配套数量应满足施工的要求。

d.劳动力、机具、材料、设备均事先进行详细安排，落实材料供应计划，加强进场机械的保修、保养，准备充足的配件。

②施工设备

a.强夯机械设备进场后，应及时进行安装调试，保证机械行走平稳、运转正常。

b.强夯设备应按设计单击夯击能要求进行配备，宜采用带有自动脱钩装置的履带式起重机或其他专用设备。

c.根据强夯置换及强夯设计要求配置强夯锤。

强夯置换点夯采用圆柱形夯锤，直径为 1.2 m。

满夯锤直径为 2.2 m 左右，具体根据单击夯击能及起吊高度确定，锤的底面设置若干个与其顶面贯通的排气孔，孔径可取 250～300 mm。

d.开工前根据施工组织设计及现场施工图纸进行高程的复测、水准点及控制桩的核对和增设；熟悉强夯置换施工工艺参数，提前准备合理的劳动力、机械设备、施工材料；进行石料重型击实试验检测等工作。

（3）原材料进场检测及复试

提前组织施工垫层、夯击回填等原材料进场及复试工作，保证材料供应到位。

（4）施工工艺流程

强夯置换施工应按下列步骤进行：

①按照设计要求对清淤区段清除②-1层，当表层土松软以致机械行走困难时，可铺设施工垫层，垫层厚度在能满足机械行走的情况下尽可能薄，一般控制在 1.0～1.5 m。

②标出夯点位置，并测量场地高程。

③夯机就位，夯锤置于夯点位置。

④测量夯前锤顶高程。

⑤夯击并逐击记录夯坑深度。当夯坑过深而发生起锤困难时应停夯，向夯坑内填料直至与坑顶齐平，记录填料数量。夯击过程中如出现歪锤，应分析原因并及时调整，将坑底垫平后才能继续施工。重复上述工序，直至满足收锤标准，墩体应不低于坑顶，累计夯沉量暂按设计墩长的 1.5～2.0 倍计。当夯点周围软土挤出影响施工时，应及时清理，并宜在夯点周围铺垫填料后，继续施工。

⑥按照"由内而外，隔行跳打"的原则，完成全部夯点的施工。

⑦详细做好施工记录，包括夯击能量、每个夯点的夯击数、每击夯下沉量、夯坑补料量及特殊情况。

⑧推平场地，采用满夯将表层松土夯实，并按 10 m×10 m 方格网测量夯后高程，计算强夯置换处理的下沉量。

⑨铺设垫层，分层碾压密实。

3.5.3.3 质量控制措施

施工过程中质量控制要素主要有：夯点位控制、夯机夯锤偏差控制、两遍夯击时间控制、夯击前后标高及夯击点数控制、夯击密实控制等。

（1）夯点位控制

①夯点位放样完成后及施工前对夯点位进行复检。

②施工时夯点位中心与夯锤中心偏差不大于 50 mm。

（2）夯机夯锤偏差控制

夯击时，夯锤必须提高到设计高度，达到单位夯击能。落锤须平衡，如有错位或夯坑倾斜过大时须用砂石将坑填平，再进行下一步夯击。强夯时，夯点中心距偏差不能大于 10 cm。夯击中夯坑底部不平时，要及时垫平。

（3）两遍夯击时间控制

主夯点和次夯点的夯击间隔时间不小于 24 h。

（4）夯击前后标高及夯击点数控制

认真做好夯前夯后场地标高测量工作，以确保施工质量符合设计要求。施工中认真观测每击夯沉量，做好记录，同时注意观察施工中的各种变化，发现异常及时会同有关单位、人员研究处理，并做好隐蔽工程记录。夯坑周围没有过大隆起和不因夯坑过深发生拔锤困难的前提下，应连续贯入设计单点击数。

（5）夯击密实控制

点夯结束后进行满夯施工，满夯时要求锤印搭接严密，严禁漏击。满夯结束后，进行夯后检测工作，并提交强夯检测报告。施工记录应记录夯坑沉降观测量（逐个夯点）。每遍夯击完成后，提交施工验收记录，施工验收记录由监理工程师和技术主管签收后，方可进行下道工序施工。

3.5.3.4 技术保证措施

（1）开夯前，应检查夯锤质量和落距，以确保单击夯击能量符合设计要求。

（2）在每一遍夯击前，应对夯点放线进行复核，夯完后检查夯坑位置，发现偏差或漏夯应及时纠正。

（3）按照设计要求，检查每个夯点的夯击次数、每击的夯沉量、最后两击的平均夯沉量和总夯沉量、夯点施工起止时间、强夯深度。

（4）施工过程中，应对各项施工参数和施工情况进行详细记录。

（5）充分利用数字化设备对每个夯点的施工过程进行监测。

3.5.3.5 数字化施工流程

（1）夯点定位

导入强夯布点设计文件后，机械设备的 GPS 接收机采集观测数据，在系统内对观测值进行实时处理，精确定位强夯机的位置。夯打前，将该点的坐标数据传输到控制箱内，与该点的设计坐标进行对比，经过数据分析计算，计算结果显示在控制箱的显示器上，根据操作室内显示器上的指令，朝相应的方向将夯锤移动到设计位置处，并控制误差在设计允许范围内。

（2）观测夯前锤底标高

根据 GPS 系统确定强夯机械的缆绳顶部标高，测量 GPS 移动站固定杆的长度；根据缆绳移动距离的深度传感器，测定缆绳的下降深度；用卷尺测量夯锤的厚度。按下式计算夯前锤底标高：

夯前锤底标高=缆绳顶部标高−GPS 移动站固定杆长度−缆绳下降深度−夯锤厚度

（3）运用数字化施工设备进行强夯施工

按设计要求的夯击能控制落锤高度，夯锤对准夯点中心进行夯击，夯击过程通过液压缸上的压力传感器判断是否完成挂锤，记录的挂锤次数经过网络传输至控制箱内进行数据处理，以数字形式反映到机械操作室的显示器上。数字化设备自动统计每个夯点的夯击次数，完成不少于 16 次夯击次数，并且最后两击的平均夯沉量不大于 30 cm 时，才可移动强夯机械至下一个夯点进行施工。

3.5.3.6 强夯置换检测方法

（1）强夯置换实测项目

参照《民用机场飞行区场道工程质量检验评定标准》（MH 5007—2017）中强夯实测项目验收标准，如表 3-13 所示。

表 3-13　强夯置换实测项目

序号	项次	检查项目	规定值或允许偏差	检查方法和频率
1	保证项目	夯击次数、遍数	设计要求	施工记录
2		承载力	设计要求	按规定要求检查
3	一般项目	夯击范围	设计要求	经纬仪或全站仪，所有角点位置
4		锤重（kg）	±100	称重
5		夯点间距偏差（mm）	±500	尺量：每1000 m² 测10处
6		夯锤落距（mm）	±300	施工记录
7		前后两遍间歇时间（d）	7	施工记录

（2）墩长检测

采用钻心取样法检测强夯置换墩墩长并评价着底情况，检验数量不少于墩点数的3%，且每个强夯作业区至少布置3点。

3.5.4　碎石桩施工

3.5.4.1　施工工艺

碎石桩加固软弱地基主要是利用夯锤垂直夯击填入孔中的碎石，使得桩周形成一个与碎石胶结的挤密带，提高地基的承载力，减少地基沉降量，防止地震液化的发生。本工程利用碎石桩施工技术进行分区分段施工的具体方案如下所述。

（1）工艺流程

湖区边坡地基处理采用振动沉管碎石桩施工工艺，具体工艺流程如图 3-27 所示。

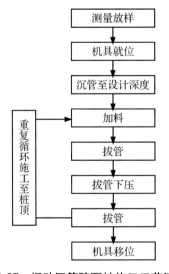

图 3-27　振动沉管碎石桩施工工艺流程

（2）机械准备

碎石桩打桩机进场之前要提交备案资料，进场后安装调试电子信息化设备，设备安装完成后邀请监理、甲方、数字化单位共同对其进行校检，没有问题后方可进行施工。

（3）工艺参数

边坡涉水地段存在淤泥及软弱土，属于软土地基。振动沉管碎石桩设计直径为 0.6 m，间距为 1.3 m×1.3 m，正方形布置，桩长穿过软土层（淤泥及淤泥质黏土）进入下部硬土层不小于 0.5 m 且桩长不小于 3.0 m（桩长 3.0～5.5 m），桩位布置如图 3-28 所示。碎石粒径为 2～6 cm，不均匀系数 C_u 为 1～3，含泥量不大于 5%，抗压强度不低于 30 MPa，软化系数不小于 0.7 且耐崩解性能要高。

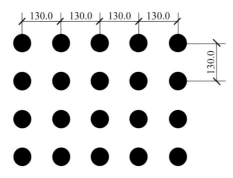

图 3-28　桩位布置（单位：cm）

（4）施工准备

①技术准备

a.施工前认真阅读设计文件、施工图纸、技术规范和验收评定标准。

b.编制可行的施工方案，报监理工程师审查。

c.熟悉并掌握施工方法，对操作人员做好技术、安全、质量交底。

②现场准备

a.在碎石桩施工前首先平整场地，回填厚度为 1 m 的碎石垫层，清理施工段地面障碍物。

b.测量放线，恢复中线，放出路段边中桩。清理平整施工段地基表面，测量平整后的标高。做好排水系统，保证排水通道的畅通。按照设计文件中的桩间距绘制碎石桩施工平面图，按桩位图准确放出桩位并编号，桩间距允许误差为±5 cm。

c.材料准备。对进场的碎石按规范要求进行检验，要求碎石为自然级配，粒径为 2～6 cm，含泥量控制在 5% 以下。

③试桩准备

施工前应进行成桩工艺试验，工艺性试桩数量不少于 6 根，当成桩质量不能满足设计要求时，应调整施工参数，重新进行试验。

（5）施工方法

①测量放样

在整平后的原地面进行桩位放样，首先测量人员放样出中心线及边线控制桩，并做好控制桩保护。然后依据布桩图，用钢尺布桩，布桩过程中应复核桩位。

②打桩机就位

打桩前，校正桩管长度及投料口位置，使之符合设计桩长；根据设计桩顶标高与地面高程的关系，在套管上画线标明桩顶和桩底的位置；在桩位处铺设少量碎石；根据桩机走行钢轨上标出的桩位标记移动桩机，使桩机对准打桩线；启动卷扬机，按照下横梁上标出的桩位标记移动导向架，使桩管对准打桩点，并将卷扬机离合器刹紧；松动卷扬机离合器，人工安装桩管前端预制桩头，对准地面上标定的桩位；桩机对准后，报请监理工程师检查合格后方可开始下道工序的施工。

③振动沉管

根据地面高程和设计桩底高程的关系，在套管上画出设计深度线，以保证能直观地观察到套管的入土深度。

启动桩锤电机使桩锤振动，桩管沿桩位下沉。下沉过程中注意控制下沉速度，每下沉 0.5 m 后留振一段时间，控制好下沉速度，直至桩底到达设计深度，下沉期间对桩号、沉管速度、沉管深度、电流值及土层的变化情况做好记录。

若桩底已经达到设计深度，但还未穿过软弱土层到达压缩性较低的硬层，立即与现场监理工程师、设计代表进行确认，做好相应的记录并签字确认。确认后继续下沉直至桩底穿透软弱土层。

终孔深度的判别：振动沉管达到设计深度不停振，同时静力施压，出现桩管不继续下沉并使打桩机前端抬离地面的现象。

④成孔、灌石

当沉管穿过软弱土层到达压缩性较低的硬层后，进行碎石灌注作业，通过套管上的加料孔，用料斗向桩管内灌入 1 m 桩长所需碎石量并按设计要求挤密，充盈系数 K 取值不小于 1.2。

本段碎石桩直径为 60 cm，K 取 1.2，经计算每米所用的碎石量 $Q = \frac{1}{4}(K \cdot \pi \cdot d^2) = \frac{1}{4} \times (1.2 \times 3.14 \times 0.6^2) = 0.34\,m^3$。施工时候应按照每米的计算碎石量对装载机料斗进行标定，确保每次投入的碎石量准确。

（6）桩身拔管

当管内灌入碎石高度大于三分之一管长时，方可开始拔管，每次拔管高度控制在 1 m 左右，拔管速度控制在 1m/min 左右，压管深度控制在 0.5 ~ 0.6 m。现场要有专人记录碎石灌入量、拔管速度、压管深度、留振时间及电流值等参数。在下次拔管前灌入 1 m 桩长所需的 0.34 m³ 碎石,依次拔管、压管、振密和加入碎石直至桩顶。

(7)成桩、桩基移位

第一根桩成桩后按照桩位布置图移动打桩机至下一桩位,重复上述操作。

(8)记录数据

施工时按照记录表格对每根碎石桩的施工过程进行记录。要求记录准确、清晰、及时。

(9)质量检测

碎石桩施工完成 20 d 后对成桩质量进行检测。

碎石桩密实度检查为所有试桩数。经杆长修正后的重型动力触探检测结果应符合以下要求:最小值不小于 3 击,平均值不小于 8 击。检验数量不少于桩孔数的 2%,且每个碎石桩作业区至少 3 点。参照《民用机场飞行区场道工程质量检验评定标准》(MH 5007—2017)中碎石桩实测项目验收标准,如表 3-14 所示。

表 3-14　碎石桩实测项目

序号	项次	检查项目	规定值或允许偏差	检查方法和频率
1	保证项目	桩身动力触探击数	设计要求	按规定要求检查
2		桩长(mm)	−100	施工记录
3	一般项目	桩间距偏差(mm)	±50	尺量;抽查 2%,且不少于 6 处
4		垂直度(%)	≤1	施工记录
5		桩径	设计要求	施工记录

3.5.4.2　技术保证措施

(1)桩机就位

根据桩机走行钢轨上标出的桩位标记移动桩机,使桩机对准打桩线。应保证起重设备平稳,导向架与地面垂直,垂直偏角不大于 1%,成孔中心与设计桩位偏差不大于50 mm,桩径偏差控制在±20 mm 以内,桩长偏差不大于 100 mm。

(2)成孔

①采用振动沉管法成孔。根据设计及规范要求,钢管柱在振动过程须垂直,避免钢管桩倾斜、受力不均匀。若出现偏差,在振动过程中边振动边校正。

②按设计要求的桩身深度,在钢管桩体上做好标记,保证钢管桩达到设计深度。

③采用振动沉管法施工,选用平底型活瓣桩靴,沉管困难时可采用尖锥形活瓣桩靴。成孔的过程中,振动锤边振动边提拔,重复几次,保证钢管桩内的碎石密实。

④桩身满足要求后用小推车分批加入填料,然后振实提管,严禁出现"断桩和缩颈桩"。

（3）成桩

①应严格控制成桩速度,拔管宜在管内灌入碎石料高度大于三分之一管长后开始。拔管应均匀,不宜过快,速度控制在 1 m/min 左右,每提管 50 cm 留振 20 s,每拔管达到 1 m 向下压管深度不小于 30 cm 至稳定电流,在距离地表 2 m 范围内,压管深度不小于 50 cm。

②碎石桩的施工顺序应为从中间向外围或者隔排施工。

③做好每根桩的成桩记录,包括桩序号、桩位坐标、沉管起止时间、沉管深度、拔管起止时间、密实电流、压管次数、碎石灌入量、充盈系数及其他特殊情况。

3.5.4.3　质量保证措施

（1）加强施工技术管理

坚持技术复核制,加强施工技术管理。对施工图有质疑之处及发现施工图与现场不符之处及时解疑。逐级进行技术交底,使施工人员明确作业技术要领、质量标准、施工依据、与前后工序的关系,保证操作程序、操作质量符合质量规程要求。实行技术工作复核签字制度,所有图纸、技术交底、测量放样资料由技术主管审核签字后方能交付施工。各项资料保存完好,以备核查。

（2）严格工序管理

贯彻预防为主的原则,设置工序质量检查点;将材料质量状况、工具设备状况、施工程序、关键操作、安全条件、新材料新工艺、常见质量通病、操作者的行为等影响因素列为控制点,作为重点检查项目进行预控;落实工序操作质量巡查、抽查及重要部位跟踪检查等方法,及时掌握施工质量总体状况;对工序产品、分项工程按标准要求进行目测、实测及抽样试验,做好原始记录,经数据分析后,及时作出合格或不合格的判定;完善管理过程中的各项检查记录、检测资料及验收资料,作为工序质量验收的依据,并为工程质量分析提供可追溯的依据。

（3）加强原材料质量控制

严把原材料检测和验收关,保证检测项目和频次符合要求,杜绝不合格材料进入工地;制定预防措施和纠正措施,严格监控碎石的颗粒级配、粒径、含泥量等指标,保证原材料质量始终处于受控状态。

3.5.4.4　施工过程质量控制要点

（1）正式施工时,严格按照设计桩长、桩径、桩间距、碎石灌入量,以及试验确定的桩管提升高度和速度、振密挤压次数和留振时间、电机工作电流等施工参数进行施工,确保碎石挤密桩桩身的均匀性和连续性。

（2）保证起重设备平稳,导向架与地面垂直,垂直偏角不大于1%,成孔中心与设计桩位偏差不大于 50 mm,桩径偏差控制在 ±20 mm 以内,桩长偏差不大于 100 mm。

（3）桩底1.5 m范围内多次压管，扩大桩的端部断面，穿过淤泥夹层等软弱土地层时放慢拔管速度，并降低拔管高度。

（4）碎石灌入量不小于设计要求。

（5）提管和压管速度必须均匀，压管深度由深到浅，每根桩在保证桩长和碎石灌入量的前提下，总压管次数一般不少于8次。

（6）桩管内有填料时才可振动拔管，并及时按照每米所需的碎石量灌入填料，保证不断桩，严禁桩管内无填料拔管。

（7）振动成桩至地面时向下复振1 m，确保地表不产生缺碎石的凹桩。

（8）施工过程中派人及时清理场内积水，保证渗水及时排除，水量较大时采用抽水机抽水。

（9）实际灌入量没有达到设计用量时，应在原位将桩管打入，补灌碎石后复打一次，或在旁边补桩一根。桩体在施工中必须确保连接、密实。

（10）桩顶施工完成后将顶部的松散土清理干净。

3.5.5　堆载预压施工

机场工程软土区域含水量大、强度低、压缩性大，难以满足工程建设的需要。而堆载预压法则是在饱和软土地基上施加荷载后，孔隙水被缓慢排出，孔隙体积随之缩小，使得软土地基发生固结变形，有效提高软土地基的承载能力。本项目的堆载预压施工方案详述如下。

3.5.5.1　施工工艺

（1）技术参数

主湖区跑滑道面影响区：超载预压，超载比为1.42，具体为槽底标高基层上继续填筑5.5 m高，其中1 m为沉降预留。

主湖区机坪道面影响区：超载预压，超载比为1.46，具体为20 m标高基层上继续填筑7.0 m高，其中1 m为沉降预留。

主湖区以外道面影响区：超载预压，超载比为1.30，具体为跑滑道区道槽底标高以上继续填筑3 m高，机坪区填筑至23 m标高。

远期发展预留区：填筑至20 m标高。

土面区：填筑至20 m标高。超载预压平面分布如图3-29所示。

（2）施工方法

①堆载区地基处理、土石方填筑施工完成后，由监理单位、业主对完成面进行验收，验收合格后方可进行堆载施工。

②测量放线，根据图纸坐标精确定位坡脚位置，并用白灰线及旗帜标识。

③堆载施工过程中分两层填筑,第一层填筑高度为预留沉降的1m,第二层填筑至设计标高。

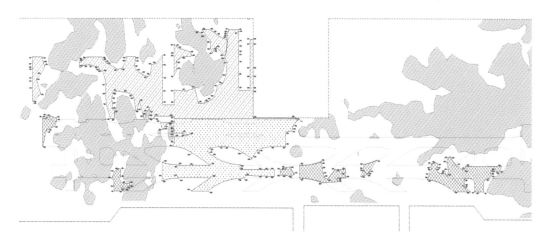

图3-29 超载预压平面分布

第一层填筑料应与各功能分区土石方填筑材料保持一致,具体为:

飞行区道槽区填方段,为有利于沉降控制,采用强度及耐久性较高的岩石料。对本工程,应采用场内中~微风化花岗岩、中~微风化细砂岩,不得选用黏性土、泥岩作为填料,道床范围内填料最大粒径不大于200mm。飞行区道面影响区填方段,填料应级配良好(不均匀系数$C_u \geqslant 5$,曲率系数C_c为$1 \sim 3$)。

对于建(构)筑物区域及其影响区,回填材料采用山皮石或山皮土,最大粒径不大于20cm,回填土地基承载力特征值不小于150kPa,回填土压实度不小于94%(重型标准),固体体积率不小于80%,重型动力触探$N_{63.5} > 8$。

第二层填筑料可选用山皮石、山皮土等材料。堆载边坡采用1:1坡度放坡,坡面采用机械拍实,防止扬尘及坍塌。堆载顶面土石方采用机械整平、碾压,使其形成以堆载面中心线向南北两侧的坡度为4%的纵坡,方便雨季排水。

④在堆载坡脚,沿跑道方向设置梯形土明沟,对场区内的雨水进行集中排放。梯形土明沟底宽$B = 20$cm、高$H = 20$cm,放坡1:1,梯形土明沟剖面如图3-30所示,沟内面铺设防水材料,梯形土明沟连接至场地临时排水系统,东跑道场地设置了8个出水口,各出水口前100m沟段的沟底、侧壁、沟顶0.5m范围内铺设土工布,防止冲刷。出水口附近、适当部位设置雨水沉淀池,避免雨水裹挟细颗粒土污染湖水。雨水沉淀池按照填筑填料情况、天气情况及施工组织适当安排。

(3)质量与技术保证措施

①测量放线时应严格执行"测量三检"制度,保证堆载区边界线准确无误。

②堆载土石方应按照要求分两层进行填筑,并适当压实。第一层沉降预留部分填

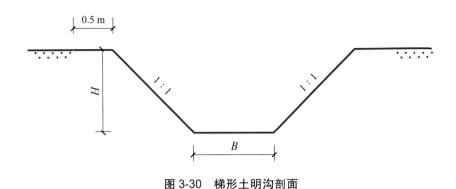

图 3-30　梯形土明沟剖面

筑材料与下层土石方功能分区填筑材料要保持一致。

③碾压机具应从两侧向中央进行碾压,轮印搭接长度不小于三分之一轮宽,压实时特别注意避免引起不均匀沉降。

④严格按照要求修建堆载区临时排水系统,防止雨天大面积积水。

(4)雨季施工措施

由于本工程受地理位置和开工时节的影响,雨水对工程质量和进度存在较大影响,因此应该做好雨季防护。

①组织措施

本项目施工期间,雨季对工程的影响比较大,项目部指派专人对雨季施工制定预防措施,加大检查力度和投入,确保在雨季期间现场施工不受重大影响和损失。

②技术措施

a.做好现场排水工作,改善排水系统,增加排水设施,保障雨后及时排除积水。

b.提前掌握天气变化情况,准备好各种防雨用具和抽排水设备,合理安排各项工作,抓紧完成工序衔接,增加室内工作(如检修和保养设备机具,熟悉工程图纸、设计要求、操作规程、技术标准等)。

c.雨季来临时,要特别加强对施工半成品、材料、机械设备的保护;一切易受潮的材料和机械,均应采用塑料布或帆布遮雨保护,避免材料和机械设备受潮,影响施工进度。电气设备雨后经电工测试合格后方可继续使用。

d.加强对轴线控制点及水准点等测量标志的保护及校核。

e.如遇到暴雨天气不宜施工时,应使施工现场排水通畅,不得因周边道路集水而造成交通不便。

f.在安排施工计划时,预先考虑气候因素,减少不利天气的影响,做到安排合理、计划周到、不误工时,以确保工期正常。

4 数字化施工与质量实时监控

4.1 引言

随着社会需求的不断增加，机场建设发展迅速，对施工技术和工艺要求也越来越高。同时随着机场建设规模不断加大，参与施工的企业和人员越来越多，常规施工管理方法及质量监管方式和手段不健全，施工水平参差不齐，施工操作规范性欠缺，软土地基上的施工过程缺乏自动化的管控方法等，很容易引发一系列质量缺陷。特别是在专业化、标准化、信息化、精细化的现代工程管理理念和部署要求引领下，越来越多的大型机场建设迫切引入信息化、数字化的技术手段来提高工程质量监控。

为解决花湖机场场地排水板、桩基、强夯、碾压等施工中的质量管控难题，项目部开发了数字化施工集成平台，该平台集成了多种施工工艺数字化施工监控系统，系统通过物联网等技术与数字化施工智能终端实现数据交互。这其中包括：工程多维数字化建模与仿真技术，通过创建与施工现场相孪生的虚拟模型，实现对数字化施工对象的可视化显示；自动化与智能化工程机械，通过在施工机械上安装数字化施工终端设备，获取施工数据，实现对排水板等施工的实时导航、桩基施工参数的实时监控、碾压施工异常报警等；基于工程物联网的数字工地技术，通过大数据、人工智能等技术对数据进行处理，全面、及时、准确地感知工程建造活动的要素信息，生成施工统计数据及质量验收图形报告用于质量控制，实现施工全过程控制。

本章针对数字化施工与质量管控问题，从数字化施工技术路线及系统架构、排水板数字化施工与质量实时监控技术、桩基数字化施工与质量实时监控技术、软土地基强夯数字化施工与质量实时监控技术、土石方碾压数字化施工与质量实时监控技术等几个方面，结合工程实例进行深入探索，并对数字化施工的实施效果进行总结分析。

4.2 数字化施工技术路线及系统架构

4.2.1 数字化施工技术路线

为实现数字化施工管控目的,在工程施工机械上安装数字化施工终端,建设数字化施工综合管理平台,通过终端实现数字化施工综合管理平台与施工机械/车辆的数据交换,从平台获取设计数据、施工标准数据,通过施工终端的感知设备获取机械施工数据,将施工数据回传至平台,实现后台管控,从而实现对桩基、排水板、碾压、强夯等施工过程的实时质量监控。数字化施工技术路线如图 4-1 所示。

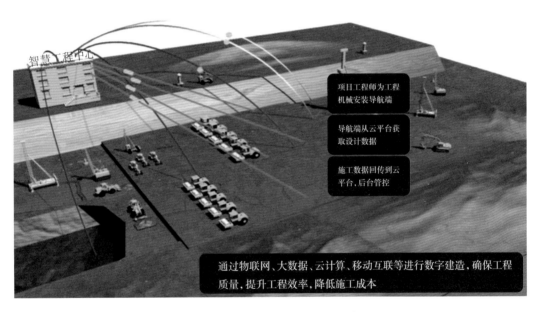

图 4-1　数字化施工技术路线示意

4.2.2 数字化施工系统架构

数字化施工系统总体由数字化前端设备、网络传输、数字化施工集中平台及数据中心构成。数字化前端设备负责机械定位数据、作业状态数据、施工动作数据等的采集,包括排水板施工机械、桩基施工机械、强夯机械、碾压机械等数字化前端设备;网络传输主要指前端数据通过移动运营商有线或无线网络传输至数据中心;后台数据中心主要包含服务器、数据库、信息大屏等软硬件;数字化施工集中平台是数字化施工系统的中枢大脑,进行数据的处理、计算、展示,实现数字化施工管控的可视化,并辅助管理决策。平台功能模块包含软土地基数字化监控系统,如排水板数字化施工监控系统、桩基数字化施工监控系统、强夯数字化施工监控系统、碾压数字化施工监控系统等。数字化施工系统整体架构如图 4-2 所示。

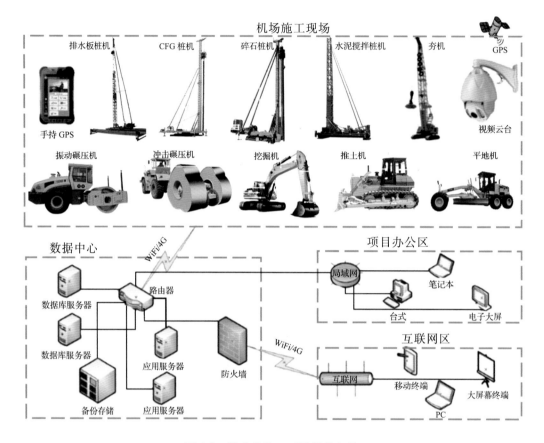

图 4-2　数字化施工系统整体架构

4.2.3　数字化施工集成平台

数字化施工集成平台集成了多种施工工艺数字化施工监控系统，系统通过物联网与数字化施工智能终端实现数据交互。平台建设的主要目的是通过数字化施工硬件（如北斗高精度定位装备、无人机、工地视频、机械端传感装置等）进行相应的数据采集，通过数字化施工综合管理平台对各类工程数据进行数据的收发、判读、分析汇总与管理，实现整个项目施工过程的信息化与智能化，从而提升工程质量，加快施工进度，降低施工成本，提高施工项目管理水平。

平台建设须达到的主要目标：

（1）建立与各类机械终端的通信，实现工程数据的自动派发与接收。

（2）依据各类施工工艺进行施工数据的及时分析汇总，辅助工程人员及时了解施工过程。同时实现工程施工数据的地图化表达。

（3）满足项目施工过程的施工信息的日常管理、辅助施工现场日常工作任务安排（如施工单元的区域设定、施工过程的查询、施工进度报表生成等）。

（4）借助基于 Windows、鸿蒙、安卓、iOS 平台开发的各专项 APP 辅助施工现场进行专项管理工作。

在鄂州花湖机场工程中数字化集成平台为"鄂州花湖机场智慧工地综合管理系统"，鄂州花湖机场智慧工地综合管理系统界面如图 4-3 所示，系统集成数字工地模块、场道工程模块、结构工程模块三部分，其中软土地基处理数字施工监控系统包含在场道工程模块中。

图 4-3　鄂州花湖机场智慧工地综合管理系统

4.3　排水板数字化施工与质量实时监控技术

4.3.1　排水板数字化施工必要性分析

塑料排水板堆载预压排水固结法是处理软土地基的有效方法之一。采用此预压排水固结法可以使地基的固结、沉降在加载预压期间大部分或基本完成，并可加速地基土的抗剪强度的增加，从而提高地基的承载力和稳定性。

塑料排水板内部为聚乙烯或聚丙烯加工而成的多孔道板带、外包土工织物滤套，具有隔离土颗粒和渗透功能。通过在软土地基中竖向设置塑料排水板，水平方向设置排水通道，然后在地面分级堆载预压，将土体中的孔隙水排出，从而使地基发生沉降，地基土逐渐固结，达到提高地基承载力和稳定性的目的。施工工艺流程如图 4-4 所示。

图 4-4　塑料排水板堆载预压施工工艺流程

根据相关规范,塑料排水板施工质量检验的项目包括板距、板长、竖直度,具体施工质量标准如表 4-1 所示。塑料排水板埋设的数量、排列间距、形式、深度应符合设计要求。传统施工检查依靠监理和施工人员抽查,受人为因素干扰大,施工计量统计存在较大的误差,难以做到全面、精准控制。

表 4-1　塑料排水板施工质量标准

序号	检查项目	规定值或允许偏差	检查方法和频率
1	板距(mm)	±150	抽查 3%
2	板长	不小于设计值	抽查 3%
3	竖直度(%)	1.5	查施工记录

因此,针对当前施工控制痛点,引入数字化手段,借助 GNSS 技术、传感器技术、自动控制技术、云计算等新兴技术,通过在插板机械上安装数字化终端、研发数字化管控平台及施工导航终端,实现施工信息的采集、存储、展示和导航,采用实时、自动、高精度等特点的排水板施工及质量实时监控技术,实现对插板施工的全过程控制,而且能引导插板精准施工,做到无放样施工,保证施工质量,提高施工效率,准确进行施工计量,降低工程成本,提高机场工程信息化水平。

4.3.2　总体技术方案

基于对排水板施工的质量控制及施工计量要求,排水板数字化施工及质量实时监控技术可实现施工信息的获取与施工计量,还可以实现插板机的施工导航。

该技术总体由施工智能导航终端、服务端、移动监控端、综合信息管理 Web 端等部分构成,如图 4-5 所示。

4.3.2.1　排水板施工智能导航终端

智能导航终端由安装在插板机械上的高精度 GNSS、深度传感器、电流传感器、主控单元和车载智能导航端(显示终端)等构成。其中,高精度 GNSS、深度传感器和电流传感器主要实现排水板施工信息的自动感知;主控单元将传感器采集到的监测数据通过无线通信数据链路传递到云服务端进行后续计算并获取服务端设计数据;车载智能导航端主要实现施工信息的显示和施工导航功能等,引导操作人员按照设计要求进行施工作业。

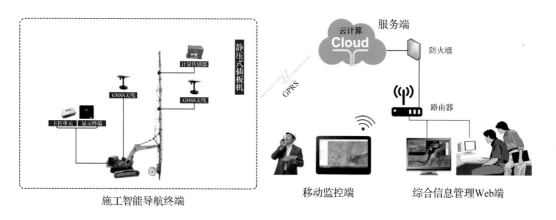

图 4-5　排水板数字化施工与质量实时控制技术总体构成

4.3.2.2　服务端

服务端采用自建服务器或云服务器,接收无线通信网络发送的施工监测信息,进行施工机械位置、用板量、插板深度、插板电流等施工参数实时计算,实现对排水板施工的自动感应。此外,平台根据预设的施工标准,进行当前施工状态的实时评判,通过车载智能导航端协助施工人员可视化控制插板深度,从源头控制施工质量。

4.3.2.3　移动监控端

移动监控端采用 C/S 模式开发,主要服务于现场监理人员,用于排水板施工作业的实时监控。在线实时监控的施工参数包括施工机械位置、插板深度、用板量、插板电流等。移动监控端与云服务端间通过无线通信网络实现数据的交互。

4.3.2.4　综合信息管理 Web 端

综合信息管理 Web 端采用 B/S 模式开发,即通过排水板数字化施工管控平台系统,工程管理人员不仅可以实现对排水板施工过程的远程、在线、实时查询,而且可以实现工程全景巡航、工程量计算、距离量测、施工报警信息管理和施工记录表的下载等功能。

4.3.3　工程应用

走马湖水系综合治理工程(配套工程)软地基处理工程(以下简称走马湖工程)规模大、工期紧、施工条件复杂,如前所述,依靠传统的监理旁站和施工技术来进行施工质量控制及计量难度较大,且排水板施工为隐蔽工程,插板深度、插板距离难以测量,排水效果无法保证,很难实现施工全过程质量控制,制约施工效率的提高。为此,在工程实施中引入排水板数字化施工质量实时监控技术,取代传统施工方法,并在实际施工质量控制中得到良好应用效果,大大提升了该工程的排水板施工质量,同时为施工计量提供了数据依据,提高了监理工作水平。走马湖工程排水板数字化施工现场如图4-6所示。

图 4-6　走马湖工程排水板数字化施工现场

4.3.3.1　排水板设计施工标准

按照本工程排水板设计施工要求,在工区地图上实现排水板施工点位的自动生成,并提供各施工点位的实时监控标准的设定和编辑功能,如图 4-7 和图 4-8 所示。

图 4-7　排水板施工点位的自动生成

图 4-8 排水板设计施工标准

4.3.3.2 排水板施工实时导航

通过在插板机械上安装导航终端实时感知排水板施工参数，插板机械驾驶室车载导航端实时显示当前插板点的施工单元、设备编号、施工点坐标、距离当前点最近的设计点距离、当前电流以及前点插板坐标、最大深度及插板电流等信息，实现操作手对当前施工状态的即时查询和本次操作的施工导航，如图4-9所示。

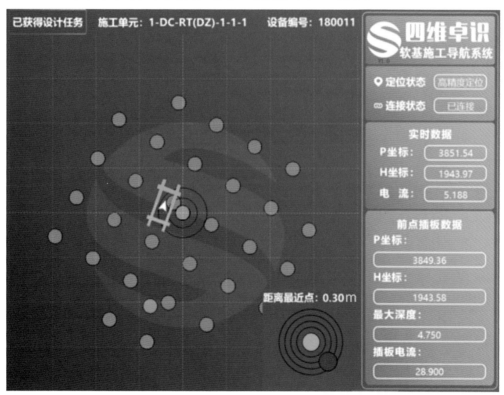

图 4-9 车载智能导航端施工信息实时监控

4.3.3.3 排水板施工参数实时监控

在综合信息管理 Web 端和移动监控端，基于工区地图可实现对排水板施工点位施工机械位置、用板量、插板深度、插板电流等多项参数的在线实时监控，辅助业主方、施工方及监理方进行施工管理，如图4-10所示。基于 Web 技术的综合信息管理，可实现施工实时信息的远程在线查询和管理，有助于各参建单位对排水板施工全过程的管理与施工统计。

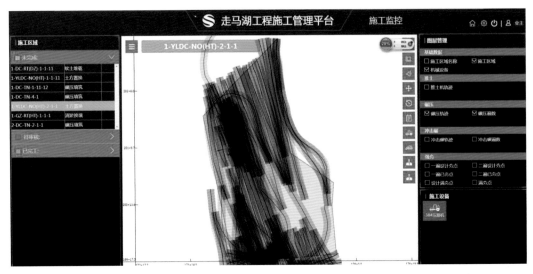

图 4-10　综合信息管理 Web 端施工信息实时监控

4.3.3.4　排水板施工记录

根据本工程施工控制存档要求,需要对排水施工中施工数据进行记录,并将统计报表及图形报告作为质量验收的附件材料。为此,平台开发了相应功能可自动生成施工记录表,包括对施工单元、施工坐标、施工日期、施工时间、排水板深度、施工电流等内容的自动记录,并经计算生成排水材料用量。

以走马湖工程排水板施工中的一个施工单元 1-YQDC-RT(DZ)-1-SSLPS-1-5 为例:施工面积为 80913.94 m²,施工时间为 2020 年 4 月 18 日至 2020 年 11 月 6 日。其监控施工数据如表 4-2 所示。

其数字化监控成果如图 4-11 和图 4-12 所示。

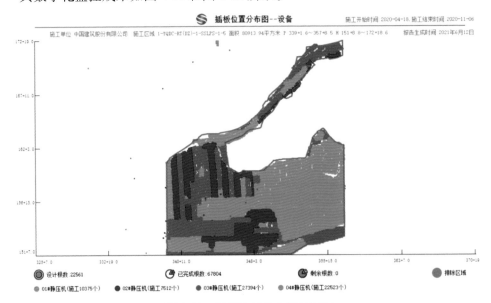

图 4-11　插板位置分布图(设备)

表4-2 排水板监控施工数据

序号	设备名称	PH_P	PH_H	插板深度(m)	插板间距(m)	开始时间	结束时间
1	01#静压机	7015.46	3093.42	1.75	0	2020/4/23 15:25:28	2020/4/23 15:25:31
2	01#静压机	7015.66	3093.54	8.45	0.23	2020/4/23 15:25:32	2020/4/23 15:29:27
3	01#静压机	7015.66	3093.54	8.45	0	2020/4/23 15:25:32	2020/4/23 15:29:27
4	01#静压机	7063.86	3124.21	7.8	57.13	2020/4/23 15:29:29	2020/4/23 15:30:09
5	01#静压机	7063.84	3122.49	8.45	1.71	2020/4/23 15:30:09	2020/4/23 15:30:38
6	01#静压机	7063.99	3121.03	8.9	1.47	2020/4/23 15:30:39	2020/4/23 15:31:09
7	01#静压机	7063.99	3121.03	8.9	0	2020/4/23 15:30:39	2020/4/23 15:31:09
8	01#静压机	7064.06	3119.37	2.9	1.66	2020/4/23 15:31:11	2020/4/23 15:31:36
9	01#静压机	7064.06	3119.37	2.9	0	2020/4/23 15:31:11	2020/4/23 15:31:36
10	01#静压机	7064.26	3118.18	2.35	1.21	2020/4/23 15:31:38	2020/4/23 15:32:03
11	01#静压机	7064.26	3118.18	2.35	0	2020/4/23 15:31:38	2020/4/23 15:32:03
12	01#静压机	7064.31	3116.64	3.15	1.54	2020/4/23 15:32:05	2020/4/23 15:32:23
13	01#静压机	7062.89	3118.29	6.15	2.18	2020/4/23 15:32:24	2020/4/23 15:32:48
14	01#静压机	7062.89	3118.29	6.15	0	2020/4/23 15:32:24	2020/4/23 15:32:48
15	01#静压机	7062.73	3119.44	8.2	1.16	2020/4/23 15:32:50	2020/4/23 15:33:14
16	01#静压机	7062.34	3120.97	9.5	1.57	2020/4/23 15:33:15	2020/4/23 15:33:36
17	01#静压机	7062.34	3120.97	9.5	0	2020/4/23 15:33:15	2020/4/23 15:33:36
18	01#静压机	7062.55	3123.16	8.6	2.2	2020/4/23 15:33:38	2020/4/23 15:33:54
19	01#静压机	7062.55	3123.16	8.6	0	2020/4/23 15:33:38	2020/4/23 15:33:54

续表 4-2

序号	设备名称	PH_P	PH_H	插板深度(m)	插板间距(m)	开始时间	结束时间
20	01#静压机	7062.58	3124.01	18.15	0.85	2020/4/23 15:33:56	2020/4/23 15:34:36
21	01#静压机	7064.05	3125.51	8.85	2.11	2020/4/23 15:34:37	2020/4/23 15:34:54
22	01#静压机	7064.05	3125.51	8.85	0	2020/4/23 15:34:37	2020/4/23 15:34:54
23	01#静压机	7064.24	3125.38	9.75	0.23	2020/4/23 15:34:56	2020/4/23 15:35:22
24	01#静压机	7062.1	3125.73	8.6	2.17	2020/4/23 15:35:23	2020/4/23 15:35:47
25	01#静压机	7060.95	3124.06	8.45	2.03	2020/4/23 15:35:48	2020/4/23 15:36:17
26	01#静压机	7060.95	3122.51	7.85	1.55	2020/4/23 15:36:18	2020/4/23 15:36:38

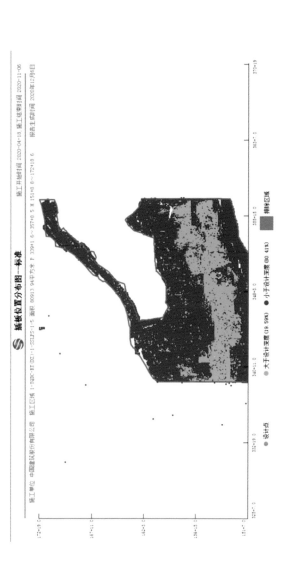

图 4-12　插板位置分布图(标准)

插板位置分布图（设备），显示了施工设备分布及每个设备的施工数量，合计施工排水板数量为 67804 根。

插板位置分布图（标准），显示了施工深度与设计深度符合度。根据图形报告可知，施工深度大于设计深度的施工点占 19.59%，小于设计深度的施工点占 80.41%，真实反映了施工过程质量。对施工监控数据可进行自动汇总，如图 4-13 所示。

排水板工艺施工汇总表

施工单元名称	施工面积(m²)	设计密度(个/m²)	施工密度(个/m²)	设计深度(m)	施工平均深度(m)	插板总长度(m)
1-YQDC-RT(DZ)-1-SSLPS-1-5	80913.94	0.28	0.84	5.00	3.60	243759.58

图 4-13　排水板工艺施工汇总

由图 4-13 可知：本单元实际施工面积为 80913.94 m²，设计密度为 0.28 个/m²，实际施工密度为 0.84 个/m²，设计深度为 5.00 m，实际施工平均深度为 3.60 m，插板总长度为 243759.58 m。

根据监控数据自动生成验收报告，辅助质量验评，如图 4-14 所示。

施工单元验收报告

报告生成时间:2022-12-07　　　　　　　　　　　　　　　　　　　　生成账号:泗维

工程名称		走马湖水系综合治理工程(机场配套工程)	
施工单位	中国建筑股份有限公司	监理单位	广州中南民航工程咨询监理有限公司
分区名称	1-YQDC-RT(DZ)-1	施工单元名称	1-YQDC-RT(DZ)-1-SSLPS-1-5
设计工艺	RT(DZ)-软土堆载	实际施工工艺	排水板
插板总长度(m)	243759.58	插板总根数	67804.00
插板平均间距(m)	2.69　插板平均深度(m)	3.60	插板密度(个/m²)　0.84

图 4-14　排水板施工单元验收报告示例

4.4　桩基数字化施工与质量实时监控技术

4.4.1　桩基数字化施工概述

在机场工程中，为控制沉降和不均匀沉降，运用复合地基方法处理软土地基。复合地基是指由两种刚度（或模量）不同的材料（桩体和桩间土）组成，在相对刚性基础下，两者共同分担上部荷载并协调变形（包括剪切变形）的人工地基。在复合地基的桩和桩间土中，桩的作用是主要的，而地基处理中桩的类型较多，性能变化较大。复合地基的类型按成桩所采用的材料不同可分为：

（1）散体材料桩复合地基，如碎石桩、砂桩和矿渣桩复合地基。

（2）柔性桩复合地基，如水泥土搅拌桩、旋喷桩、灰土桩复合地基。

（3）半刚性桩复合地基，如树根桩、CFG 桩、管桩复合地基。

在上述复合地基施工方法中对桩的质量控制涉及打桩深度（桩长）、桩的垂直度、桩间距、材料用量等指标。在传统施工中靠施工单位、监理人为检查，检查难度大且不准确，质量控制精度不高。针对当前施工质量控制痛点，引入数字化手段，借助 GNSS 技术、传感器技术、自动控制技术、云计算等新兴技术，通过在桩基机械上安装数字化终端、研发数字化管控平台及施工导航终端，实现施工信息的采集、存储、展示和导航。采用实时、自动、高精度等特点的桩基施工质量实时控制技术，实现对桩基施工全过程控制。这一项技术在机场工程的应用，加强了工程地基处理质量控制力度，保证了工程质量；数字化管控平台的应用同时降低了工程管理人员的管理难度，为工程高质量实施提供了助力。

4.4.2　总体技术方案

桩基数字化施工及实时质量监控技术可实现各桩基机械施工信息的获取及质量控制，与上述排水板数字化施工技术方案相同，其系统总体也是由施工智能导航终端、服务端、移动监控端、综合信息管理 Web 端等部分组成，如图 4-15 所示。

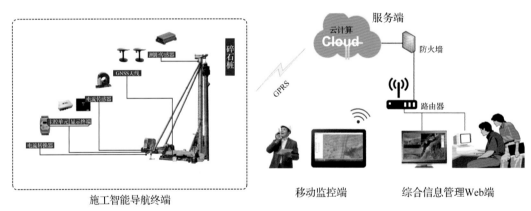

施工智能导航终端　　　　　　移动监控端　　　综合信息管理Web端

图 4-15　桩基数字化施工与质量实时监控技术系统总体构成

4.4.2.1　桩基施工智能导航终端

桩基施工智能导航终端由安装在桩基机械上的高精度 GNSS、测距传感器、倾斜传感器、电流传感器、主控单元和车载智能导航端（显示终端）等构成。其中，高精度 GNSS、测距传感器、倾斜传感器和电流传感器主要实现桩基数字化施工信息的自动感知；主控单元将传感器采集到的监测数据通过无线通信数据链路传递到云服务端进行后续计算并获取服务端设计数据；车载智能导航端主要实现施工信息的显示和施工导航功能等，引导操作人员按照设计要求进行施工作业,不符合施工标准的作业报警处理,并上传报警数据。

4.4.2.2 服务端

服务端采用自建服务器或云服务器,接收无线通信网络发送的施工监测信息,进行施工机械位置、桩深、桩身垂直度、打桩电流等施工参数实时计算,实现对桩基施工的自动感应。此外,平台根据预设的施工标准,进行当前施工状态的实时评判,通过车载智能导航端协助施工人员可视化控制打桩深度,从源头控制施工质量。

4.4.2.3 移动监控端

移动监控端采用 C/S 模式开发,主要服务于现场监理及工程管理人员,用于桩基施工作业的实时监控。在线实时监控的施工参数包括施工机械位置、施工深度、倾斜角度、打桩电流等。移动监控端与云服务端之间通过无线通信网络实现数据的交互。

4.4.2.4 综合信息管理 Web 端

综合信息管理 Web 端采用 B/S 模式开发,即通过桩基数字化施工管控平台系统,工程管理人员不仅实现对桩基施工过程的远程、在线、实时查询,而且可以实现工程全景巡航、工程量计算、距离量测、施工报警信息管理和施工记录表的下载等功能。

4.4.3 工程应用

走马湖工程规模大、工期紧、施工条件复杂,如前所述,依靠传统的监理旁站和施工技术来进行施工质量控制及计量难度较大,且桩基施工为隐蔽工程,施工深度、施工密度测量难度大,很难实现施工全过程质量控制,制约施工效率的提高,施工质量无法保证。为此,在工程实施中应用桩基数字化施工及质量实时监控技术,取代传统施工,并在实际施工质量控制中得到良好应用效果,大大提升了桩基施工质量,效果明显,同时为监理提供了数据依据及图形报告,监理效率与效果有很大提升。走马湖工程桩基数字化施工现场如图 4-16 所示。

图 4-16 走马湖工程桩基数字化施工现场

4.4.3.1 桩基设计施工标准

按照本工程桩基施工设计要求,在工区地图上实现桩基施工点位的自动生成,并提供各施工点位的实时监控标准的设定和编辑功能,如图 4-17 所示。

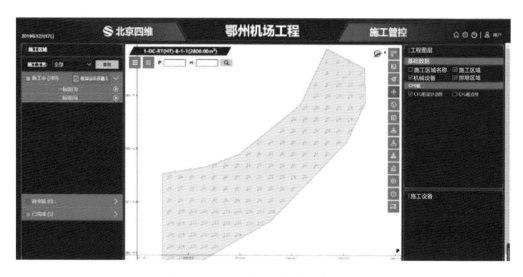

图 4-17　桩基施工点位的自动生成

4.4.3.2　桩基施工实时导航

通过在桩基机械上安装导航终端实时感知桩基施工参数,桩基机械驾驶室车载导航端实时显示当前桩基的施工单元、桩点位置、设备名称、成孔时间、成桩时间、持力电流、成孔电流、桩深、桩垂直度、拔管速度、桩顶高程、灌入量等信息,实现操作手对当前施工状态的即时查询和本次操作的施工导航,如图 4-18 所示。

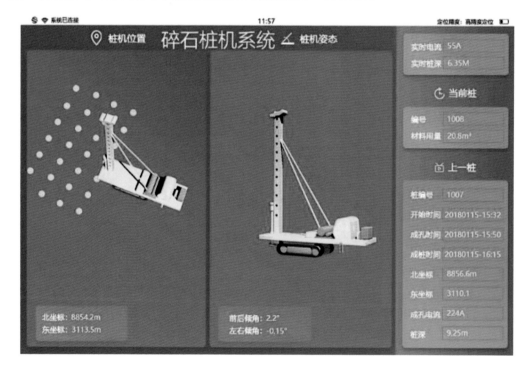

图 4-18　车载智能导航端施工信息实时监控

4.4.3.3　桩基施工参数实时监控

在综合信息管理 Web 端和移动监控端,基于工区地图可实现对桩基施工点位施工机械位置、设备名称、成孔时间、成桩时间、持力电流、成孔电流、桩深、桩垂直度、拔管速度、桩顶高程、灌入量等施工参数的在线实时监控,辅助业主方、施工方及监理方进行施工管理,如图 4-19 所示。基于 Web 技术的综合信息管理,可实现施工实时信息的远程在线查询和管理,有助于各参建单位对桩基施工过程的管理与施工统计。

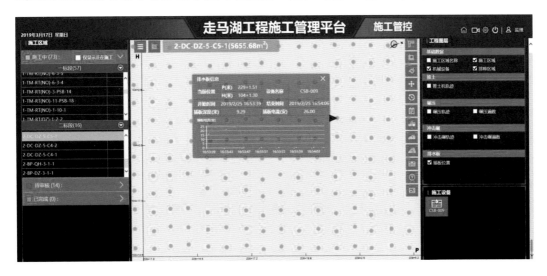

图 4-19　综合信息管理 Web 端施工信息实时监控

4.4.3.4　施工异常自动报警

根据设计资料,确定施工参数偏差要求,当实际的施工参数超出允许偏差时,监管平台会向驾驶室车载导航端、监理移动监控端、综合信息管理 Web 端和管理人员微信端发送报警提示。

4.4.3.5　桩基数字化施工质量监控效果

根据工程施工控制存档要求,需要对桩基施工数据进行统计,并将统计报表及图形报告作为质量验收的附件材料。为此,平台开发了相应功能可自动生成施工记录表,包括对平均拔管速度、总深度与平均深度、平均桩顶高程、总灌入量、平均灌入量、总施工数量与当日施工数量、当日施工总深度与施工材料总灌入量等的统计;若当日有设备施工,同时显示当日该区域内各设备的施工统计情况。

以走马湖工程旋挖钻施工其中一个施工单元 ZJJArea3 为例:施工面积为 $8765.63\,\mathrm{m}^2$,施工时间为 2020 年 4 月 16 日至 2020 年 11 月 20 日。该区域共 3 台机械施工,其典型监控施工数据如表 4-3 所示。

表 4-3 旋挖钻施工典型监控施工数据

序号	设备名称	PH_P	PH_H	阈值校准钻孔深度（m）	旋挖次数	开始时间	结束时间	倾斜角（°）
1	Z-001	5891.05	2979.72	0	1	2020/4/16 10:27:42	2020/4/16 10:33:13	1.6
2	Z-001	5874.96	2979.74	36.5	9	2020/4/19 11:32:00	2020/4/19 15:36:11	1.14
3	Z-001	5874.62	2983.88	27.53	46	2020/4/21 9:31:47	2020/4/21 14:52:15	1.91
4	Z-001	5891.25	2983.83	28.89	47	2020/4/21 17:29:03	2020/4/22 7:06:53	1.04
5	Z-001	5874.6	2987.91	29.39	62	2020/4/22 12:13:17	2020/4/22 22:09:21	1.12
6	Z-001	5891.1	2987.85	31.74	41	2020/4/23 7:48:43	2020/4/23 19:15:22	1.32
7	Z-001	5882.97	2987.2	24.37	43	2020/4/25 5:16:41	2020/4/25 7:57:32	0.93
8	Z-001	5886.03	2987.17	25.42	45	2020/4/25 14:57:26	2020/4/25 17:44:13	1.47
9	Z-001	5882.87	2984.34	25.42	45	2020/4/26 4:27:42	2020/4/26 7:00:09	0.96
10	Z-001	5886	2984.21	25.54	31	2020/4/26 15:42:56	2020/4/26 17:37:35	1.61

根据施工监控数据自动生成数字化图形报告，如图 4-20、图 4-21 所示。

图 4-20 中显示设计点与各施工机械施工位置与数量。

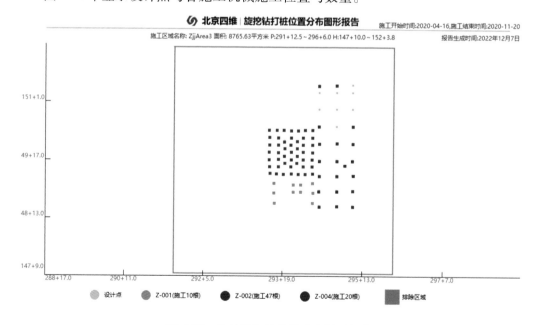

图 4-20 旋挖钻打桩位置分布图形报告

图 4-21 中显示满足设计倾斜角要求的施工点占 100%。

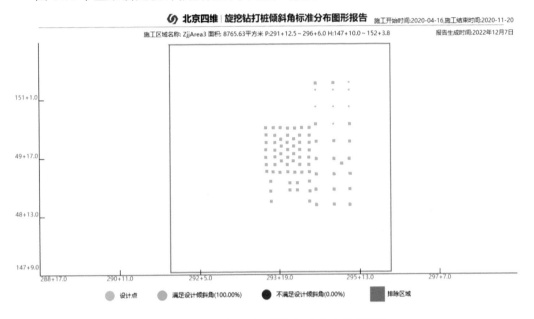

图 4-21 旋挖钻打桩倾斜角标准分布图形报告

系统还可自动生成施工汇总表与施工单位验收报告,作为质量验评依据之一,如图 4-22 和图 4-23 所示。

通过上述施工汇总表与施工单元验收报告对该旋挖钻施工单元施工数据与施工标准进行对比,为施工质量监控提供数据依据,数据来源真实、可靠,数据分析对比客观,为加强质量管理提供了有效手段。

旋挖钻施工汇总表			✕
单元名称	ZjjArea3	单元面积(m²)	8765.63
打桩总深度(m)	2115.09	平均深度(m)	27.47
总施工根数(根)	77	设计根数(根)	75
施工根数占比(%)	102.67	施工密度(根/m²)	0.00878

导出PDF

图 4-22 旋挖钻施工汇总表

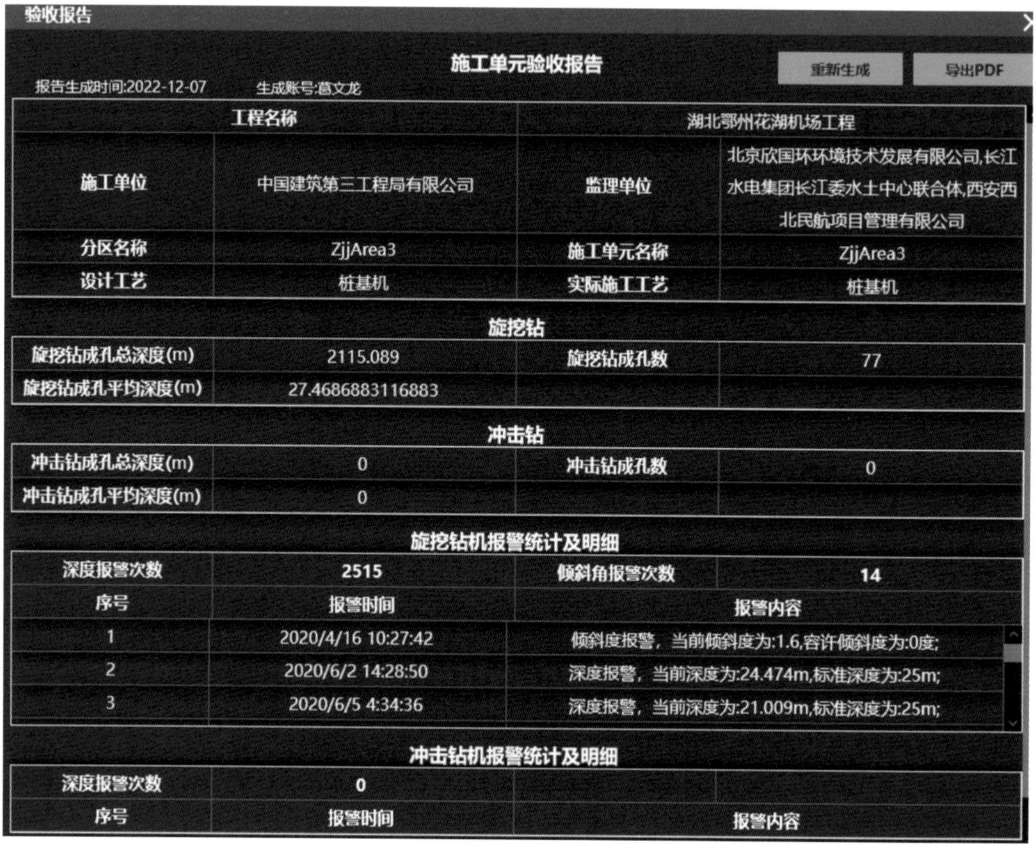

验收报告

施工单元验收报告

报告生成时间:2022-12-07　　生成账号:葛文龙　　重新生成　　导出PDF

工程名称		湖北鄂州花湖机场工程	
施工单位	中国建筑第三工程局有限公司	监理单位	北京欣国环环境技术发展有限公司,长江水电集团长江委水土中心联合体,西安西北民航项目管理有限公司
分区名称	ZjjArea3	施工单元名称	ZjjArea3
设计工艺	桩基机	实际施工工艺	桩基机
旋挖钻			
旋挖钻成孔总深度(m)	2115.089	旋挖钻成孔数	77
旋挖钻成孔平均深度(m)	27.4686883116883		
冲击钻			
冲击钻成孔总深度(m)	0	冲击钻成孔数	0
冲击钻成孔平均深度(m)	0		
旋挖钻机报警统计及明细			
深度报警次数	2515	倾斜角报警次数	14
序号	报警时间	报警内容	
1	2020/4/16 10:27:42	倾斜度报警，当前倾斜度为:1.6,容许倾斜度为:0度;	
2	2020/6/2 14:28:50	深度报警，当前深度为:24.474m,标准深度为:25m;	
3	2020/6/5 4:34:36	深度报警，当前深度为:21.009m,标准深度为:25m;	
冲击钻机报警统计及明细			
深度报警次数	0		
序号	报警时间	报警内容	

图 4-23　旋挖钻施工单元验收报告示例

4.5　软土地基强夯数字化施工与质量实时监控技术

4.5.1　软土地基强夯数字化施工必要性分析

强夯地基处理质量检测和验收包括主控项目和一般项目。其中，主控项目指事后的检测指标，包括地基强度(或压实度)、压缩模量、地基承载力、有效加固深度；一般项目主要指事中的强夯施工过程参数，包括夯锤落距、锤质量、夯击遍数及顺序、夯点间距、夯击范围、前后两遍间歇时间等。一般依靠监理和施工人员人为控制强夯施工过程参数，由于受人为因素干扰大、管理粗放，难以实现对强夯施工过程的精准控制；事后的主控项目抽检，往往用有限个检测结果去反映整个施工区域的强夯质量，存在较大的误差，且事后的地基承载力检验往往需要在强夯施工结束后一定时间进行，一旦存在质量缺陷，无法及时反馈，会给施工质量补救造成很大困难。

因此，有必要针对当前强夯施工控制中的痛点，借助 GNSS 技术、传感器技术、自动控制技术、云计算等新兴技术，从强夯施工信息的采集、存储、展示和导航入手，提出一种具有实时、自动、高精度等特点的强夯数字化施工与质量实时监控技术,不仅实现对强夯施工各个环节的精细控制,而且能引导强夯精准施工,对于保证强夯施工质量、提高施工效率、降低工程成本、提升行业信息化管理水平具有重要意义。

4.5.2   总体技术方案

根据规范对强夯施工质量的控制要求,强夯数字化施工与质量实时监控技术不仅要实现对强夯施工的信息感知,而且要通过内部分析实现对强夯施工的正确引导。其系统总体由强夯施工智能导航终端、服务端、移动监控端、综合信息管理 Web 端等部分组成,如图 4-24 所示。

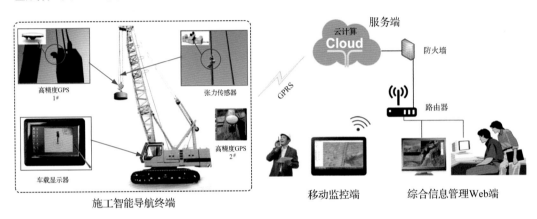

图 4-24   强夯数字化施工与质量实时监控技术系统总体构成

4.5.2.1   强夯施工智能导航终端

强夯施工智能导航终端由安装在强夯机上的高精度 GNSS、力感应传感器、集成控制器、无线数据传输模块和车载智能导航端等部分构成。其中,高精度 GNSS、力感应传感器和集成控制器主要实现强夯施工信息的自动感知;无线数据传输模块将传感器采集到的监测数据通过无线通信数据链路传递到云服务端进行后续计算;车载智能导航端主要实现强夯施工信息的显示和施工导航功能等,引导操作人员按照设计要求进行施工作业。

4.5.2.2   服务端

服务端采用自建服务器或云服务器,接收无线通信网络发送的施工监测信息,进行强夯施工夯点位置、夯击次数、夯锤落距、每击沉降量、最后两击平均沉降量等施工参数的实时计算,实现对强夯施工的自动感应。此外,平台根据预设的强夯施工标准,进行当前施工状态的实时评判,通过车载智能导航端提示驾驶员调整夯锤位置、当前剩余夯击次数以及施工是否合格等,简化施工操作人员的工作内容,从源头控制强夯施工质量。

4.5.2.3   移动监控端

移动监控端采用 C/S 模式开发,主要服务于现场监理及工程管理人员,用于夯点自动规划、施工控制标准设定、强夯施工作业的实时监控及接收报警提示等。在线实时监控的强夯施工参数包括强夯施工夯点位置、夯击次数、夯锤落距、每击沉降量、最后两击平均沉降量等。施工导航信息主要针对强夯机操作手，故不在移动端进行显示。移动监控端与云服务端间通过无线通信网络实现数据的交互。

4.5.2.4 综合信息管理 Web 端

综合信息管理 Web 端采用 B/S 模式开发，即通过开发数字强夯施工管控平台系统，工程管理人员不仅实现对强夯施工过程的远程、在线、实时查询，而且可以实现工程全景巡航、工程量计算、距离量测、施工报警信息管理和强夯施工记录表的下载等功能。

4.5.3 强夯施工信息自动采集方法

强夯施工信息自动采集由安装在强夯机上的施工导航终端实现，包括高精度 GNSS、力感应传感器、集成控制器和无线数据传输模块等，其自动采集流程如图 4-25 所示。

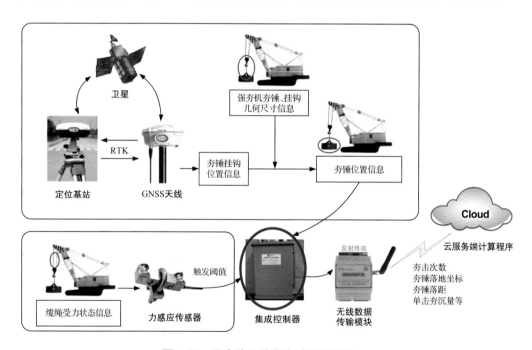

图 4-25 强夯施工信息自动采集流程

安装在夯锤挂钩的 GNSS，经动态差分（RTK）后，实时采集夯锤挂钩的位置坐标，安装在缆绳上的力感应传感器实时监控缆绳受力状态，可以采集的强夯施工参数如下：

①夯击次数 n。

②第 n 次夯击的夯锤落地坐标。

③第 n 次夯击的夯锤落距。

④第 n 次夯击的单击夯沉量。

⑤最后两击平均沉降量。

集成控制器进行上述强夯施工信息的融合,并通过无线数据传输模块发送至云服务端的计算程序,进行后续的数据计算。

4.5.4 强夯施工导航原理

现场监理通过移动监控端预先设定实际夯点与设计规划夯点的偏移量(距离)ΔL 及其他强夯施工质量控制指标。在每次夯锤落地前,云服务端的计算程序实时计算实际夯锤中心位置与规划夯点中心位置的偏移量 L,并判断该偏移量与 ΔL 的关系,当偏移量超出允许值,则系统会引导操作手调整夯锤位置,直到满足偏移量要求。为便于操作手夯锤调整,系统用实际工区地图作为驾驶室车载导航端底图,并配备了指北针,将抽象的坐标位置与实际方位进行转换关联,如图 4-26 所示。此外,车载导航端对剩余夯击次数、当前施工合格情况、最后两击平均沉降量进行显示,引导操作手进行下一次的夯击。

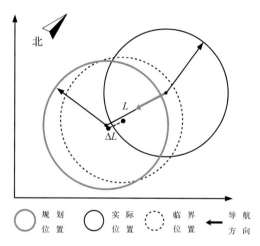

图 4-26　强夯施工位置导航原理

4.5.5 工程应用

走马湖工程强夯工程规模大、工期紧、施工条件复杂,依靠传统的监理旁站和施工技术来进行强夯施工质量控制,很难实现强夯施工全过程质量控制,制约施工效率的提高,且面临地基承载力控制难题。为此,在参建各方的共同推动下,平台研发单位基于强夯数字化施工与质量实时监控技术,研制开发了强夯施工质量管控平台(系统),并在实际强夯施工质量控制中得到良好的应用效果,大大提升了走马湖工程软土地基处理的强夯施工质量,同时基于强夯数字化施工实现了无放样施工,节省了人力投入,提高了施工效率。

4.5.5.1 夯区夯点规划

按照本工程夯点设计要求,在工区地图上实现一遍点夯、二遍点夯、一遍满夯和二遍满夯夯点的自动生成,并提供各遍夯点的实时监控标准的设定和编辑功能,如图4-27所示。

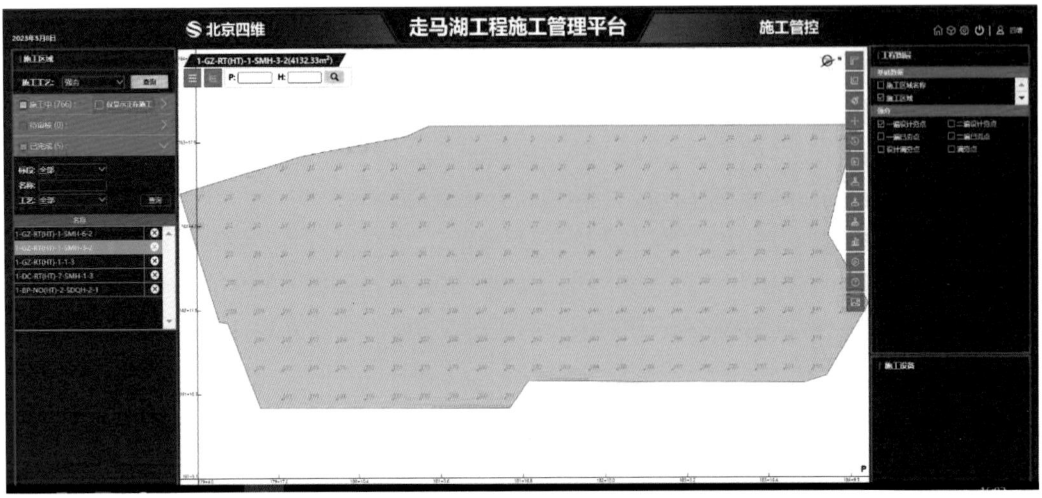

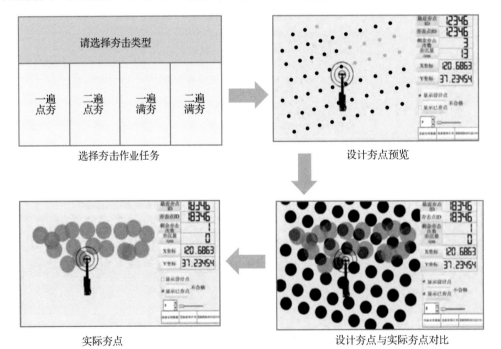

图 4-27　夯区夯点的自动生成

4.5.5.2　强夯施工实时导航

通过在强夯机上安装导航终端实时感知强夯施工参数,在强夯机驾驶室车载导航端实时显示当前夯点编号、当前夯点的坐标、距离当前夯点最近的设计夯点编号、当前夯锤偏移量、夯锤调整方向、当前夯点的剩余夯击次数、上次夯击的沉降量、夯击是否合格等信息,实现操作手对当前施工状态的即时查询和下一次强夯操作的施工导航,如图4-28所示。

图 4-28　车载智能导航端施工信息实时监控

4.5.5.3　强夯施工参数实时监控

在综合信息管理 Web 端和移动监控端，基于工区地图，可实现对夯点编号、夯点坐标、夯击次数、平均夯击能量、夯锤平均偏移量、平均落距、最后两击平均夯沉量、单击沉降量曲线及夯点是否合格等施工参数的在线实时监控，以督促施工人员按照设计要求规范施工，如图 4-29 所示。综合信息管理 Web 端可通过互联网实现施工实时信息的远程在线查询和管理，有助于各参建单位对强夯施工过程的深度参与。

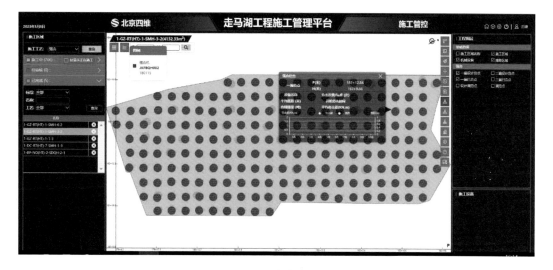

图 4-29　强夯点详细信息

4.5.5.4　施工异常自动报警

根据设计资料，本工程中强夯施工参数的允许偏差见表 4-4。当实际的施工参数超出上述允许偏差时，系统会向驾驶室车载导航端、监理移动监控端、综合信息管理 Web 端和管理人员微信端发送报警提示。

表 4-4　施工参数允许偏差

项目	点夯	满夯
夯点偏移量	[−150 mm, 150 mm]	[−150 mm, 150 mm]
夯锤落距偏差量	[−300 mm, 300 mm]	[−300 mm, 300 mm]
夯击次数	≥设计夯击次数	≥设计夯击次数
最后两击平均沉降量	≤5 mm	—
夯锤搭接量	—	锤印搭接宽度小于 1/3 锤径

4.5.5.5　强夯数字化施工质量监控效果

根据本工程强夯施工控制存档要求，需要对点夯施工中每次夯击的沉降量进行记录，并将记录表格作为质量验收的附件材料。为此，平台开发了相应功能可自动生成每遍点夯施工记录表，包括对强夯区域、夯击遍数、施工日期、强夯机编号、夯击能量、夯锤质量、落距、夯锤直径、每次夯击的沉降量及最后两击的沉降量等内容的自动记录。记录的数据包括一遍点夯、二遍点夯及满夯施工数据，以走马湖工程某个施工单元为例，典型施工数据如表4-5所示。

表 4-5 一遍点夯施工监控数据

序号	设备名称	PH_P	PH_H	夯击类型	夯击次数	平均落距(m)	开始夯击时间
1	YCFBQH001	4932.51	4183.25	1	12	19.21	2019/6/3 17:04:47
2	YCFBQH001	4932.52	4187.69	1	12	19.25	2019/6/3 13:22:14
3	YCFBQH001	4936.99	4183.12	1	14	19.36	2019/6/3 17:33:56
4	YCFBQH001	4937	4187.68	1	12	19.83	2019/6/3 17:18:49
5	YCFBQH001	4941.52	4187.81	1	12	19.44	2019/6/3 17:42:24
6	YCFBQH001	4941.55	4183.3	1	12	19.43	2019/6/3 17:50:18
⋮	⋮	⋮	⋮	⋮	⋮	⋮	⋮
30	YCFBQH001	4995.64	4187.72	1	12	19.60	2019/6/4 10:16:25

系统根据施工监控数据自动生成图形报告，如图4-30所示，图形报告可视化展示施工质量状况，与设计标准(位置与次数)进行对比，可判断该区域施工是否符合设计施工标准，为质量验评提供依据。

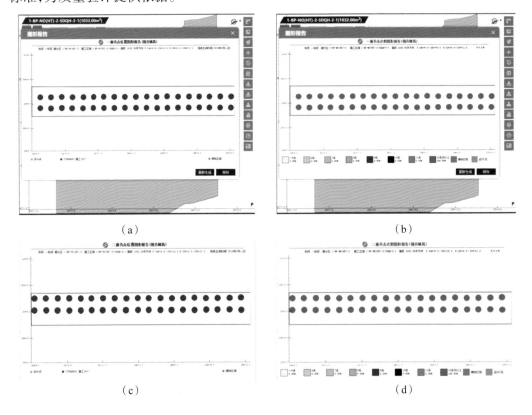

（a）　　　　　　　　　　　　　　　（b）

（c）　　　　　　　　　　　　　　　（d）

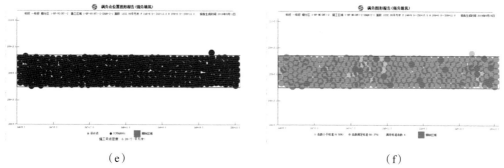

（e）　　　　　　　　　　　　　　　　　　　（f）

图 4-30　施工夯点图形报告

（a）一遍夯点位置图形报告；（b）一遍夯击次数图形报告；（c）二遍夯点位置图形报告；
（d）二遍夯击次数图形报告；（e）满夯点位置图形报告；（f）满夯图形报告

系统自动统计该区域面积、一二遍点夯各设计夯点设计密度、施工夯点密度；统计满夯施工占比、符合设计击数占比、不符合设计击数占比；统计设计夯击能与施工平均夯击能、施工平均落距等，具体数据如图 4-31 所示。

施工单元名称	施工面积（m²）	夯点类型	设计夯点密度(个/m²)	施工夯点密度(个/m²)	设计次数(击)	施工平均次数(击)	≥12(击)占比(%)	<12(击)占比(%)	设计夯击能(kN·m)	平均夯击能(kN·m)	施工平均落距(m)
1-BP-NO(HT)-2-SDQH-2-1	1032.00	一遍点	0.04	0.04	12	13	100.00	0.00	3001	3161.84	19.48
		二遍点	0.04	0.04	12	13	100.00	0.00	3001	3138.88	19.34
		满夯点	—	0.26	—	—	—	—	60	1137.38	7.01

图 4-31　强夯施工工艺统计汇总

同时，系统还可自动生成图 4-32 所示的验收报告。

报告生成时间:2019-09-28　　　　　　　　　　　　　　　　　　　　　生成账号:zgjzfbf

工程名称		走马湖水系综合治理工程(机场配套工程)	
施工单位	中国建筑股份有限公司	监理单位	广州中南民航工程咨询监理有限公司
分区名称	1-GZ-RT(NO)-3	施工单元名称	1-GZ-RT(NO)-3-SDQH-1-1
设计工艺	RT(NO)-软土晾晒	实际施工工艺	强夯
一遍夯点		二遍夯点	
夯点密度(个/m²)	0.04	夯点密度(个/m²)	0.00
平均落距(m)	19.94	平均落距(m)	0.00
平均夯击次数(击)	9	平均夯击次数(击)	0
平均夯击能(kN·m)	3458.27	平均夯击能(kN·m)	0.00
满夯夯点密度(个/m²)	0.25	满夯平均夯击能(kN·m)	1350.38

图 4-32　强夯施工单元验收报告示例

4.6　土石方碾压数字化施工与质量实时监控技术

4.6.1　土石方碾压数字化施工必要性分析

在软土地基处理中,碾压是修路、筑堤、加固地基表层最常用的简易处理方法。通过碾压处理,可使填土或地基表层疏松土孔隙体积减小、密实度提高,从而降低土的压缩性,提高其抗剪强度和承载力。目前我国常用的碾压工艺有机械碾压、振动压实和冲击碾压等。碾压施工质量的优劣直接影响着机场飞行区工程质量,压实施工过程质量的控制,将有效解决飞行区场道工程中出现的不均匀工后沉降、断板等问题。传统碾压施工采用以点带面的验收方式,对工程过程质量难以全面控制。

因此,利用土石方碾压数字化施工与质量实时监控技术,制定可视的碾压规划方案,实现实时的碾压状态监控,动态查看和分析施工质量,以确保工后跑滑和机坪道面基础的均匀性、稳定性以及承载能力,最终实现施工过程实时质量控制和管理。

4.6.2　总体技术方案

针对碾压施工质量的控制要求,碾压数字化施工与质量实时监控系统就是利用GPS技术、无线通信技术、物联网技术、云计算和数据处理与分析技术,结合碾压机械集成的一套实时监控系统,可用于碾压施工质量的实时监控。系统主要由碾压施工智能导航终端、服务端、移动监控端、综合信息管理 Web 端等部分构成,如图 4-33 所示。

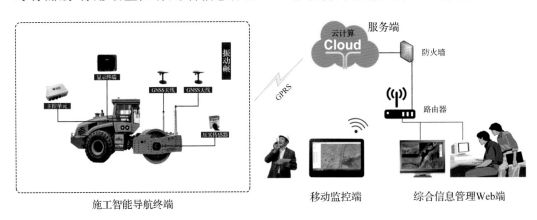

图 4-33　碾压数字化施工与质量实时监控系统总体构成

4.6.2.1　碾压施工智能导航终端

碾压施工智能导航终端由显示终端、高精度 GNSS、主控单元、压实传感器组成。显示终端以图形展示、以数字显示施工任务数据,为操作手提供施工的任务数据、实时机械参数等施工数据,引导操作手按照任务规划、任务参数进行施工。高精度 GNSS 通过双天线定位技术,可获取施工机械的位置数据、航向数据、姿态数据。主控单元负责数据交互,获取施工任务,上传施工数据,提供定位数据,内置的智能系统实时分析 GNSS 数据、传感器数据,判断碾压机的施工动作。压实传感器实时检测碾轮工作状态下的振动频率,采集碾轮工作数据。振动碾压施工导航界面如图 4-34 所示。

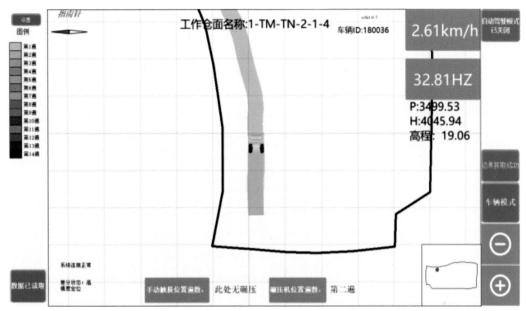

图 4-34 振动碾压施工导航界面

导航界面实时同步展示当前的工作参数信息,包括高程、行驶速度和振动频率等,通过综合分析,给出指定区域的薄弱点。系统具有导航功能,通过从云端获取施工机械的施工任务标准、施工任务范围等数据图形化展示到导航屏幕上,帮助现场人员进行施工范围的确定,同时通过对施工轨迹的记录,实现对现场人员的施工导航。对于超速、振动状态不符合标准等违规施工行为进行屏幕闪烁提示及声音提醒,时刻提醒现场人员规范施工。显示终端具有显示碾压遍数的功能。通过碾压机的位置变化,实时显示碾轮位置的碾压遍数,防止现场过碾或者漏碾。

4.6.2.2 服务端

服务端采用自建服务器或云服务器,接收无线通信网络发送的施工监测信息,系统可通过软件实时获取碾压机械钢轮数据,以数字化、可视化的方式记录显示碾压机械的行进方向、碾压遍数、行进速度等信息,并对超速等违规行为进行提醒。保证压实质量,提示碾压工程的质量水平。此外,系统根据预设的碾压施工标准,进行当前施工状态的实时评判,通过车载智能导航端提示驾驶员调整施工速度、碾压位置、碾压次数以及施工是否合格等,简化施工操作人员工作内容,从施工源头控制压实施工质量。

4.6.2.3　移动监控端

移动监控端采用 C/S 模式开发，主要服务于现场监理人员，用于碾压施工工作单元规划、施工控制标准设定、压实施工作业的实时监控及接收报警提示等。在线实时监控的压实施工参数包括施工位置、厚度、总遍数、振碾遍数、静碾遍数等信息。移动监控端与云服务端间通过无线通信网络实现数据的交互。

4.6.2.4　综合信息管理 Web 端

综合信息管理 Web 端采用 B/S 模式开发，即通过开发压实施工管控平台系统，工程管理人员可实现对碾压施工过程的远程监管。通过从施工现场实时回传的施工信息，对施工区域的压实过程进行监控，对整个项目的压实区进行管理；对各标段进行完成工程量统计；还可以进行数据分析，统计生成质量、进度等相关信息的报表。

4.6.3　工程应用

走马湖工程需要采用碾压施工处理的工程量很大。通过碾压数字化施工与质量实时监控系统可实时获取碾压的施工过程数据，以数字化、可视化的方式记录显示施工机械的施工范围、机械位置、碾压遍数、行进速度等信息，为机械操作人员提供导航功能，实现无放样施工，对超速、遍数不足、漏碾、过碾等违规行为进行提醒。系统能保证压实质量，提示压实工程的质量水平，提高施工效率，为监理提供数据依据及图形报告，为工程管理人员提供质量、进度管理的依据，提高管理效率，降低管理成本。

4.6.3.1　碾压施工设计规划

按照本工程施工设计要求，在工区地图上新建施工区域的同时为该区域设置碾压施工标准，如图 4-35 和图 4-36 所示，包含运行顺序、振动状态与对应遍数等，要求施工人员按照此标准进行施工，同时在施工管控页面给予标准提示。

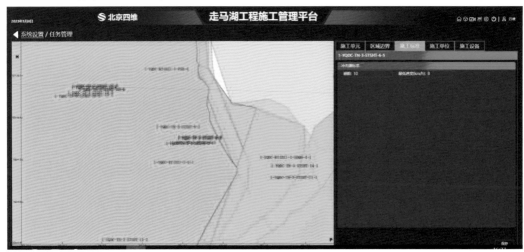

图 4-35　设置碾压施工标准

图 4-36　显示碾压施工标准

4.6.3.2　碾压施工实时导航

通过在碾压施工机械上安装导航终端实时感知碾压施工参数，在碾压车载导航端实时显示当前施工点坐标、车辆编号、碾压遍数、碾压厚度、碾压设备信息、碾压度等信息，实现操作手对当前施工状态的即时查询及施工导航，如图 4-37 所示。

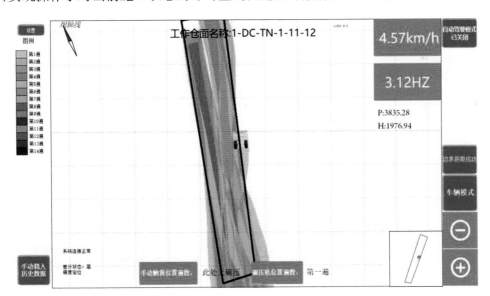

图 4-37　车载智能导航端碾压施工信息实时监控

4.6.3.3　碾压施工参数实时监控

在综合信息管理 Web 端和移动监控端，基于工区地图可实现对车辆位置、碾压遍数、碾压厚度、碾压设备信息、碾压度、轨迹回放等施工参数的在线实时监控，以督促施工人员按照设计要求规范施工，如图 4-38 所示。综合信息管理 Web 端通过互联网可实现施工实时信息的远程管控,有效控制施工质量。

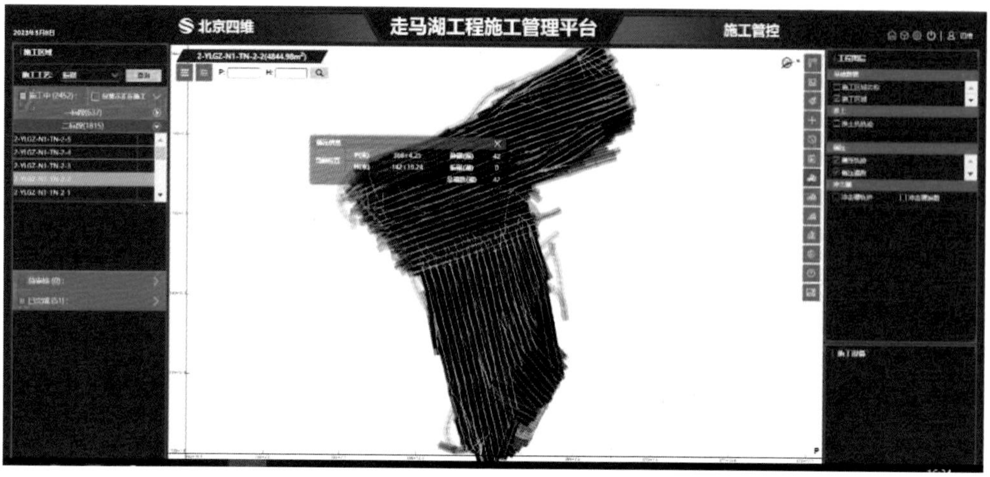

图 4-38 综合信息管理 Web 端施工信息实时监控

4.6.3.4 施工异常自动报警

根据设计资料,设定工程中碾压施工参数,当实际的施工参数与施工标准不符时,系统会向驾驶室车载导航端、监理移动监控端、综合信息管理 Web 端和管理人员微信端发送报警提示。报警分为振动报警与超速报警提示,报警次数与报警详情详细列出。碾压施工异常自动报警界面如图 4-39 所示。

图 4-39 碾压施工异常自动报警

4.6.3.5 碾压数字化施工监控效果

根据施工控制存档要求,需要对施工中的施工数据进行记录,记录表格将作为质量验收的附件材料进行存档。系统具有统计功能,将统计该区域的碾压数据,包括施工面积、压实方式、压实面积、面积占比、设计速度、施工平均速度、设计遍数、施工平均遍数、有效遍数合格率;若为振碾、冲碾混合施工,则可统计显示冲碾的以上信息;可将以上信息汇总成表并以 pdf 文件导出作为留档资料。

以走马湖工程其中一个施工单元 1-TM-TN-2-1-3(2)为例,其施工情况如图 4-40 所示。

施工单元名称	施工面积(m²)	压实方式	压实面积(m²)	面积占比(%)	设计速度(km/h)	施工平均速度(km/h)	设计遍数(遍)	施工平均遍数(遍)	有效遍数合格率(%)
1-TM-TN-2-1-3(2)	2144.87	振碾	2142.75	99.90	3.00	3.09	7	15	99.51

图 4-40　碾压工艺施工汇总

根据施工数据生成成果图形报告,对碾压质量从碾压总遍数、碾压厚度、碾压轨迹、碾压压实度等四个方面作出展示;若为振碾、冲碾混合施工,则除有冲碾该有的图形报告之外还有混合碾有效遍数图形报告。报告均可导出作为留档资料。

1-TM-TN-2-1-3(2)施工单元图形报告如图 4-41 至图 4-44 所示。

碾压总遍数图形报告显示该区域各个位置的碾压总遍数情况,并统计各碾压占比;碾压厚度图形报告显示区域的平均碾压厚度情况;碾压轨迹图形报告显示该区域内不同设备的碾压轨迹,并统计每台设备在该区域的碾压总里程数;碾压压实度预测图显示区域的碾压压实度。

若有冲碾、振动碾混合施工,则生成混合碾有效遍数图形报告,如图 4-45 所示,该图形报告反映混合施工情况下符合设计标准与不符合标准的占比与位置情况。

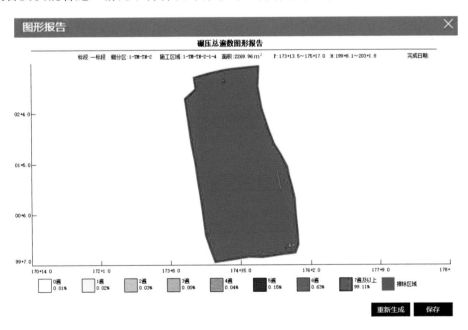

图 4-41　碾压总遍数图形报告

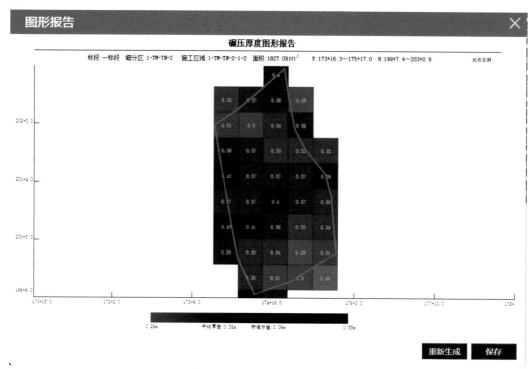

图 4-42 碾压厚度图形报告

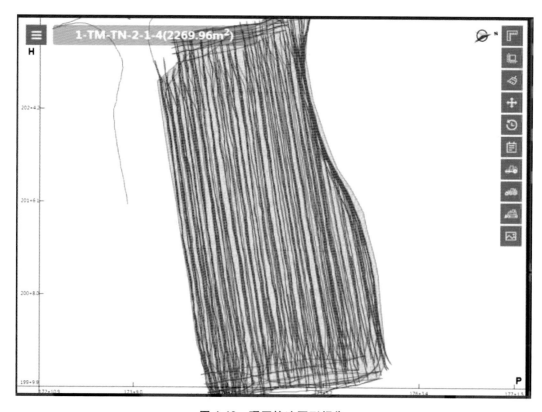

图 4-43 碾压轨迹图形报告

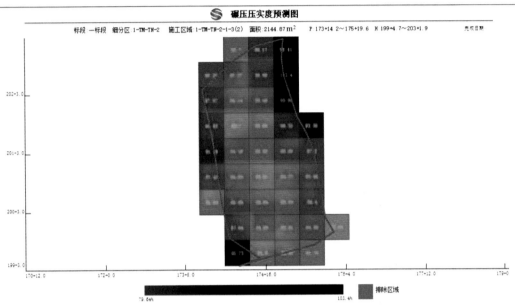

图 4-44　碾压压实度预测图

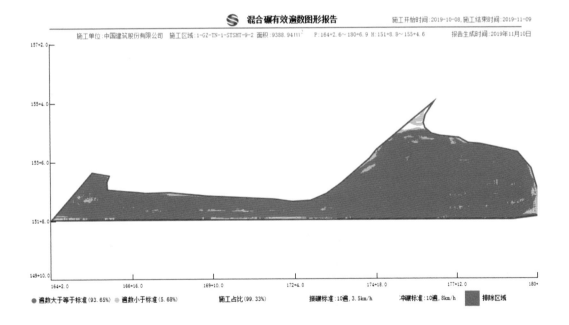

图 4-45　混合碾有效遍数图形报告

系统可自动生成施工单元验收报告,与以上图形报告共同作为质量验评的依据。生成的验收报告如图4-46所示。

工程名称		走马湖水系综合治理工程(机场配套工程)	
施工单位	中国建筑股份有限公司	监理单位	广州中南民航工程咨询监理有限公司
分区名称	1-TM-TN-2	施工单元名称	1-TM-TN-2-1-3(2)
设计工艺	TN-碾压填筑	实际施工工艺	振碾 推土 冲碾
振碾有效遍数合格率(%)	99.51		

图4-46 碾压施工单元验收报告示例

4.7 应用效果分析

将数字化技术运用于机场软土地基处理中,不仅可以构建数字化施工管理体系,还可利用GIS技术以及RS技术,自动采集、传输信息,逐步发展为对信息的综合采集。数字化系统在线收集基础施工机械的施工参数和视频数据,动态检查和分析工程质量,同时构建数字化档案。通过智能手机录制施工过程中的关键环节、关键部位以及隐蔽工程等的多媒体资料,从而构建出机场软土地基处理的数字化档案。上述功能为大面积机场施工提供了高效智能的施工模式。基于此,针对数字化软土地基施工效果分析如下:

（1）针对传统软土地基施工存在的质量控制与施工计量难点,通过在软土地基处理施工机械如插板机、桩基机械、强夯机、碾压机械（振碾、冲碾）上安装智能导航终端,采用数字化施工与质量实时控制技术,研发了软土地基数字化施工质量实时管控平台,实现了对施工过程参数的在线、自动、实时导航和可视化管理与控制。数字化施工导航终端引导施工人员根据施工标准进行高效施工;数字化施工实时质量管控系统为施工人员及各级管理人员提供了数字化施工与管控手段,实现无放样施工,辅助工程管理人员对质量进行控制与管理,为监理提供监理数据依据及验收图形报告。其中,共为走马湖水系综合治理工程提供14224张图形报告,部分图形报告如图4-47所示。通过这些报告可直观、可视化地审查施工情况。

（2）数字化施工技术的应用效果表明该项技术满足了软土地基处理的施工质量检查要求,且大大提高了施工效率和自动化程度。数字化实时质量监控解决了质量检查抽检存在的漏检难题,实现了软土地基处理施工自动感知和精细导航,保证了施工质量,同时对施工计量、材料用量等提供了数据记录与统计。

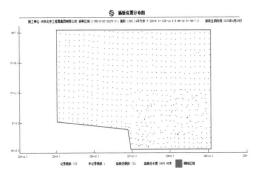
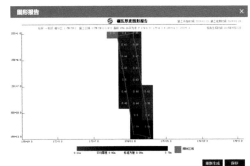

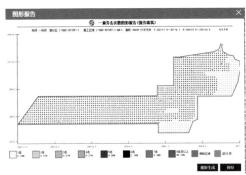
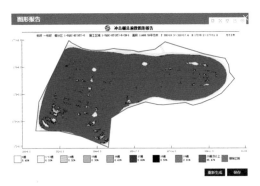

图 4-47　验收图形报告示例

　　鄂州花湖机场一期工程走马湖水系综合治理工程共需 3100 万 m³ 填筑量、900 万 m³ 堆载量,根据数字化施工监控数据,投入强夯设备 36 台、静碾设备 83 台、振碾和冲碾设备 67 台、插板机设备 49 台、打桩机 21 台,详细数字化施工监控数据如表 4-6 所示。

表 4-6　数字化施工监控数据统计

施工工艺	投入设备数量	施工面积 （m²）	强夯总击数/插板 总根数	强夯总落距/插板 总延米数（m）
碾压	150	42 631 200.190	—	—
强夯	36	8 487 772.906	1 512 169	18 440 230.22
排水板	49	7 055 477.614	2 202 861	17 108 079.23
碎石桩	21	7 404 093.508	—	—

　　经过抽查取样检验,数字化插板、桩基、强夯、碾压等施工质量均满足合同和规范的要求,且提高了管理效率。

　　(3)数字化施工技术解决了软土地基施工的工程质量管理难题,对于软土地基处理施工的提质增效具有重要意义,在类似地基处理工程中具有广阔的应用前景。

5 软土地基边坡工程监测技术与实施

随着我国的经济飞速发展,土地资源日渐紧张,机场选址呈现"上山填海"趋势,岩土工程问题逐渐暴露。机场岩土工程方面的监测项目众多,如原地基沉降监测、填筑体沉降监测、水位监测、孔隙水压力监测、边坡表面位移监测、边坡内部位移监测、应力监测等。安全监测可归结为地基沉降和边坡安全两个方面。地基沉降方面即保证机场地基的工后沉降和工后差异沉降在安全范围内,保证运行期间机场相关建筑物及设备的正常运行;边坡安全方面即保证施工及运行期间边坡稳定。

本章详细介绍了鄂州花湖机场监测工作的目的及实施方案、常规化监测及自动化监测工作实施过程及数据分析、卸载指标的确定、工后沉降预测方法的比选过程、超载区卸载可行性分析的过程;分析了软土层厚度超载比与地基沉降量以及稳压时长之间的关系;评价了地基处理效果;总结了本工程中软土地基监测的关键问题及应对措施。

5.1 概述

机场软土地基工后沉降过大有可能造成机场跑道道面开裂、塌陷,甚至机场建筑物的倾斜等问题,进而影响整个机场的运行以及后期修复等;同时,机场边坡的水平方向变形、表面位移、土体内部位移过大均会引发机场边坡周边结构的安全问题。因此,在前期对软土地基沉降与变形以及边坡工程变形与位移进行连续、合理、准确实时监测与控制,可以有效地提高工程建设的质量与安全,并可对灾害发生前的整体稳定性做出判断,快速做出灾害发生的预警预报。

5.1.1 监测目的

鄂州花湖机场范围地质情况复杂、沟塘垄岗交错、软土覆盖区域大,机场建设对地基土工程性能要求较高,对差异沉降的要求非常严格。而本工程场区范围大,不同地质条件及功能区域地基处理方案有差别,为了分析地基处理效果,保障施工安全及后期建(构)筑物的稳定性,在施工全过程采取了全方位、多尺度的监测。这些监测取得了预期效果,具体监测项目及目的如下:

(1)通过对原地面、填筑体表面及地基内部的沉降监测,研究不同填筑高度下土体的压缩过程,以控制软土地基的填土速率、地基固结时间、道面结构层施工时间,为判断地基的沉降与差异沉降提供依据。

（2）通过坡面、填筑体内部的水平位移及地下水位监测,控制加载过程中的边坡(地基)稳定性,避免边坡失稳现象的发生,为判断边坡的局部稳定与整体稳定提供依据。

（3）现场监测的数据为工后沉降的推算、处理效果的评价、特殊施工工序如卸载时间节点的选择提供依据。

（4）全过程监控施工对周边环境的影响,确保施工安全、达到预期效果,并有利于提高施工工艺水平。

（5）为必要的施工方案调整提供可靠的依据。

（6）加强建设方对重大安全和质量问题的监控。

（7）建立机场场道服役期间安全性能综合监测保障系统。

（8）通过长期监测结果检验设计参数与施工情况,为工程建设评价和经验总结提供依据,为类似工程提供参考依据。

5.1.2　监测方案选取

本工程将常规监测、自动化监测及智能跑道系统相结合,构成了全方位、多尺度的监测系统。

常规监测方法应用在施工全过程,对整个场区多个地基处理相关指标进行观测,为评价施工效果及项目相关决策提供数据支撑;自动化监测系统测点主要布置在主湖区,该区域为沉降控制的重点区域,其数据作为常规监测的必要补充,增强场区沉降分析的准确性;智能跑道系统主要是评价分析机场在服役期间的健康状态,做到预警预报,实现跑道运行和管理的智能化。监测点布置范围示意如图5-1所示。

（1）常规监测

常规监测以人工监测为主,原地基及表面沉降采用水准仪进行观测;边坡水平位移采用全站仪进行观测;边坡内部水平位移采用预埋测斜管进行观测;分层沉降观测与孔隙水压力观测预先钻孔并埋设探头,采用相应的分层沉降计及孔压计进行观测;水位监测可与分层沉降共用测孔,采用水位计进行观测。

（2）自动化监测

自动化监测主要获取主湖堆载区的沉降信息,测点分别安装在填筑体表面、常规监测中原地基沉降测杆以及集水井上。本工程设置了三个观测站点,采用监测机器人进行观测及数据采集。

（3）智能跑道系统

在跑道、滑行道、联络道及涉及其他沉降的重点区域敷设监测仪器,建立智能跑道系统,在机场服役阶段对其进行监测,延长道面使用寿命,降低检测维修成本。

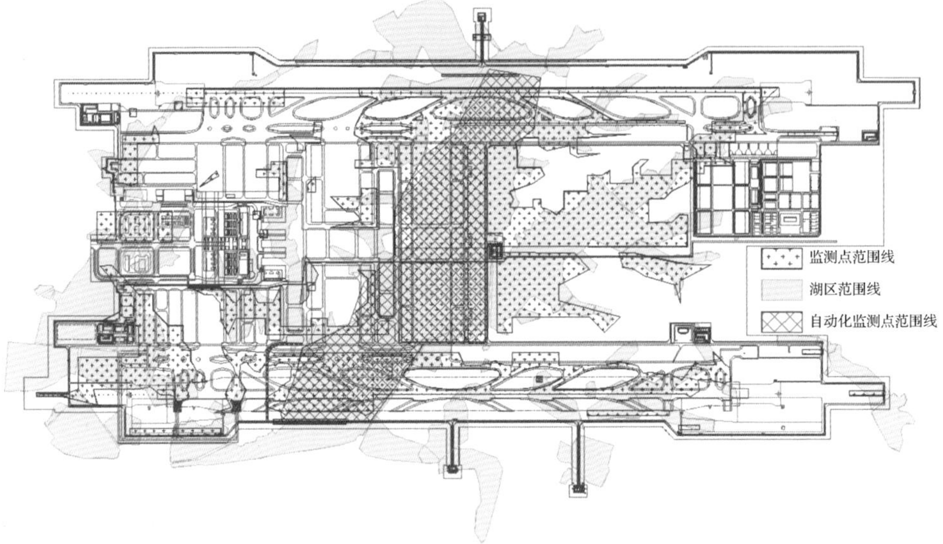

图 5-1　监测点布置范围示意

5.1.3　监测频率

在土方填筑过程阶段主要进行人工监测,每填筑 1 层宜观测 1 次,如果两次填筑间隔时间较长,每周至少观测 1 次,若变形量或变形速率过大,须适当加大观测频次。常规监测项目的监测频率如表 5-1 所示。土工填筑施工完毕后布设自动化监测装置,监测点布置在主湖区超载区域,与人工监测同时开展工作。自动化监测采用测量机器人(自动全站仪),可自动照准测量,在实际工作中 2 ～ 3 d 进行一期数据采集。

表 5-1　常规监测项目的监测频率

监测项目	时间段				
	初始值	填筑施工期	施工间歇期	沉降观测期	备注
原地基沉降	1 次	1 次/每层填土,不少于 1 次/7 d	1 次/7 d	1 次/7 d	
分层沉降	1 次	1 次/每层填土,不少于 1 次/7 d	1 次/7 d	1 次/7 d	
表面沉降标	1 次			1 次/7 d	
孔隙水压力	1 次	1 次/每层填土,不少于 1 次/7 d	1 次/7 d	1 次/7 d	
边坡深层水平位移（以下简称测斜）	1 次	1 次/每层填土,不少于 1 次/7 d	1 次/7 d	1 次/7 d	
水位	1 次	1 次/每层填土,不少于 1 次/7 d	1 次/7 d	1 次/7 d	

注:①大雨季节或变形超过警戒值等非常时期,应加大监测频率;
　　②道面施工期间,根据沉降数据分析反馈的情况,监测频率可减小为 1 次/2 周。

5.1.4 沉降预测方法、稳定及卸载标准

（1）沉降预测方法

双曲线法、指数曲线法和 Asaoka 法是软土地基固结沉降推算最常用的三种方法。

① 双曲线法

双曲线法是由尼奇坡·罗维奇提出的。大量资料表明：实测沉降曲线形态与双曲线形态较为相似，可利用实测数据拟合出沉降曲线公式，进而推得曲线外延某时间节点的沉降量或最终沉降量。此方法在工程中应用得较为广泛。

其基本公式为：

$$S_t = S_0 + t/(a+bt) \tag{5-1}$$

$$S_\infty = S_0 + t/b \tag{5-2}$$

式中　S_t——时间 t 的沉降量；

　　　S_∞——最终沉降量；

　　　S_0——初期沉降量（$t=0$）；

　　　a，b——通过对实测数据进行线性回归所得出的参数。

沉降计算的具体顺序：

a.确定拟合起点时间（$t=0$），取填筑完成日期为 $t=0$；

b.绘制 t 与 $t/(S_t-S_0)$ 的关系图，用最小二乘法确定系数 a、b；

c.通过双曲线关系计算得出沉降曲线。

② 指数曲线法

指数曲线法是假定在上部荷载的作用下地基沉降平均增长速率以指数曲线形式减少的一种经验推导法。其基本公式为：

$$S_t = S_\infty - (S_\infty - S_0)e^{(t_0-t)/\mu} \tag{5-3}$$

式中　S_∞——最终沉降量；

　　　t_0——某一观测时间点；

　　　S_0——时刻 t_0 的沉降量；

　　　μ——待定参数。

对上式求导得：

$$\frac{dS}{dt} = \frac{(S_\infty - S_0)}{\mu}e^{(t_0-t)/\mu} \tag{5-4}$$

将 $\dfrac{dS}{dt}$ 以 $\dfrac{\Delta S}{\Delta t}$ 近似代替，可得：

$$\frac{\Delta S}{\Delta t} = \frac{S_\infty - S_t}{\mu} \tag{5-5}$$

令 $a = -\frac{1}{\mu}$，$b = \frac{S_\infty}{\mu}$，可得：

$$\frac{\Delta S}{\Delta t} = aS_t + b \tag{5-6}$$

取 $\frac{\Delta S}{\Delta t} = \frac{S_i - S_{i-1}}{t_i - t_{i-1}}$，$S = \frac{S_i + S_{i-1}}{2}$，对于 $n+1$ 次观测数据，得出 a、b 为参数的方程，使上述公式变为：

$$Y = aX + b \tag{5-7}$$

通过最小二乘法进行线性回归，可得 a、b 的值，进而推得最大沉降量。

$$\mu = -\frac{1}{a} \tag{5-8}$$

$$S_\infty = b\mu \tag{5-9}$$

外延任一时间节点的沉降量可根据式（5-3）求得。

③Asaoka 法（浅岗法）

Asaoka 法（浅岗法）是以一维固结条件为前提，根据体积应变方法推导得到的，其固结微分方程如下：

$$\frac{\partial \varepsilon(t, z)}{\partial t} = C_v \frac{\partial^2 \varepsilon(t, z)}{\partial t^2} \tag{5-10}$$

式中 $\varepsilon(t, z)$ ——竖向应变；

     t ——时间；

     z ——距地基顶面的深度；

     C_v ——固结系数。

用级数形式的微分方程表示式（5-10）如下：

$$S + a_1 \frac{dS}{dt} + a_2 \frac{d^2 S}{dt^2} + \cdots + a_n \frac{d^n S}{dt^n} = b \tag{5-11}$$

式中 S ——土体的固结沉降量。

$a_1, a_2, a_3, \cdots, a_n, b$ 为常数，其值与固结系数及边界条件有关。根据工程实践研究，一阶表达式（即 $n=1$）的预测精度已满足工程要求，因此式（5-11）可以简化为式（5-12）：

$$S + a_1 \frac{dS}{dt} = b \tag{5-12}$$

转化为差分形式：

$$S_j = \beta_0 + \beta_1 S_{j-1} \tag{5-13}$$

式中　β_0，β_1——常系数。

沉降S即为所求的未知量，由式（5-12）可以看出该式为常规一阶非齐次线性微分方程，通解为：

$$S_t = S_\infty - (S_\infty - S_0)^{-a_1 t} \tag{5-14}$$

式中　S_0——初始沉降量；

　　　S_∞——最终沉降量。

当j趋于无穷大时，有$S_\infty = S_j = S_{j-1}$，代入式（5-13）可得本级荷载下的最终沉降为：

$$S_\infty = \frac{\beta_0}{1 - \beta_1} \tag{5-15}$$

利用图解法预测沉降量的步骤如下：

a.先将沉降观测数据进行等时距间隔处理，设等时距间隔为Δt，通过插值的方法计算出t_1、t_2、$\cdots$时刻的沉降值S_1、S_2、$\cdots$，以点S_{j-1}为横轴，以S_j为纵轴，画出S_j-S_{j-1}关系曲线。

b.通过对点（S_j，S_{j-1}）进行线性回归，画出直线，该直线与坐标轴45°直线交点所对应的值即为该土体的最终沉降量。

对不同方法预测结果的评估需要选取统一的量化标准，本项目结合预测曲线的数学特征及民用机场工程对地基沉降的设计要求，选择采用判定系数R^2、绝对误差、相对误差、有效区间及30年工后沉降作为判定指标。

①判定系数R^2：表征线性回归中2个因子之间的相关关系的系数，其值在$0 \sim 1$，R^2越接近于1，线性回归中拟合曲线的两个值相关性越强。

②绝对误差ΔS：拟合数据与实测数据的差值。

③相对误差δ：绝对误差与实测值之差与实测值的比值，其值$\delta = (S - \Delta S)/S \times 100\%$。

④有效数据的阈值：拟合曲线的沉降量应在实测曲线沉降量附近一定范围内，即绝对误差ΔS有一个阈值。若某时间节点预测值波动幅度在阈值范围内，则该点为有效数据；若波动幅度超过阈值范围，则该点为无效数据。本文中用拟合源数据最大沉降量的±1%作为阈值，且阈值不超过±5 mm。

⑤有效区间：若拟合曲线上某个区间内的数据均为有效数据，则这个区间为有效区间。有效区间的起点为绝对误差连续两次处于阈值范围之内且拟合曲线与实测数据形态区域一致的起始节点。有效区间的终点为有预测数据的绝对误差超过阈值范围且有

增大的趋势的时间节点。有效区间长度越大，说明拟合曲线的走势与实测曲线走势更为一致，预测沉降数据则更为精确。

⑥30年工后沉降：拟合曲线外延30年时间节点的沉降量与实测沉降量之差，在民用机场建设工程中30年工后沉降对指导后续道面结构施工有重要意义。

基于鄂州花湖机场走马湖水系综合治理工程软土地基实测资料，利用三种预测方法对其地基沉降进行了分析预测，双曲线法操作方便，受人为因素影响小，预测结果偏安全，可建立数据库批量进行分析预测，当监测期次增加时，预测结果可随之更新。经综合比选，决定采用双曲线法来进行分析预测。

（2）稳定标准

① 地基稳定与预警标准

施工期地基沉降速率应控制在10 mm/d之内，当沉降速率＞10 mm/d，应通知施工单位采取控制措施，并把情况上报业主、监理等参建各方，同时应加强该点的沉降观测。

跑道区稳定标准：连续两个月实测沉降值≤5 mm/月；根据实测资料计算30年运行期工后沉降量≤25 cm，工后运行期差异沉降≤1.5‰。

滑行道、机坪区稳定标准：连续两个月实测沉降值≤5 mm/月；根据实测资料计算30年工后沉降≤30 cm，工后差异沉降≤2‰。

土面区沉降稳定标准：连续两个月实测沉降值≤5 mm/月；根据实测资料计算30年工后运行期沉降不大于40 cm。

② 边坡稳定标准

边坡区位移观测期不宜小于2年，条件不允许时，至少不小于边坡施工完成后的6个月或当年雨季后的3个月。

边坡稳定判定标准有以下三点：

a. 坡顶累积水平位移、累积沉降量不大于坡高的1/400。水平位移、沉降速率不大于2 mm/d。

b. 边坡施工完成后，水平位移、沉降迅速呈现收敛趋势。

c. 坡顶、坡面无开裂现象。

当无法满足以上三点中的任意一点时，应及时上报并警戒，综合分析原因并进行适当处理。

（3）超载区域卸载标准

超载区域卸载是软土地基处理的重要工作之一，结合设计文件及专家会议要求，本工程超载区域卸载的标准为：

a. 满载预压时间不少于6个月；

b. 固结度不小于90%；

c. 连续 5 d 沉降速率均不大于 0.3 mm/d;

d. 预测工后沉降和差异沉降满足规范要求,详见表 2-11。

5.2 常规监测方法与实施

5.2.1 技术要求

(1)监测参量选取

综合考虑本机场地质条件及地基处理技术要求,根据设计文件及专家咨询会议要求,确定了监测项目主要为沉降观测、边坡水平位移观测、孔隙水压力监测、水位观测等。

①沉降观测:包括原地基沉降(沉降板)、填筑体顶面沉降观测、分层沉降观测等。沉降监测资料可反映地基在荷载作用下的变形特性。利用实测沉降资料可推算出最终沉降量,计算地基平均固结度。通过沉降观测资料可分析研究地基和填土层的压缩性。

②边坡水平位移观测:包括坡面位移监测和地基内部水平位移监测。水平位移监测是控制填土荷载下地基稳定性和侧向位移引起的附加沉降大小的重要依据。

③孔隙水压力观测:监测地基土体中孔隙水压力随施工过程的变化,作为施工加载速度、填土时间的判断依据,并可通过观测数据推算不同时间地基土体的固结度,对理论计算结果进行验证,为施工控制和稳定分析提供可靠的依据。

④水位观测:采用排水板堆载预压法处理地基时,水位监测数据是评价集水井抽排效果的直接体现,对分析地基的固结度有十分重要的意义。

(2)监测点的布置

①原地基沉降监测点:跑道、滑行道应沿其中心线布置,间距为 50～100 m;站坪区可根据实际条件设计成测点网格,间距为 50～100 m,每区块不少于 1 个监测点。

②表面沉降监测点:跑道、滑行道应沿其中心线布置,间距为 50～100 m;站坪区可根据实际条件设计成测点网格,间距为 50～100 m,每区块不少于 1 个监测点。表面沉降监测点与原地基沉降监测点交叉布置。

③边坡水平位移监测点:按断面形式布置,每个断面在坡顶、坡脚处均应有监测点;边桩监测断面之间间距为 50～100 m、测斜管监测断面之间的间距为 100 m;边桩监测断面、测斜管监测断面间隔布置。

④分层沉降监测点:可根据地质情况及填土厚度选择代表性区域设置监测点。

⑤孔隙水压力监测点:可根据地质情况及填土厚度选择代表性区域设置监测点。

⑥水位监测点:可根据地质情况及填土厚度选择代表性区域设置监测点,水位监测点与集水井应保持适当距离,减小观测结果受抽排水的影响。

（3）监测成果报告要求

监测成果报告包含周报、月报、季报、阶段性成果报告及专题报告。

周报、月报定期提交，成果整理时，首先检查数据和计算是否正确，观测限差是否符合要求，文字说明是否齐全，相应的观测曲线要齐全。

阶段性成果报告在相应的工程施工节点提交；在土基施工完成后道面施工之前提交土基顶面沉降监测报告，预测工后沉降趋势。在道面施工完成后竣工验收前提交道面沉降观测报告，为竣工验收提供依据。运行期，每半年提交一次运行期间的道面沉降变形监测报告。

若根据监测数据反馈需要进行预警，则应在发现问题时及时按应急预案将监测报告提交给相应单位；在特殊施工阶段前应提交专题报告，如超载区域卸载可行性分析等。

5.2.2 基准网点

（1）基准网点的埋设

基准网点包括高程基准点和水平位移基准点，在安装埋设时可合二为一。按照目前场区面积，布置 $3 \sim 4$ 个基准点。结合工程实际情况，在鄂州花湖机场临近施工区域的土面区钻孔埋设基准点，形成相对稳定、可操作性强的基准网点。基准网点按《工程测量标准》（GB 50026—2020）进行埋设，标石按规范图示制作，并利用建设单位提供的工地附近的国土点定期对基准网点进行校核。

（2）高程基准点校核

将布设的高程基准点与已知基准国土点进行联测，形成闭合水准线路。本项目拟采用 DAN03 型自动安平精密水准仪进行校核。根据招标文件的要求，本项目高程基准点校核按二等水准路线观测。观测时从已知基准点出发并闭合到原已知基准点上，观测数据自动记入仪器。

校核观测过程需满足下列要求：水准仪检验角 $\leqslant 15''$；视距 $\leqslant 30 \, \mathrm{m}$；前后视距差 $\leqslant 0.5 \, \mathrm{m}$；任一测站上前后视距累积差 $\leqslant 1.5 \, \mathrm{m}$；视线高度（下丝读数）$\geqslant 0.3 \, \mathrm{m}$；上下丝读数平均值与中丝读数之差 $\leqslant 3.0 \, \mathrm{mm}$；闭合环线闭合差允许限差 $\leqslant 0.3\sqrt{n} \, \mathrm{mm}$（其中 n 为测站数）。

（3）水平位移基准点校核

将已安装水平位移基准点与已知基准点联测，构成控制网。考虑到施工场地范围较大，相邻控制点间距离较远，采用 GPS 静态定位测量方法测定，能较大地减少工作量。

①观测基本技术指标

同步观测健康卫星数 $\geqslant 4$；几何图形强度因子 $\leqslant 6$；卫星截止高度角 $\geqslant 15°$；观测时段长度 $\geqslant 45 \, \mathrm{min}$（边长较长时，应在 90 min 左右）；平均重复设站次数 $\geqslant 1.6$；数据采样率为 15 s；天线对中精度为 2 mm；闭合环线或附合路线的边数 $\leqslant 10$。

②外业观测

天线高应在观测前、后各量测一次取其平均数，天线安装时槽口指北。外业记录须包括：测量员、点号、观测日期、观测时间段、天线高、天气状况等。

③基线解算

基线解算时要考虑观测时段中信号间断引起的数据剔除、观测数据粗差的发现及剔除、星座变化引起的整周未知参数的增加问题。

5.2.3　原地面沉降

（1）原地面沉降监测点（沉降板）埋设及安装

沉降板主要由底板、测杆、套管和护筒组成，底板采用 300 mm×300 mm×8 mm 的钢板；测杆选用直径 20 mm 的镀锌钢管，测杆第一段长 2 m，上端套丝扣，接长段长 1.0～1.5 m，两端套丝扣；测杆与底板之间采用 4 块三角形肋板（4 mm 厚钢板，直角边长 100 mm）连接，双面侧焊；测杆接长采用水管接头（标准件）连接。沉降板埋设示意详见图 5-2。测杆外套大直径镀锌钢管保护，套管直径为 75 mm，套管随测杆接长，接头外包土工布，防止泥砂进入管内；护筒用直径为 150 mm、高为 800 mm 的钢管制作，保护测杆。

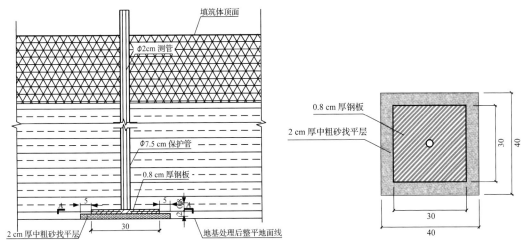

图 5-2　沉降板埋设示意（单位：cm）

沉降板布置在原地面之上，埋设时应在原地面上用 20 mm 厚的中粗砂铺设平整，将沉降板置于其上，使板面水平，测杆垂直，垂直误差≤0.5%，安装之后进行编号，并做好保护标志。测杆随填土高程的升高逐步接长。

（2）沉降板观测方法

根据招标文件技术要求，原地面沉降观测至少应采用四等及以上等级的水准观测，从一个已知高程控制点出发到另一个已知高程控制点，并返回测量回到原点，形成一个闭合环。测量仪器型号至少为 DS3 级，水准尺采用铟瓦尺或数码尺。在监测过程中，仪器、观测人员、观测路线、转点位置、仪器架设位置均固定,最大限度保证观测精度。

5.2.4 表面沉降标

(1)表面沉降标埋设及安装

表面沉降标采用300 mm×300 mm×500 mm 的混凝土柱,顶面设置钢球。在土方填筑完成后将沉降标埋置于设计要求的填筑体表面部位,夯实固定,周边用混凝土浇筑,并在观测点处插小红旗或红布条等醒目标志,周边用木桩围圈做保护。表面沉降标埋设详见图5-3。沉降标若遭到破坏应及时进行修复。沉降标埋设完成后取得初始观测值。表面沉降标在道槽区均设于填方区,在跑道、联络道沿中线布置,在站坪区按方格网形式布置,间距符合设计要求。

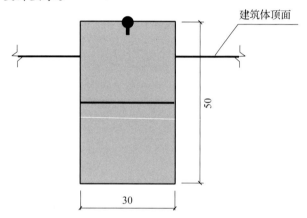

图5-3 表面沉降标埋设示意(单位:cm)

(2)表面沉降标的观测

表面沉降标的观测,按照《国家三、四等水准测量规范》(GB/T 12898—2009)中四等水准测量的方法进行。从一个已知高程控制点出发到另一个已知高程控制点,并返回测量回到原点,形成一个闭合环。测量仪器型号至少为DS3级,水准尺采用铟瓦尺或数码尺。在监测过程中,仪器、观测人员、观测路线、转点位置、仪器架设位置均固定,最大限度保证观测精度。

5.2.5 孔隙水压力

(1)孔隙水压力计埋设及安装

孔隙水压力计采用 KYJ30 型钢弦式孔隙水压力计,频率接收仪采用 ZXY-2 型钢弦式频率接收仪。

孔隙水压力计出厂前必须进行率定。埋设之前将滤水石洗净,排气,避免气体造成所测得孔隙水压力值有误差。孔隙水压力传感器在排气饱和之后,浸泡在无气水中,以待埋设时使用。

采用地质钻机成孔,成孔直径为 110 mm,跟管钻进,钻至淤泥层下伏土层中 0.5 m,成孔后用清水洗净。根据淤泥深度确定好每个压力计的埋设位置。截取约 60 cm 长的塑料排水板,抽出塑料板,保留外滤套;把滤套一端扎牢,灌入 10 cm 长纯净细砂,再放入压力计,然后在压力计周围和顶部灌满净砂后把滤套上端连同数据线一并扎牢;将传感器送入埋设位置,并固定好数据线,用同样的方法安设上部传感器。当一孔内埋设多个孔隙水压力计时,其间隔不应小于 1 m,并采取措施确保各个元件间的封闭隔离。慢慢抽出钻机钢套管,最后用膨胀土填塞钻孔至地面。将孔隙水压力计电缆线进行编号,准确记录各测点的编码,做好细致的保护工作。孔隙水压力计埋设详见图 5-4。

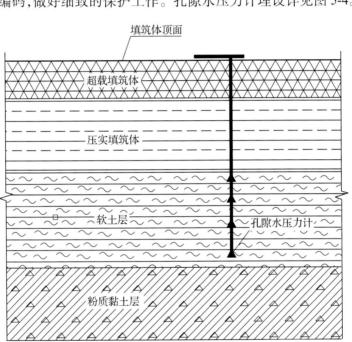

图 5-4　孔隙水压力计埋设示意

(2)孔隙水压力观测

用钢弦式频率接收仪测定孔隙水压力计的频率,换算出测点的孔隙水压力。由于地下水的稳定需要一段时间,孔隙水压力初始值的测量须在孔隙水压力计埋设完 12 h以后进行。

5.2.6　深层水平位移

(1)测斜管的选用和埋设

测斜管选用 CXG-76 型 PVC 测斜管,其外径为 70 mm。测斜管与测斜管接头采用凹凸槽连接,并用自攻螺丝固定。测斜管内有供测斜仪探头定向的 90°间隔的导槽,以保证测斜管重量轻、坚固、耐环境腐蚀,以及测斜管导槽无扭旋。

测斜管采用钻孔法埋设。用 XY-100 型地质钻机成孔,成孔直径为 110 mm,成孔深度应进入粉质黏土层或细砂层不小于 2.0 m。成孔后,将测斜管封好底盖,逐节组装,逐节放入钻孔内,并同时在管内注满清水,直到放到预定标高为止。随后在测斜管与钻孔孔壁之间空隙内回填中细砂。测斜管孔口外套直径略大于测斜管管径的 PVC 管,并用混凝土固定,避免损坏,孔口用顶盖密封(测试时打开),避免泥渣等异物进入。测斜管应埋设于边坡的坡脚和坡肩处,埋设就位时必须注意测斜管的十字导槽垂直对准边坡或与边坡边线平行。测斜管埋设详见图 5-5。

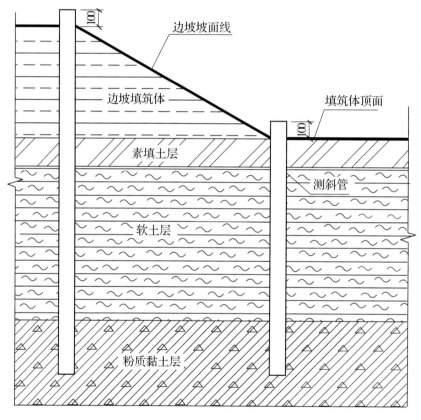

图 5-5　测斜管埋设示意

(2)测斜管的观测方法及原理

测斜管内侧有一对十字形导槽,导槽方向对准测斜方向,采用数字直读式伺服加速度测斜仪测读其水平位移值。该测斜仪由测头(含加速度计敏感部件、壳体、导向轮等)、电缆及 RST 型读数仪等构成。两导向轮的间距为 500 mm;引出的电缆为带屏蔽、钢芯的水工电缆。该测斜仪的测量范围为 0°～±53°。

测斜仪的工作原理是先基于测头传感器加速度计测量重力矢量 g 在测头轴线垂直上的分量大小,确定测头轴线相对水平面的倾斜角 θ,然后根据倾斜角换算出水平位移,如图 5-6 所示。

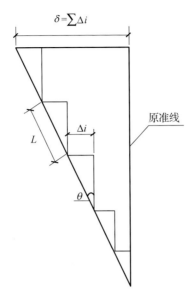

图 5-6　测斜仪工作原理

测量时从测斜管底部不动点开始向上提 L（导向轮之间的距离）的长度，如图 5-6 所示。则每次提拉计数时杆顶部的位移 $\Delta i = L \times \sin\theta$。连续测量，则测点测试的总水平位移，即挠度为 $\delta = \sum \Delta i$。

不同仪器探头设置的换算参量有所差异，使用时应仔细阅读说明书或与仪器生产商沟通。

5.2.7　边坡表面水平位移

（1）边桩埋设

边桩采用 300 mm×300 mm×500 mm 的混凝土柱，顶面设置钢球，埋设方法与表面沉降标埋设方法类似。

（2）边桩的观测方法及原理

采用水准仪测量边桩的沉降，全站仪观测边桩水平位移。测量前，根据要求进行现场放样定位，在土方填筑完成后将边桩埋置于边坡表面，夯实固定，并在观测点处插小红旗或红布条等醒目标志，周边用木桩围圈做保护。边桩若遭到破坏应及时进行修复。边桩水平位移的观测采用视准线法，按照《工程测量标准》（GB 50026—2020）的要求进行。

5.2.8　分层沉降

（1）测点埋设

一般利用沉降磁环测量填筑土体分层沉降。磁环按预定间距固定在观测杆上。首先,采用地质钻机钻孔,深度至基岩,然后将观测杆放置在钻孔中,并用细砂封孔。最下一级磁环埋设在基岩中,作为该组测点的观测基点。随着填筑体的增加,可采用接头加长分层沉降测管,并在相应位置增加磁环,直到完成填筑。测管顶部设置反光标志,根据实际需要可在测管顶部设置保护墩。分层沉降测点埋设如图5-7所示。

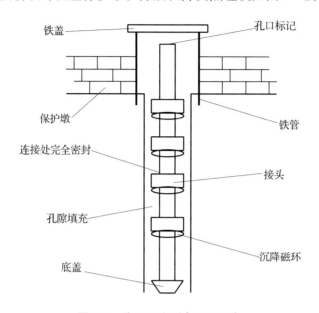

图 5-7 分层沉降测点埋设示意

（2）观测方法

磁环的沉降量用钢尺分层沉降仪进行测量。测量时,先将测头放到沉降管的底部,然后自下而上依次测定各磁环到管口的距离,每测点应平行测定两次,读数误差不得大于 1 mm。每次测量前应首先用三等水准测定管口高程,以便根据分层沉降仪的读数计算各磁环的本次高程。

5.2.9 水位

（1）测点埋设

水位测点埋设方法与分层沉降测点类似,为节省投资同时减小监测工作量,两者可共用测孔。水位测点埋设示意如图5-8所示。

（2）观测方法

将水位计探头往测孔内逐渐下放,听到报警声时记录水位计标尺读数,每测点应平行测定两次,读数误差不得大于 1 mm。每次测量前应首先用三等水准测定管口高程,以便根据分层沉降仪的读数计算本次水位。

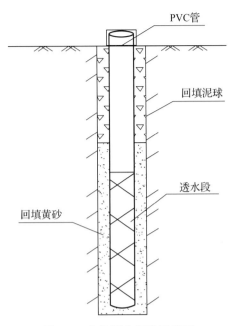

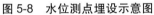

图 5-8　水位测点埋设示意图

5.2.10　监测工作实施情况

（1）原地基沉降监测

于 2019 年 3 月份开始埋设测点并获得初值,2021 年 4 月,所有超载分区均已卸载完毕,测点移交场道施工单位。沉降监测历时 26 个月,历经 2 个雨季。原地基沉降测点埋设及监测现场情况如图 5-9 所示。

图 5-9　原地基沉降测点埋设及监测

（2）表面沉降监测

于 2019 年 9 月份开始埋设测点并测量，2020 年 8 月之后，随着卸载工作开始，表面沉降监测逐步结束。表面沉降监测时长达 13 个月，历经 1 个雨季。表面沉降测点埋设及监测现场情况如图 5-10 所示。

图 5-10　表面沉降测点埋设及监测

（3）孔隙水压力监测

于 2019 年 2 月埋设测点并获得初值，2020 年 9 月之后，由于超载区卸载、道面结构施工等，测点逐渐被破坏，2021 年 1 月之后停止监测。孔隙水压力监测时长达 22 个月，历经 2 个雨季。孔隙水压力测点埋设及监测现场情况如图 5-11 所示。

 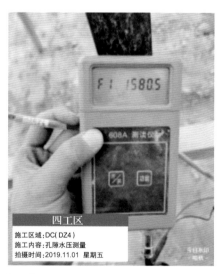

图 5-11　孔隙水压力测点埋设及监测

（4）水位监测

于 2019 年 6 月开始埋设测点并获得初值，2020 年 9 月之后，由于超载区域卸载、道面结构施工等测点逐渐被破坏，2021年1月之后停止测量。水位观测时长达18个月，历经2个雨季。水位测点埋设及监测现场情况如图5-12所示。

图5-12 水位测点埋设及监测

（5）分层沉降监测

于2019年6月埋设测点并获得初值，2020年9月之后，由于超载区域卸载、道面结构施工等，测点逐渐被破坏，2020年12月之后停止测量。分层沉降监测时长达18个月，历经2个雨季。

（6）边坡表面位移监测

因边坡修整开始较晚，监测工作于2021年1月份开始，2021年5月底移交给场道标后监测工作由场道标单位继续负责。边坡表面沉降测点埋设及监测现场情况如图5-13所示。

图5-13 边坡表面沉降测点埋设及监测

（7）边坡深层水平位移监测

于 2019 年 12 月开始监测获得初值，边坡移交后，由场道单位继续进行监测。边坡深层水平位移测点埋设及监测现场情况如图 5-14 所示。

图 5-14　边坡深层水平位移测点埋设及监测

5.3　自动化监测方法及实施

目前工程中应用的自动化监测方法或技术主要有测量机器人（智能全站仪）、InSAR技术、GNSS 技术、多点位移计、静力水准仪、阵列位移计、光纤传感技术等。本工程自动化监测的目的是分析软土的沉降与差异沉降问题，因此，选择了测量机器人作为常规监测的补充和完善。

智能全站仪具有自动目标识别并精确照准功能，可以连续跟踪目标测量，或按照设定程序自动重复测量多个目标，实现实时、连续、高效、动态的地基沉降监测。本项目设置了 3 个智能全站仪（测量机器人），在主湖区设置了沉降观测点，在超载期间、道面铺设之后均进行了观测。自动化监测数据结合常规监测数据，为走马湖水系综合治理工程软土地基处理效果评价提供了依据。

5.3.1　监测系统组成

基于智能全站仪的沉降监测系统是以高精度、能够自动寻标的智能化全站仪为测量仪器，并配有专用棱镜，采用极坐标的测量方法，通过计算机控制，来测定各变形点三维坐标的监测系统。该系统主要由硬件系统和软件系统两部分组成。基于智能全站仪的监测系统如图 5-15 所示，基于智能全站仪的监测流程如图 5-16 所示。

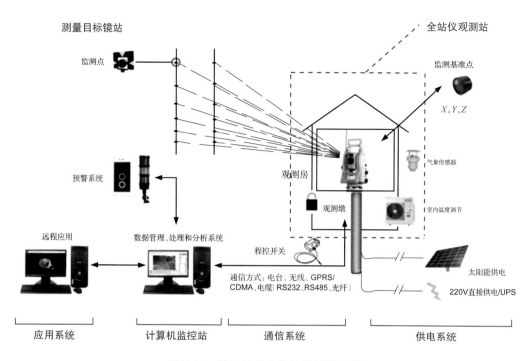

图 5-15 基于智能全站仪的监测系统

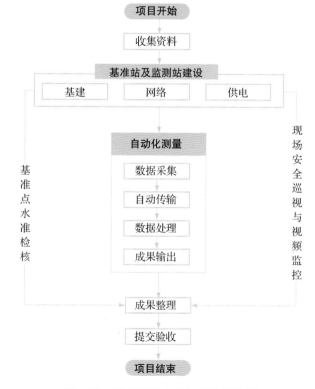

图 5-16 基于智能全站仪的监测流程

（1）全站仪观测站

根据工程现场条件，选择自动化变形监测系统观测站位置，保证测站位置稳定、安全。全站仪采用进口徕卡 TS 系列智能型全站仪（0.5″）。

（2）测量目标镜站

测量目标镜站包括基准点和监测点的各棱镜设置点。由于不同类型全站仪自动目标识别的内在机制有所差别，一般应使用与全站仪配套的专用棱镜。

监测点分布在变形体上，应能反映出变形体变形的特征，并与观测站保持良好的通视条件，距离也要控制在一定范围内。

本项目中测量棱镜分别安装在集水井、原地基沉降测管、表面沉降标上。

（3）供电和通信系统

全站仪、计算机控制系统之间的通信传输以及它们与电源之间的连接都离不开通信线路和电源线路。为保障全站仪的连续不间断工作，供电系统要向两设备提供 220 V 交流电，具体如下：

全站仪使用可接 220 V 电源的 GEV270 电源适配器进行不间断供电。

通信系统，采用"TS 全站仪+GEV269 电缆+PC 电脑"的方式实现仪器同电脑的数据传输；如果外接 TCPS 4G 数传模块，还可以做到远程无线控制全站仪。数据线连接示意如图 5-17 所示。

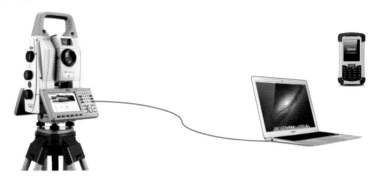

图 5-17　数据线连接示意

5.3.2　自动化测量方法

为发挥自动化监测系统测量的优势，将控制网布设成极坐标测量控制网，如图 5-18 所示。基准点选在远离变形的区域，为保障基准点能提供可靠的基准，基准点的数目应不少于 3 个。监测点选在尽可能代表变形的区域。测站点选在能通视各基准点、变形点，且尽可能远离变形区域的合适位置。

采用测站点上的全站仪对各基准点进行极坐标测量，形成基准网；采用测站点上的全站仪对各监测点进行极坐标测量，构成变形网。

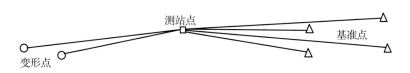

图 5-18 极坐标测量控制网

（1）基准点是否为稳定点组的检验

如果一组基准点在两期测量之间内部没有相对位移，尽管两期测量计算坐标时所依据的参考系有变化而造成求得的坐标有视变化，但这一组点间的相对几何关系并没有改变，我们把这样一组点称为相对稳定点组。坐标参考系改变引起这组点的两期测量坐标的视变化则可以通过坐标变换加以消除。因此，可以依据一组点间的几何关系是否保持不变来判别这组点是否可被认为是相对稳定的。

（2）测站点的稳定性分析

对测站点的稳定性分析最简单的方法是按照稳定基准点组的判断方法，将测站点与稳定基准点组放在一起判断其是否为稳定点组，如果是稳定点组，则测站点是稳定的，否则是不稳定的。另外，还可以利用方向夹角与距离观测量变化的大小来分析测站点的稳定性。

（3）自动化监测过程

自动化监测系统最大的特点就是具有自动目标识别系统。该系统能够通过 CCD 阵列传感器得到的影像，辨识出目标影像，并且快速地对目标影像做出分析、判断与推理，通过推理结果以及马达控制系统完成精确照准，然后通过集成传感器完成测量等操作。这种自动测量完全可以代替手工测量过程，即能够按照人类设计的程序模块来执行测量动作，又可在计算机软件配合下实现对测量成果的数据处理和分析。

系统自动测量过程分为三个步骤：目标自动搜索、目标精确照准以及距离和角度测量。智能全站仪观测流程如图 5-19 所示。

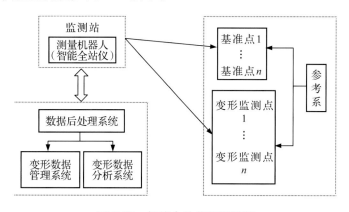

图 5-19 智能全站仪观测流程

利用 TS 系列智能全站仪距离按前方交会方法观测，水平角按全圆观测法观测，天顶距和距离须逐点观测，距离观测时须记录气象元素。

①设站：a.置全站仪于基准点上，对中、整平仪器，量取仪器高；b.设置气温、气压、棱镜常数；c.输入测站点三维坐标和仪器高。

②定向：照准后视点，设定后视点的坐标及方向角。

③观测：a.设置周期数、测回数及限差。b.学习测量。对于同一个测站，只需在第一次观测时进行学习测量，以后观测时直接调用该测站的学习结果。c.全自动观测。完成各项设置后，点击开始测量，仪器可自动照准各目标点，自动测距、测角，并实时检查各项误差，超限后自动重测处理。

系统自动测量能完全避免因外业观测数据不合格造成的复测和人为造假。

（4）监测频次

①每个测站应设置固定的监测回路，按照三等水准测量要求进行监测，数据采集和传输频率不低于每2d1次，卸载前1个月、道面基层施工前1个月，以及出现异常情况时，应进行加密监测。

②智能全站仪安装在测站上，测站需有一定的稳定性和高度，不能因地基沉降、大风以及障碍物而影响监测精度，每次测点数据采集的保证率（本次监测成功的测点数量/总测点数量×100%）不低于90%，同一测点不能连续2次未获取数据。

③每个月需对测站的高程和平面坐标进行复核，若测站沉降或位移超过规范对基准点要求，须对监测数据进行校正，并出具书面校正报告。

5.3.3 智能跑道系统

智能跑道系统的概念自提出后在美国多个机场得到应用，目前得到了较快速的发展。智能跑道系统可以分为地基沉降监测系统和道面结构感知系统两类。其中地基沉降监测系统可以在机场施工期及运行期进行断面沉降、湿度以及全局的沉降监测；道面结构感知系统可对道面在运行期进行健康诊断，包括结构的监测、温度感知、脱空情况监测、飞机荷载监测、结构层瞬时沉降监测、道面湿滑情况监测、道面区入侵情况监测等。

鄂州花湖机场是继上海浦东国际机场、四川天府国际机场之后又一采用智能跑道系统的大型国际机场工程，包括道面沉降监测、道面状态监测、道面运行安全感知三个方面。其总体设计原则如下所示：

①以实现智能化功能为前提，优化调整支撑功能实现的部分传感器类型、规模及位置；

②改变目前科研性小规模试验探索现状，采用光栅阵列传感网实现机场跑道全覆盖监测；

③改变传统道面安全基于有限单参量评估的不足，在重点区域开展多参量联合监测，提高结构安全状态评价的准确性和可靠性；

④通过大数据智能分析，建立多参量传感信息间的相关性，并推广至全场所有道面

板的智能化监测与评价；

⑤采用"面－线－点"多种方式提高跑道沉降监测预警的智能化水平；

⑥利用光栅阵列传感网络一体化整体埋设优势，降低对道面施工工艺的影响，提高传感器的安装效率与存活率。

智能跑道的总体技术路线为实现1个总体目标，建立3个监测子系统，使用11种传感监测元件，采集12类监测指标，搭建可同时分析处理5万多测点数据的云计算平台，实现近20项跑道智能化感知服务功能。其中，东、西两条跑道及滑行道，机坪，涉及沉降的机场重点区域，跑道全场及关键断面布设高密度、高精度、多参量传感监测元件。智能跑道的总体设计经历了系统方案深度设计、传感器安装组网、软件开发、系统集成调试、交工后技术培训及服务期成果分析等阶段。机场运行期间智能跑道大容量监测与感知技术路线如图5-20所示。

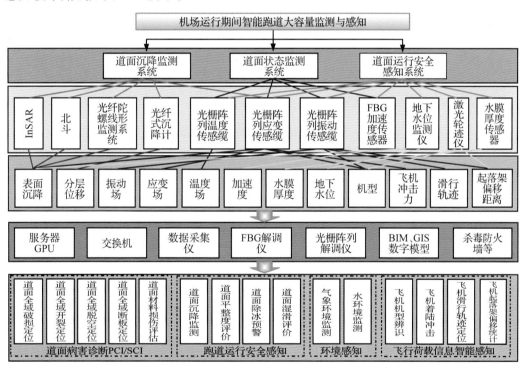

图5-20 智能跑道总体技术路线图

针对全场范围（面）的 InSAR 定期检测，项目采用重访周期为12 d的欧空局 C 波段哨兵-1 卫星数据和重访周期为1 d/3 d/4 d/8 d的来自意大利宇航局的 X 波段 Cosmo-SkyMed 数据进行机场沉降监测。利用两重数据源、多期影像数据提取鄂州花湖机场的地表地面沉降 InSAR 监测信息（包括平均沉降速率、累计沉降量以及沉降历史信息等）。针对重点部位（点），项目选用上海华测导航技术股份有限公司 P5 北斗 GNSS 接收机，对机场土面区（西跑道中线 75 m 以外 5 点、东跑道中线 75 m 以外 5 点）、边坡区（跑道中线

75 m 以外 2 点）和预留发展区（2 点）进行沉降监测。项目在每条跑道道面下方布设 10 条光栅阵列振动传感缆，实现道面振动响应的全时全域感知，为道面病害、道面平整性、飞机轨迹跟踪等大数据人工智能分析提供信息支撑。智能跑道重点监测部位如图 5-21 所示。

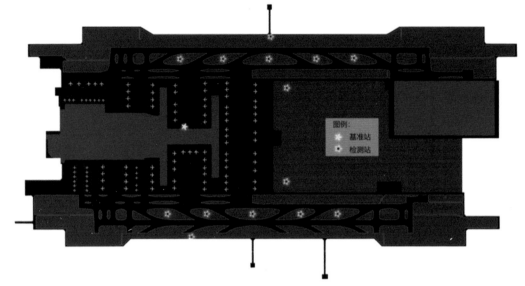

图 5-21 智能跑道重点监测部位

智能跑道综合管理系统包括数据库、数据接口、访问控制等，如图 5-22 所示。该系统遵循轻量化、服务化、智能化的设计指导原则，提出了一种基于 Docker 的微服务架构；系统能完成包括道面病害诊断、跑道状态监测、环境和飞机荷载信息智能感知等智能化

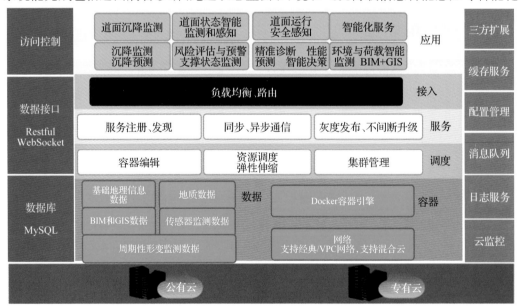

图 5-22 智能跑道综合管理系统

功能;系统提供角色权限服务,按使用软件人角色进行权限划分和设置。

智能跑道监测工作覆盖鄂州花湖机场东、西两条跑道,滑行道,跑道间联络道和涉及沉降的机场重点区域。为顺利完成监测工作,在跑道全场及关键断面布设高密度、高精度、多参量的传感监测元件。传感器类型及布置位置如表5-2所示。

表 5-2 智能跑道监测点传感器类型及分布

序号	现场传感器	位置
1	InSAR 服务	机场全场
2	光纤陀螺线形检测服务	东、西跑道全程
3	北斗卫星服务	道面区 10 个、预留发展区 2 个、边坡关键位置 2 个、基站 1 个
4	光栅阵列应变传感缆	东、西跑道转向、起飞加速、滑跑、着陆区
5	光纤式沉降计	道面关键位置,西跑道 4 个、东跑道 4 个
6	光栅阵列振动传感缆	东、西跑道全场每块道面板下,滑行道及联络道道面板下,机坪道面板下
7	光栅阵列温度传感缆	跑道应变传感缆布设区域,东、西跑道全程
8	FBG 加速度传感器	东、西跑道主降端瞄准点断面道面下方
9	激光轮迹仪	东、西跑道瞄准点断面道肩外土区
10	地下水位监测仪	东、西跑道部分断面土区
11	水膜厚度传感器	东跑道主降端瞄准点部位道面边缘

具体传感器布设方案为:

(1)道面结构空洞、错台、材料损伤等多种缺陷都与其受载时振动状态相关。因此,上述病害主要通过沿每条跑道纵向布设 10 根光栅阵列振动传感缆组建振动传感网的方式来感知。其中,每根传感缆包含大于 1000 个的振动传感器,保证跑道每块道面板都可以感知荷载信息,实现跑道多功能需求的全域智能监测。

(2)在东、西侧平滑道、快滑道、端联道、东、西跑道间联络道及机坪道面下方布设光栅阵列振动传感缆,监测除跑道区域外飞机在机场全场内的滑行轨迹。

(3)沿跑道全长外侧道面板边缘的顶部、底部各布设 1 条光栅阵列温度传感缆建立温度传感网,监测跑道全场温度场分布及温度梯度变化。

(4)每条跑道在转向、起飞加速、滑跑、着陆等区域范围,布设光栅应变和温度传感缆,组建密集应变传感网。该方式可实现对于飞机着陆冲击荷载等方面的监测,且可在重点区域建立应变、振动、温度等多参量间的相互关系,提高监测评价的准确性和可靠性。该相互关系可推广至跑道全场每一块道面板,实现跑道全域范围的监测与评价。

(5)除上述满足全时全域监测需求的振动、应变、温度传感光缆网外,局部位置布置了少量其他类型传感器。从科研试验角度,在东跑道瞄准点断面部位道面边缘水泥面层埋设水膜厚度传感器。此外,采用地水位监测仪对填湖区域的跑道部分断面开展地下水位变化监测。

(6)沉降变形监测结合全场、全程和关键区域的需求,采用多期全场检测与跑道连续监测的方式开展,并考虑道面飞机荷载累积作用对道面沉降的影响。其中,InSAR 服务提供多期全场变形监测信息;光纤陀螺线形检测系统提供多期跑道全程沉降曲线;北斗卫星、光纤式沉降计提供重要部位的实时沉降监测信息。多断面光栅阵列应变传感缆密集感知飞机荷载下的应变场分布及发展趋势,统计不同机型荷载对道面沉降的影响。通过多类型感知手段的信息融合,跟踪并预测跑道的沉降趋势。

5.3.4 自动化监测工作实施情况

自动化监测系统由观测站和观测点组成。观测点采用棱镜反光照准,棱镜分别设置在集水井侧壁、人工监测过程布置的沉降板测杆及表面沉降标上。自动化监测工作于 2020 年 3 月份开始,2021 年 3 月份主湖区卸载完毕后结束,历时一个雨季。

(1)观测站

根据现场条件及周边区域特点,选取通视良好且不易破坏的位置设置 3 个观测站,位置如图 5-23 所示。观测站内置测量机器人可自动照准测量,可覆盖全部监测点区域。观测站基座采用钢筋混凝土结构,底部深入基岩,原理及实物如图 5-24、图 5-25 所示。

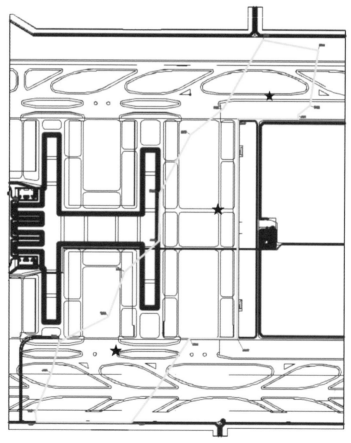

图 5-23 观测站位置示意(★ 所示位置)

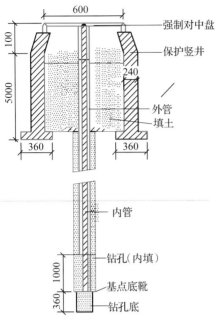

图 5-24 观测站原理示意(单位:mm)

图 5-25 观测站实物

（2）集水井观测点

集水井采用的井管为钢筋混凝土材料,底端深入软土地基垫层,上部高出填筑体。在集水井侧壁上设置棱镜,可分析填筑体及地基的整体沉降情况,观测点埋设情况如图5-26所示。

图 5-26 集水井观测点

（3）原地面沉降观测点

原地面沉降观测点可监测原地基沉降情况，其测杆高出填筑面 0.5 m 左右。在测杆上布置观测棱镜后可用测量机器人自动监测原地基沉降，其观测数据可作为人工监测数据的补充和完善，还可对比分析两者的数据差异情况。观测点埋设情况如图 5-27 所示。

图 5-27　原地面沉降观测点

（4）表面沉降观测点

表面自动化监测点棱镜安装在表面沉降标上，通视条件不好的区域采用接杆提高棱镜，观测点埋设情况如图 5-28 所示。

图 5-28　表面沉降观测点

5.4 监测成果及其分析

5.4.1 常规监测数据分析

（1）原地基沉降监测成果分析

原地基沉降观测点主要布置在排水板堆载预压软土地基处理区。根据是否超载将观测区分为超载区和等载区。

分析其沉降曲线变化规律、各区域沉降量，为地基处理效果评价提供依据。

①超载区原地基沉降数据分析

原地基沉降典型曲线如图 5-29 所示，在施工填筑期间原地基沉降量及填筑速率均较大，沉降速率受施工填筑影响较大；填筑完成后，沉降速率逐渐减小，经过对比分析，填筑完成后原地基沉降曲线与双曲线类似。卸载完成后，部分原地基沉降测点略有抬升现象，经过 2～3 周之后沉降重新趋于稳定。

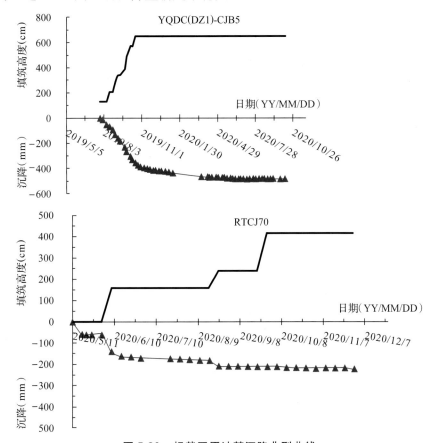

图 5-29 超载区原地基沉降典型曲线

西标段共设置 22 个超载分区，东标段共设置 17 个超载分区。测点累计沉降量与软土层厚度、填土厚度相关，同时又受观测时长的一定影响。西标段原地基沉降量为 88.7～1356.0 mm；东标段原地基沉降量为 381.9～1783.7 mm。湖区软土地基沉降量分布如图 5-30 所示。

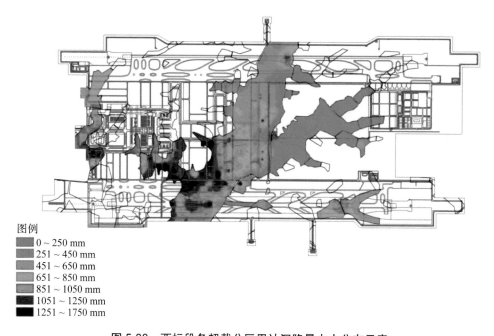

图例
0～250 mm
251～450 mm
451～650 mm
651～850 mm
851～1050 mm
1051～1250 mm
1251～1750 mm

图 5-30　西标段各超载分区累计沉降量大小分布示意

②等载区原地基沉降数据分析

等载区主要位于两个标段的远期预留发展区，典型沉降规律如图 5-31 所示，在对在其间沉降速率较大，堆载完成后，沉降曲线逐渐趋于收敛，收敛速率相较于超载区明显较慢。

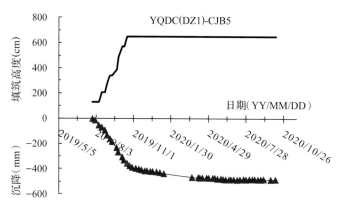

(a)

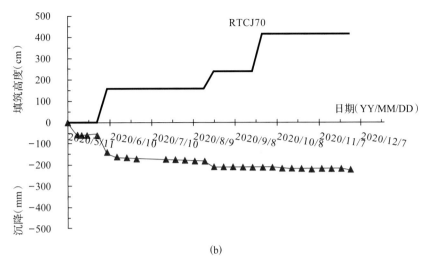

图 5-31 等载区典型原地基典型沉降曲线

（2）填筑体表面沉降监测成果分析

填筑体表面沉降观测点主要布置在超载区、等载区、换填区及挖填交界带。其中超载区表面沉降监测的目的是与原地基沉降相结合，进行卸载可行性分析；等载区、换填区表面沉降监测的目的是获得其沉降规律，评价地基处理效果并为后序施工提供依据。

①超载区表面沉降监测成果分析

西标段超载区表面累计沉降范围为 17.3 ～ 566.9 mm，东标段超载区表面累计沉降范围为 1.6 ～ 652.1 mm，沉降量与填土厚度、软土层厚度有关，填土厚度与软土层厚度对表面沉降量的影响尚无法量化分析。部分区域堆载完成日期较晚，观测时长较短，测得的累计沉降量变小。超载区表面沉降典型沉降曲线如图 5-32 所示。

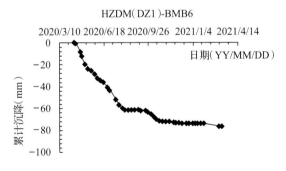

图 5-32 超载区表面沉降典型沉降曲线

②等载区表面沉降监测成果分析

西标段等载区表面沉降典型沉降曲线如图 5-33 所示。相较于超载区，等载区沉降曲线波动性较大，累计沉降范围为 1.1 ～ 43.7 mm。东标段等载区表面累计沉降范围为 0.3 ～ 272.0 mm，同一区域不同测点沉降量差别较大，与原地貌特性及填料特性有关。

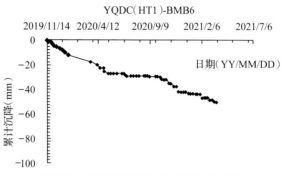

图 5-33　等载区表面沉降典型沉降曲线

（3）孔隙水压力与水位监测成果分析

孔隙水压力、水位观测点坐标相同，超载区及等载区均有设置。孔隙水压力监测是指监测地基土体中孔隙水压力随施工过程的变化，作为施工加载速度、填土卸载时间的判断依据；采用塑料排水板堆载预压法进行地基处理时，超静孔隙水压力的消散程度是评价施工效果的关键因素之一。通过对孔隙水压力及水位观测数据进行分析，推算不同时间地基土体的固结度，对理论计算结果进行验证，为施工控制和稳定分析提供可靠的依据。

孔隙水压力、水位典型变化曲线如图 5-34 所示。在施工填筑期，孔隙水压力及水位均有提升，填土完成后，孔隙水压力逐渐消散至静水压力水平，水位同时回落。2020 年 6 月雨季降雨量较大，受此影响孔隙水压力及水位同时有较大的提升，现场加强了抽排工作，孔隙水压力及水位逐渐下降到之前水平。水位波动与孔隙水压力波动比较一致。

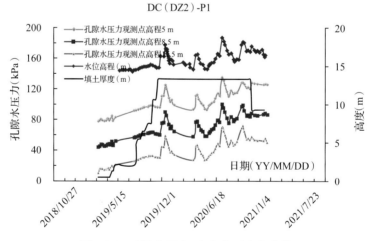

图 5-34　孔隙水压力、水位典型变化曲线

（4）分层沉降监测成果分析

分层沉降典型变化曲线如图 5-35 所示，实测数据符合软土地基沉降的一般规律，高程越大的观测点沉降量越大；超载区超载体为虚铺层，超载体内部观测点沉降量较超载体之下的沉降量明显较大；分层沉降速率呈逐渐减小趋势，填筑体沉降趋于收敛。

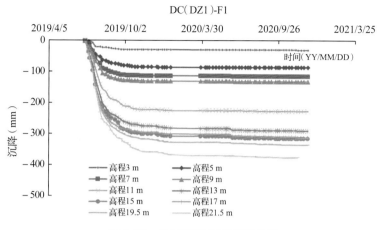

图 5-35 分层沉降典型变化曲线

（5）边坡位移监测成果分析

①边坡表面位移分析

边坡表面位移分为边坡沉降及边坡水平位移，在边坡修整完成后埋设表面标进行观测。边坡修整相对较晚，观测工作于 2021 年 1 月份开始，累计沉降范围为 0.3 ～ 11.2 mm，沉降速率趋近于零；累计水平位移为 0.4 ～ 2.4 mm，位移速率趋近于零。边坡水平位移、沉降量，以及速率均较小，所监测边坡处于稳定状态。边坡位移典型曲线如图 5-36 所示。

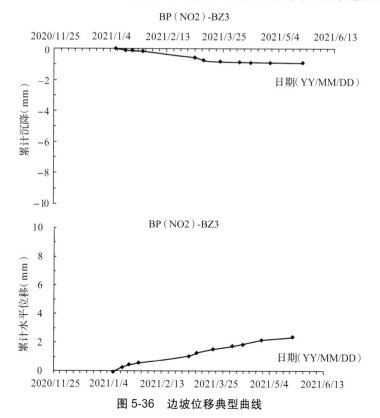

图 5-36 边坡位移典型曲线

②边坡内部水平位移分析

边坡内部水平位移通过埋设测斜孔,利用测斜仪进行观测。观测点主要布置在超载体及场区边坡处。最早于 2019 年 12 月开始观测,典型测斜曲线如图 5-37 所示。目前边坡内部水平位移最大值为 69.9 mm,测点位移变化最大值一般位于距测斜孔孔口 0.5～1.0 m 处,个别测点如 TM(DZ2)-CX2 测点位移最大值出现在距测斜孔孔口 6 m 处。当前边坡内部位移速率均小于 2 mm/d,边坡基本稳定。

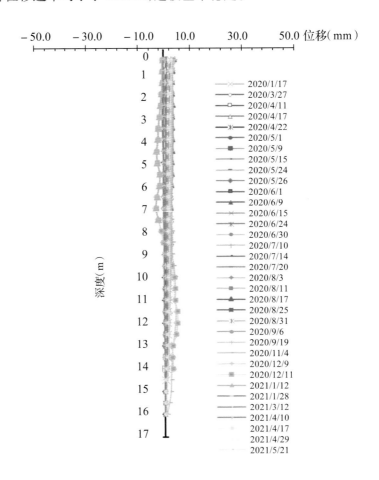

BP(NO2)-CX2

图 5-37　典型测斜曲线

5.4.2　自动化监测成果分析

自动化监测观测点覆盖场区为主湖区的超载区域,如图 5-38 所示。自动化监测作为人工监测的补充,可复核分析人工监测成果,为评价堆载预压效果、提升监测数据可靠性、确定卸载时间提供决策依据。

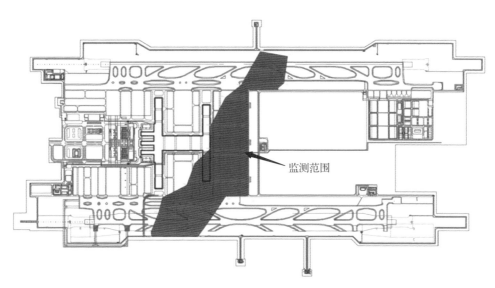

图 5-38　自动化监测范围示意

（1）集水井测点监测成果分析

集水井与软土地基砂垫层同时施工，深入土工布下 0.5 m 左右，随填土厚度增大而接管加长。监测集水井的沉降可综合分析软土地基及填筑体沉降情况，为类似工程的设计和施工提供决策依据。

将棱镜固定在集水井井壁上，周边设置保护装置，并保证在测量方向上通视。观测点覆盖走马湖西标段、东标段主湖区超载区域。

典型沉降曲线如图 5-39 所示，图中红色线条为拟合的趋势线，黑色线条为实测值。整体上看，集水井沉降曲线走势趋于收敛而单期次测量数据波动性相对较大，这与气象、场区内通视条件变化有关。

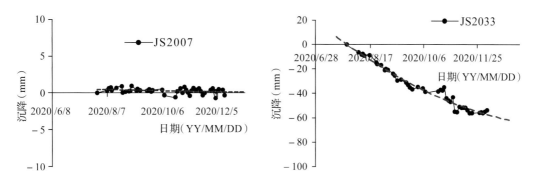

图 5-39　集水井典型沉降曲线

东标段集水井沉降观测点共 83 个，其中沉降量超过 50 mm 的观测点有 10 个，沉降量最大值为 −177.4 mm，为 JS3008 观测点，位于超载分区 5-1。沉降量小于 10 mm 的观测点有 39 个，集水井观测点沉降量整体较小。超载分区 3-1、5-1 区域内沉降量超过 50

mm 的观测点比例较高,位于东远滑行道区域,人工监测数据中此区域原地基沉降相对较大,两者有相关性。

(2)原地基沉降监测成果分析

自动化监测原地基典型沉降曲线如图 5-40 所示,受气象、观测点周围环境的影响,自动化监测数据波动性较大,但其曲线整体走势趋于收敛。部分观测点沉降量较小,沉降曲线与观测点 Y2145 类似,部分期次数据有抬升现象;部分观测点沉降曲线与观测点 Y2088 类似,沉降速率逐渐减小,沉降趋于稳定,变化规律与人工测量数据相似。

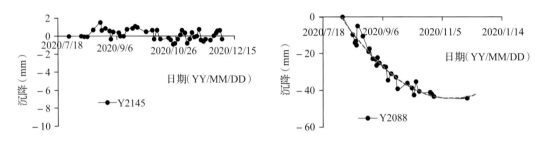

图 5-40　自动化监测原地基典型沉降曲线

EPC1 标原地基沉降自动化观测点共 67 个。截至 2021 年 2 月底,沉降量超过 50 mm 的观测点有 4 个,沉降量最大值为 -125.7 mm,为 Y2155 观测点,位于 3-1 超载分区;沉降量小于 10 mm 的观测点有 44 个,原地基沉降自动化观测点沉降量普遍较小。

(3)表面沉降监测成果分析

填筑体表面沉降自动化观测点覆盖主湖区超载区域,观测点可以分为两类:一类安装在走马湖项目表面沉降标上,另一类为新增设观测点以加密监测网。

自动化监测表面沉降典型曲线如图 5-41 所示,沉降曲线走势趋于收敛而单期次数据波动性相对较大,这与气象、场区内通视条件变化有关。

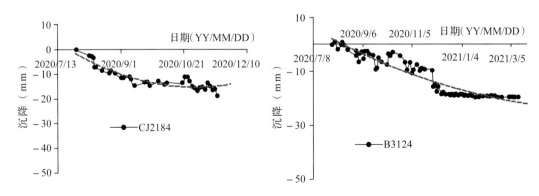

图 5-41　自动化监测表面沉降典型曲线

5.4.3 自动化监测与人工监测结果对比分析

在对同一观测期内的自动化监测数据和人工监测数据进行综合分析时，由于自动化监测数据波动较大,且其监测周期较小(2～3d测量1次),取其5期测得沉降量的平均值作为其沉降量,以减小其波动性。

（1）原地基沉降数据对比分析

对同一观测期内的自动化监测数据和人工监测数据进行综合分析,原地基典型沉降曲线如图5-42所示,自动化监测与人工监测的原地基沉降曲线变化规律有一定相似性。

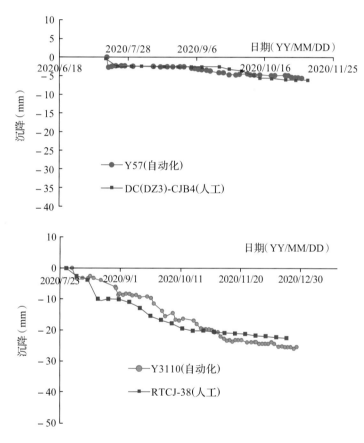

图 5-42 自动化监测与人工监测原地基典型沉降曲线对比

自动化监测相对于人工监测沉降量普遍偏小；两者沉降量之差普遍在20mm范围内;沉降量之差相对较大的测点距自动化监测基站的距离相对较大。

（2）表面沉降数据对比分析

对同一观测期内的自动化监测数据和人工监测数据进行综合分析，表面典型沉降曲线如图5-43所示。相同测点的自动化监测沉降曲线和人工监测沉降曲线变化规律有一定的相似性,相对于人工监测曲线,自动化监测曲线波动性更大。自动化监测相对于人工监测沉降量普遍偏小;两者沉降量之差普遍在 20 mm 范围内;沉降量之差相对较大的测点距自动化监测基站的距离相对较大。

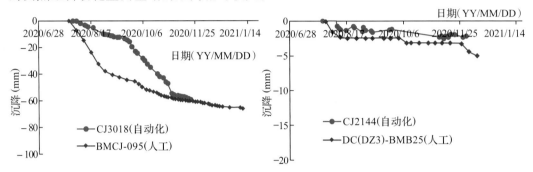

图 5-43　自动化监测与人工监测表面典型沉降曲线对比

综合分析同时段原地基、表面标常规监测数据与自动化监测数据,发现二者沉降曲线变化趋势有一定的相似性;常规监测与自动化监测的同期沉降量差值普遍在 20 mm 以内,距观测基站较远的自动化监测点沉降量与常规监测数据差别较大,说明自动化监测的准确性与距基站的距离有关;自动化监测数据可作为常规监测数据的补充与完善,增加其可信度。

自动化监测数据由测量机器人自动对焦采集,监测效率高,可解决因人工测量在连续降雨、场区交通及通视条件不好等情况而产生的数据连续性问题。

但受天气条件、现场通视条件及观测点与测站距离影响,数据波动性较大。且修正后的数据与人工监测数据相比波动性仍较大。

同一观测期内的自动化监测数据和人工监测数据变化规律较为一致,可用于辅助分析地基沉降情况。自动化监测工作基本达到了预期目的,其成果对评价软土地基处理效果有辅助作用。

5.5　软土地基处理效果分析

鄂州花湖机场软土地基处理工作的主要目的是加快软土固结、保证工后沉降及工后差异沉降在设计要求的范围之内。本节介绍了超载分区卸载可行性的分析过程及各超载分区达到稳定所需要的稳压时长,推算了挖填交界带工后差异沉降,分析了软土层厚度、超载比与地基处理效果之间的关系。

5.5.1　卸载可行性分析

根据设计文件及专家评审会议的要求,从超载稳压时长、固结度、工后沉降及工后差异沉降、沉降速率四个指标分析各超载分区的卸载可行性。

在数据处理过程中建立了数据库,沉降数据录入后可自动计算该测点的30年工后沉降。固结度采用预测时的沉降量与30年总沉降量的比值,工后沉降及差异沉降为相邻沉降测点的工后沉降差与测点距离的比值。当超载稳压时长、固结度、工后沉降及差异沉降、沉降速率满足标准时再复核工后差异沉降是否满足要求。上述指标都满足卸载标准时,通知总包单位编制卸载申请报告上报业主、监理单位申请卸载施工,否则继续稳压。卸载可行性分析过程如图5-44所示。

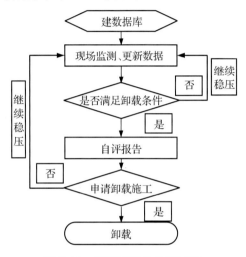

图5-44　卸载可行性分析过程

下文以超载分区2-1为例介绍卸载可行性分析工作。

(1)基本信息

超载分区2-1位于跑道区,面积约4.07万 m²,测点分布如图5-45所示,设置6个原地基沉降测点、10个填筑体表面沉降测点。典型地层分布如图5-46所示,软土地层及填筑信息如表5-3所示〔DC(HT10)-CJB1XZ 为新增测点,且与 DC(HT10)-CJB2XZ 距离较近,文中舍弃该点〕。

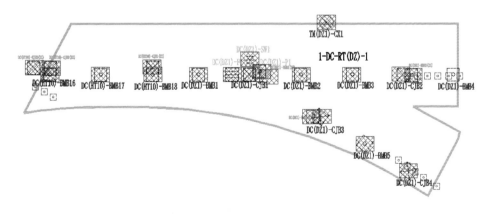

图5-45　超载分区2-1分布范围及测点布置示意

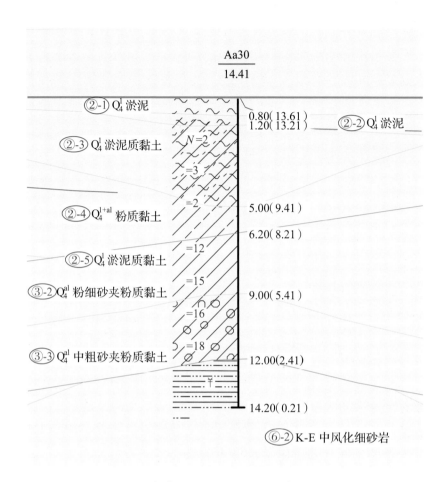

图 5-46　超载分区 2-1 地层信息示意(单位:m)

表 5-3　超载分区 2-1 地层及施工填筑信息

测点编号	地层信息				地基处理深度（m）	填土厚度（m）	超载厚度（m）
	第②层厚度（m）	第③层厚度（m）	第④层厚度（m）	第⑤层厚度（m）			
DC(DZ1)-CJB1	6.2	5.8	—	—	12.7	6.6	6
DC(DZ1)-CJB2	5.6	4.1	—	—	9.6	5.2	6
DC(DZ1)-CJB3	4.2	10.3	—	—	13.1	5.8	6
DC(DZ1)-CJB4	5.8	6.4	—	—	12.9	6.8	6
DC(HT10)-CJB2XZ	6.0	6.3	—	—	5.9	5.0	6
DC(HT10)-CJB3XZ	6.0	6.9	—	—	7.5	8.3	6

（2）超载分区 2-1 卸载可行性分析过程

该区域分区块进行填筑施工,超载施工于 2019 年 10 月中旬全部完成。共设置 7 个原地基沉降测点,分别在稳压时长达 3 个月、6 个月、7 个月、8 个月、9 个月、10 个月时进行一次可行性分析,7 个测点中各指标满足卸载可行性要求情况如表 5-4 所示。各时间节点预测分析情况如表 5-5 至表 5-11 所示。

表 5-4 各稳压时段判别指标达标情况

预测日期	稳压时长（月）	判别指标达标率			
		超载时间	固结度	工后沉降	沉降速率
2020/1/14	3	4/7	6/7	7/7	4/7
2020/4/23	6	7/7	6/7	7/7	6/7
2020/5/22	7	7/7	6/7	7/7	6/7
2020/6/22	8	7/7	6/7	7/7	4/7
2020/7/30	9	7/7	6/7	7/7	7/7
2020/8/28	10	7/7	7/7	7/7	7/7

在超载稳压 3 个月时,测点 30 年工后沉降均已满足卸载标准,固结度和沉降速率尚不满足卸载标准;在超载稳压 6 个月时,情况与超载稳压 3 个月类似,测点沉降速率与固结度尚未全部满足卸载标准;在超载稳压 9 个月时,沉降速率降至 0.3 mm/d 之下,满足卸载标准,此时固结度尚未全部达到 90%;在超载 10 个月时各项指标均满足卸载标准,此时复核工后差异沉降,成果如图 5-47 所示,也满足卸载标准。因此,在超载稳压时长达 10 个月后所有指标均满足卸载标准。

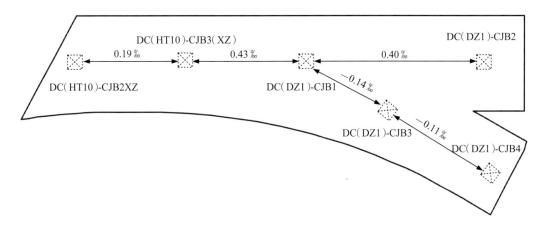

图 5-47 工后差异沉降示意

表 5-5 稳压 3 个月卸载可行性分析成果

卸载分区	测点编号	初值日期	超载完成日期	预测日累计沉降值（mm）	当前沉降速率（mm/d）	观测时长（d）	稳压时长（d）	超载工况下总沉降（mm）	相关性系数 R^2	正常工况下总沉降（mm）	工后沉降（mm）	固结度（%）	判别结果			
													稳压时长	固结度	工后沉降	沉降速率
2-1	DC(DZ1)-CJB1	2019/3/21	2019/7/25	-593.8	0.20	526	176	-605.4	0.9993	-428.8	-21.4	98.1%	√	√	√	√
2-1	DC(DZ1)-CJB2	2019/4/14	2019/8/9	-1046.1	1.03	502	161	-1247.1	0.9937	-842.1	-42.1	83.9%	√	×	√	×
2-1	DC(DZ1)-CJB3	2019/3/21	2019/8/9	-851.1	0.00	526	151	-920.6	0.9973	-639.4	-32.0	92.5%	√	√	√	√
2-1	DC(DZ1)-CJB4	2019/3/31	2019/10/17	-901.7	0.61	516	82	-953.3	0.9745	-689.8	-34.5	94.6%	×	√	√	×
2-1	DC(HT10)-CJB2XZ	2019/4/5	2019/10/16	-329.4	0.07	511	93	-300.0	-0.2849				×	×	×	√
2-1	DC(HT10)-CJB3XZ	2019/8/31	2019/10/16	-273.6	0.35	363	93	-281.7	0.9957	-214.8	-10.7	97.1%	×	√	√	×

注：预测分析时间 2020 年 1 月 14 日。

表 5-6 稳压 6 个月卸载可行性分析成果

卸载分区	测点编号	初值日期	超载完成日期	预测日累计沉降值（mm）	当前沉降速率（mm/d）	观测时长（d）	稳压时长（d）	超载工况下总沉降（mm）	相关性系数 R^2	正常工况下总沉降（mm）	工后沉降（mm）	固结度（%）	判别结果			
													稳压时长	固结度	工后沉降	沉降速率
2-1	DC(DZ1)-CJB1	2019/3/21	2019/7/25	-602.5	0.14	526	262	-613.4	0.9990	-434.4	-21.7	98.2%	√	√	√	√
2-1	DC(DZ1)-CJB2	2019/4/14	2019/8/9	-1115.6	0.22	502	247	-1316.5	0.9966	-889.0	-44.4	84.7%	√	×	√	√
2-1	DC(DZ1)-CJB3	2019/3/21	2019/8/9	-880.9	0.39	526	243	-932.5	0.9986	-647.7	-32.4	94.5%	√	√	√	×
2-1	DC(DZ1)-CJB4	2019/3/31	2019/10/17	-966.3	0.23	516	174	-1042.4	0.9820	-754.3	-37.7	92.7%	√	√	√	√
2-1	DC(HT10)-CJB2XZ	2019/4/5	2019/10/16	-334.9	0.01	511	179	-370.5	0.7017	-254.2	-12.7	90.4%	√	√	×	√
2-1	DC(HT10)-CJB3XZ	2019/8/31	2019/10/16	-295.4	0.19	363	179	-308.3	0.9970	-235.1	-11.8	95.8%	√	√	√	√

注：预测分析时间 2020 年 4 月 23 日。

表 5-7 稳压 7 个月卸载可行性分析成果

卸载分区	测点编号	初值日期	超载完成日期	预测日累计沉降值 (mm)	当前沉降速率 (mm/d)	观测时长 (d)	稳压时长 (d)	超载工况下总沉降 (mm)	相关性系数 R^2	正常工况下总沉降 (mm)	工后沉降 (mm)	固结度 (%)	判别结果 稳压时长	固结度	工后沉降	沉降速率
2-1	DC(DZ1)-CJB1	2019/3/21	2019/7/25	-603.6	0.09	526	289	-615.5	0.9993	-435.9	-21.8	98.1%	√	√	√	√
2-1	DC(DZ1)-CJB2	2019/4/14	2019/8/9	-1128.4	0.46	502	274	-1316.5	0.9978	-889.0	-44.4	85.7%	√	×	√	×
2-1	DC(DZ1)-CJB3	2019/3/21	2019/8/9	-883.2	0.05	526	266	-932.5	0.9991	-647.7	-32.4	94.7%	√	√	√	√
2-1	DC(DZ1)-CJB4	2019/3/31	2019/10/17	-977.0	0.52	516	197	-1050.3	0.9887	-760.0	-38.0	93.0%	√	√	√	×
2-1	DC(HT10)-CJB2XZ	2019/4/5	2019/10/16	-335.9	0.11	511	206	-360.1	0.8276	-247.0	-12.4	93.3%	√	√	√	√
2-1	DC(HT10)-CJB3XZ	2019/8/31	2019/10/16	-297.5	0.09	363	206	-311.2	0.9981	-237.3	-11.9	95.6%	√	√	√	√

注：预测分析时间 2020 年 5 月 22 日。

表 5-8 稳压 8 个月卸载可行性分析成果

卸载分区	测点编号	初值日期	超载完成日期	预测日累计沉降值 (mm)	当前沉降速率 (mm/d)	观测时长 (d)	稳压时长 (d)	超载工况下总沉降 (mm)	相关性系数 R^2	正常工况下总沉降 (mm)	工后沉降 (mm)	固结度 (%)	判别结果 稳压时长	固结度	工后沉降	沉降速率
2-1	DC(DZ1)-CJB1	2019/3/21	2019/7/25	-606.7	0.16	526	322	-617.7	0.9994	-437.4	-21.9	98.2%	√	√	√	√
2-1	DC(DZ1)-CJB2	2019/4/14	2019/8/9	-1142.5	0.40	502	307	-1316.5	0.9986	-889.0	-44.4	86.8%	√	×	√	×
2-1	DC(DZ1)-CJB3	2019/3/21	2019/8/9	-889.0	0.52	526	299	-938.9	0.9994	-652.2	-32.6	94.7%	√	√	√	×
2-1	DC(DZ1)-CJB4	2019/3/31	2019/10/17	-989.7	0.59	516	230	-1058.7	0.9922	-766.1	-38.3	93.5%	√	×	√	×
2-1	DC(HT10)-CJB2XZ	2019/4/5	2019/10/16	-338.5	0.09	511	239	-364.1	0.8601	-249.8	-12.5	93.0%	√	√	√	√
2-1	DC(HT10)-CJB3XZ	2019/8/31	2019/10/16	-301.1	0.14	363	239	-311.2	0.9988	-237.3	-11.9	96.8%	√	√	√	√

注：预测分析时间 2020 年 6 月 22 日。

表 5-9　稳压 9 个月卸载可行性分析成果

卸载分区	测点编号	初值日期	超载完成日期	预测日累计沉降值 (mm)	当前沉降速率 (mm/d)	观测时长 (d)	稳压时长 (d)	超载工况下总沉降 (mm)	相关性系数 R^2	正常工况下总沉降 (mm)	工后沉降 (mm)	固结度 (%)	判别结果			
													稳压时长	固结度	工后沉降	沉降速率
2-1	DC(DZ1)-CJB1	2019/3/21	2019/7/25	-608.7	0.00	526	356	-620.0	0.9994	-439.0	-22.0	98.2%	√	√	√	√
2-1	DC(DZ1)-CJB2	2019/4/14	2019/8/9	-1154.7	0.00	502	341	-1316.5	0.9990	-889.0	-44.4	87.7%	√	×	√	√
2-1	DC(DZ1)-CJB3	2019/3/21	2019/8/9	-896.4	0.23	526	335	-938.9	0.9995	-652.2	-32.6	95.5%	√	√	√	√
2-1	DC(DZ1)-CJB4	2019/3/31	2019/10/17	-999.0	0.17	516	266	-1058.7	0.9943	-766.1	-38.3	94.4%	√	√	√	√
2-1	DC(HT10)-CJB2XZ	2019/4/5	2019/10/16	-339.8	0.00	511	273	-366.9	0.8919	-251.7	-12.6	92.6%	√	√	√	√
2-1	DC(HT10)-CJB3XZ	2019/8/31	2019/10/16	-298.3	0.06	363	273	-311.2	0.9990	-237.3	-11.9	95.8%	√	√	√	√

注:预测分析时间 2020 年 7 月 30 日。

表 5-10　稳压 10 个月卸载可行性分析成果

卸载分区	测点编号	初值日期	超载完成日期	预测日累计沉降值 (mm)	当前沉降速率 (mm/d)	观测时长 (d)	稳压时长 (d)	超载工况下总沉降 (mm)	相关性系数 R^2	正常工况下总沉降 (mm)	工后沉降 (mm)	固结度 (%)	判别结果			
													稳压时长	固结度	工后沉降	沉降速率
2-1	DC(DZ1)-CJB1	2019/3/21	2019/7/25	-609.0	0.00	526	384	-620.0	0.9994	-439.0	-22.0	98.2%	√	√	√	√
2-1	DC(DZ1)-CJB2	2019/4/14	2019/8/9	-1155.9	0.05	502	369	-1279.8	0.9990	-864.2	-43.2	90.3%	√	√	√	√
2-1	DC(DZ1)-CJB3	2019/3/21	2019/8/9	-896.8	0.02	526	360	-938.9	0.9996	-652.2	-32.6	95.5%	√	√	√	√
2-1	DC(DZ1)-CJB4	2019/3/31	2019/10/17	-1000.9	0.07	516	291	-1058.7	0.9957	-766.1	-38.3	94.5%	√	√	√	√
2-1	DC(HT10)-CJB2XZ	2019/4/5	2019/10/16	-340.1	0.00	511	301	-364.7	0.9241	-250.2	-12.5	93.3%	√	√	√	√
2-1	DC(HT10)-CJB3XZ	2019/8/31	2019/10/16	-298.6	0.01	363	301	-311.2	0.9991	-237.3	-11.9	96.0%	√	√	√	√

注:预测分析时间 2020 年 8 月 28 日。

表 5-11　超载稳压 10 个月表面沉降观测成果及分析

测点编号	P 坐标	H 坐标	初值日期	累计观测时长（d）	当前累计沉降值（mm）	当前沉降速率（mm/d）	推算总沉降量（mm）	推算工后沉降量（mm）	相关性系数 R^2	最后测量日期
DC(HT10)-BMB16	5752	4000	2019/11/7	360	−265.7	0.19	−370.4	−104.7	0.9765	2020/11/1
DC(HT10)-BMB17	5802	4000	2019/11/7	360	−76.0	0.23	−114.9	−38.9	0.9819	2020/11/1
DC(HT10)-BMB18	5852	4000	2019/9/12	416	−106.8	0.11	−122	−15.2	0.9985	2020/11/1
DC(DZ1)-BMB1	5897	4000	2019/9/27	394	−32.2	0.00	−42.6	−10.4	0.9923	2020/10/25
DC(DZ1)-BMB1XZ	5947	4000	2019/9/12	409	−73.8	0.00	−100.6	−26.8	0.9860	2020/10/25
DC(DZ1)-BMB2	5997	4000	2019/9/27	400	−70.5	0.07	−93.5	−23	0.9959	2020/10/31
DC(DZ1)-BMB3	6047	4000	2019/9/27	394	−251.9	0.00	−370.4	−118.5	0.9892	2020/10/25
DC(DZ1)-BMB2XZ	6147	4000	2019/9/23	398	−349.4	0.17	−434.8	−85.4	0.9996	2020/10/25
DC(DZ1)-BMB3XZ	6016	3960	2019/9/23	404	−304.4	0.00	−333.3	−28.9	0.9997	2020/10/31
DC(DZ1)-BMB5	6059	3934	2019/9/27	394	−176.9	0.15	−256.4	−79.5	0.9950	2020/10/25

注：预测分析时间 2020 年 8 月 28 日。

（3）两个标段卸载可行性分析情况

西标段超载分区 1-1、3-2 于 2020 年 8 月根据各监测指标复核卸载标准，并被选择为卸载试验段。其余卸载分区陆续复核卸载标准，具体情况如表 5-12、表 5-13 所示。

表 5-12 西标段超载分区卸载可行性情况

序号	超载分区编号	累计超载时长（月）	稳定性分析	满足卸载标准时间	备注
1	1-1	16	稳定	2020/8/24	卸载完成
2	1-2	10	稳定	2021/1/10	卸载完成
3	2-1	16	稳定	2020/10/20	卸载完成
4	2-2	17	稳定	2020/10/20	卸载完成
5	3-1	14	稳定	2020/10/20	卸载完成
6	3-2	13	稳定	2020/8/24	卸载完成
7	3-3	13	稳定	2020/11/10	卸载完成
8	3-4	14	稳定	2020/9/25	卸载完成
9	3-5	14	稳定	2020/10/20	卸载完成
10	3-6	13	稳定	2020/11/10	卸载完成
11	3-7	8	稳定	2020/11/10	卸载完成
12	3-8	9	稳定	2021/1/10	卸载完成
13	3-9	9	稳定	2021/1/10	卸载完成
14	4-1	14	稳定	2020/12/21	卸载完成
15	4-2	14	稳定	2020/12/21	卸载完成
16	4-3	13	稳定	2020/12/21	卸载完成
17	4-4	9	稳定	2020/12/21	卸载完成
18	4-5	9	稳定	2020/12/21	卸载完成
19	4-6	10	稳定	2020/12/21	卸载完成
20	4-7	14	稳定	2020/12/21	卸载完成
21	4-8	9	稳定	2021/1/10	卸载完成
22	4-9	10	稳定	2021/1/10	卸载完成

表 5-13　东标段超载分区卸载可行性情况

序号	超载分区编号	累计超载时长(月)	稳定性分析	满足卸载标准时间	备注
1	1-1	9	稳定	2020/12/21	卸载完成
2	1-2	9	稳定	2020/12/21	卸载完成
3	2-1	14	稳定	2020/11/10	卸载完成
4	2-2	13	稳定	2020/11/10	卸载完成
5	2-3	14	稳定	2020/11/10	卸载完成
6	2-4	9	稳定	2020/11/10	卸载完成
7	2-5	9	稳定	2020/11/10	卸载完成
8	3-1	9	稳定	2020/11/10	卸载完成
9	3-2	9	稳定	2020/11/10	卸载完成
10	3-3	9	稳定	2020/11/10	卸载完成
11	3-4	9	稳定	2020/12/21	卸载完成
12	4-1	10	稳定	2020/12/21	卸载完成
13	4-2	15	稳定	2020/11/10	卸载完成
14	4-3	9	稳定	2020/12/21	卸载完成
15	5-1	9	稳定	2020/12/21	卸载完成
16	5-2	9	稳定	2021/1/10	卸载完成
17	5-3	8	稳定	2021/1/14	卸载完成

5.5.2　工后沉降与工后差异沉降

挖填交界面表面沉降标布置在场区跑道区、滑行道及站坪区以分析挖填交界面的工后差异沉降情况,防止上层道面结构出现裂缝等破坏。

挖填交界带表面沉降标以 2～3 个为一组,分别位于填方处、挖填交界面处、挖方处,如图 5-48 所示。挖填交界工作面整平后即埋设测点,并于 2020 年 4 月初开始测量,2020 年 9 月份之后,部分区域移交给后期场道工程,道面结构开始施工,监测工作随之结束,停测时沉降速率已趋近于零,沉降已趋于收敛。挖填交界面表面沉降测点沉降量为 0.1～38.2 mm,30 年工后沉降量最大为 2.0 mm,工后差异沉降为 1.0‰,均在设计要求的稳定范围之内。

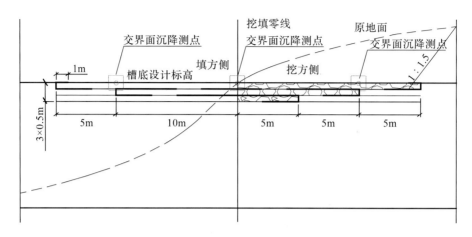

图 5-48　挖填交界带表面沉降标埋设方式示意

5.5.3　超载区固结沉降影响因素分析

超载预压的目的是为了加快软土地基固结沉降,因此采用沉降量、达到卸载条件时超载稳压时间(稳压时长)作为指标分析地基处理效果。

不同的原地基沉降测点的软土层厚度、填土厚度、超载比均不相同,为了研究三者对沉降量与稳压时长的影响,做了以下组合分析。选取软土层厚度相当的测点,分析填土厚度与沉降量及稳压时长的关系;选取填土厚度相当的测点,分析软土层厚度与沉降量及稳压时长的关系;分析超载比与沉降量及稳压时长的关系。

发现测点沉降量与软土层厚度呈线性关系, 如图 5-49 所示, 随着软土层厚度的增大,测点沉降量也呈增大趋势。超载比与稳压时长呈双曲线关系,如图 5-50 所示,在超载比为 1.30～1.35 时随着超载比的增大,稳压时长显著减小;在超载比为 1.35～1.40 时随着超载比的增大,稳压时长呈减小趋势;当超载比大于 1.40 时,稳压时长无明显变化。

建设单位多次组织开展设计方案优化专题会,较原设计方案提高了超载比,监测结果表明,方案的优化为缩短超载预压时间发挥了积极作用。

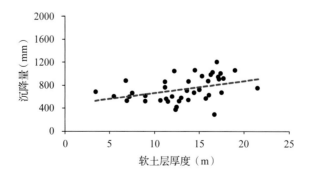

图 5-49　测点软土层厚度-沉降量关系曲线

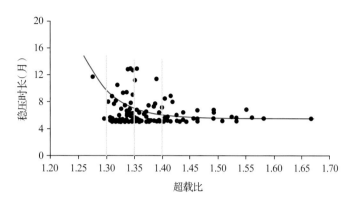

图 5-50 测点超载比-稳压时长关系曲线

5.5.4 道面结构层稳定性分析

原地基沉降监测点移交给场道标后，由场道标继续进行观测。场道铺设期间观测接管被破坏，道面机构层施工完成后重新在原位置布设了沉降测点，如图 5-51 所示。西跑道软土典型沉降曲线如图 5-52 所示，道面施工完成后沉降基本收敛，地基处取得预期效果。

图 5-51 道面结构层施工期间沉降测点

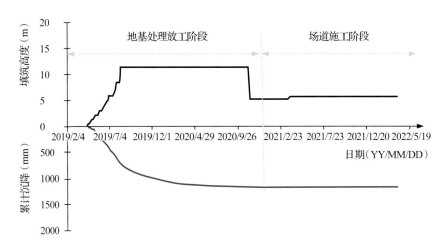

图 5-52　西跑道软土典型沉降曲线

5.6　沉降监测关键问题及应对措施

目前,关于软土地基沉降监测方面已有较为成熟的理论和丰富的工程实践经验,但不同工程有它自身一定的特殊性和复杂性,因此,应根据实际情况确定科学的监测方案并落实才能保证监测工作目的的实现。选择合适的监测参量、确保数据的完整性与连续性、选择合适的数据分析方法、快速科学地反馈设计施工成果是决定监测工作成败的关键。

鄂州花湖机场软土地基沉降监测工作实施过程中,建立了有效的测点保护机制,选取了合适的卸载指标及沉降预测分析方法,建立了数据分析数据库,及时快速提供了科学的监测成果,真正做到了"理论指导实践"。以下几点是经过实践检验的成功方法,可为类似工程提供参考。

5.6.1　监测实施方案的编写

监测实施方案是监测工作的基础,而当前机场场址有"上山填海"的趋势,空间范围跨度大,地质、气象条件复杂,因此要针对性地编制监测实施方案,识别出关键岩土工程问题并提出应对措施,切忌"套方案"。

(1)仔细分析勘察资料,了解场址区域地质情况等;了解场区是否存在特殊土,主要包括软土、湿陷性黄土、膨胀土、盐渍土、季节性冻土等;掌握是否存在不良地质状况,包括滑坡带、溶洞、采空区;考虑气象条件,北方应考虑冻胀问题,南方应注意雨季的影响,并提出应对措施。

(2)分析设计资料,关注地基处理方式、土石方调配方案、边坡处理方式等,重点关注跑道区不均匀沉降、边坡区稳定性、管涵和下穿隧洞的稳定及不均匀沉降问题。不同机场规模及功能分区应区分对待。

5.6.2 监测数据完整性与连续性的保障措施

获得真实、完整、连续的监测数据是监测工作的基础,而根据经验在施工期间这点是很难做到的。以原地基沉降监测为例,沉降接管往往高出填筑面 0.5～1.0 m,而填料最大粒径控制在 20 cm 左右,在施工过程中填筑卸料、冲击碾碾压、交通车辆路过都会造成监测管倾斜甚至断裂。在夜间施工、抢进度期间测点被破坏得更为严重。在本工程中采取了技术和管理两个方面的措施保护测点,取得了较好的效果。

（1）技术层面

①在测点附近采用细颗粒土分层填筑,层厚不大于 10 cm,采用小型振动碾碾压,如图 5-53 所示。

图 5-53　测点堆载保护现场照片

②测点外设置防护栏,护管上张贴标识和反光膜,减小夜间施工造成的测点破坏。

③定期对现场施工人员进行测点保护相关技术交底,明确责任人。

（2）管理层面

①树立监测工作方的威信

第三方监测与咨询单位委派了具有深厚理论基础和丰富工程经验的技术人员,对监测班组在测点埋设、现场监测以及数据处理等方面进行了全面深入的指导,制定了工作细则,建立了数据处理表格体系,从而极大地提高了监测班组的工作质量与效率,各监测班组配合程度高。

对监测数据及时进行处理反馈,基于监测数据以及类似工程经验为优化施工方案提供了数据支撑。在遇到技术问题时，积极出谋划策，如组织卸载工作专家会议，监测工作受到参建各方的认可，提高了各方对监测工作的重视程度。

②增强对监测工作重要性的认识

在不少工程中，测点破坏后出现相关方相互推卸责任、不配合修复的情况，测点得不到及时修复。而在本项目中，第三方监测与咨询单位同时承担了监理检测工作，无形中增强了施工班组对测点的保护意识。国内不少机场的第三方监测与安全监测合并为同一个标段，由同一家单位承担，有效节约了沟通管理成本。

在施工高峰期间，测点破坏率有所增大，经商讨决定将测点完好情况纳入单元工程的验收合格标准，效果显著。

5.6.3　卸载方案的确定

卸载控制标准的确定是堆载预压法处理软土地基的关键点与难点。过早卸载可能会导致后期沉降收敛速率较慢，而在满足卸载条件的前提下，并非预压期越长越好，预压期过长，不仅延误工期，还会增加地基的总沉降量，造成填方浪费。

确定卸载控制标准的方法有模型试验法、理论分析法、专家经验法，本工程选择了专家经验法。邀请机场工程设计、工程管理、岩土工程咨询领域资深专家及学者组成专家组。专家组听取了两家设计施工单位对卸载方案的汇报和第三方监测咨询单位、监理单位等的意见，与参建各方对卸载相关关键问题进行了交流，形成了专家建议。

卸载标准：满载预压时长不少于 6 个月，固结度不小于 90%；对于道面影响区需严格控制，建议控制连续 5 d 沉降速率 ≤0.3 mm/d，后期可根据试验段进行调整。

基于沉降实测数据进行计算分析，根据专家组建议开展卸载可行性分析工作，卸载工作按方案开展，卸载后地基快速稳定，取得了良好的效果。

5.6.4　沉降预测方法选择

软土地基沉降的预测方法分为两类：一类是基于土体固结压缩理论的计算方法（以后简称理论计算法），根据计算手段不同又可分为简化公式法和数值方法；另一类是基于实测沉降资料的沉降预测方法，目前常用的有双曲线法、指数曲线法、沉降速率法、星野法、Asaoka 法、三点法等。理论计算方法需要获得较为准确的土工参数，并且依赖于固结理论模型的准确性。在实际操作中由于取样、运输过程中土体很容易受到扰动，且在空间上土体性质存在一定差异，很难获得较为准确且能反映整个场区情况的土工参数；目前固结理论仍有待进一步完善，理论计算与实际测量往往有较大的差别，其精度无法满足工程建设的要求。当观测周期足够长时，实测沉降数据相对比较稳定，基于实测资料的预测方法可较为准确地反映土体的真实沉降规律，目前民用机场工程常用该方法推算工后沉降及工后差异沉降以指导后期道面施工。

本文总结了双曲线法、指数曲线法和Asaoka法的基本原理及实际操作过程,基于统计规律和工程实践选取了判定预测结果精确性的指标,并基于鄂州花湖机场走马湖水系综合治理工程软土地基实测资料,利用三种预测方法对其地基沉降进行了分析预测,采用精确性判定指标对预测结果进行了综合分析,最终结合民用机场工程关于地基沉降的技术要求给出了推荐的方法,方法选择和预测结果可为类似的工程提供参考依据。

上部有填土施工的软土地基沉降观测可以分为施工和填筑完成之后两个阶段。曲线回归法是利用施工完成阶段监测数据来预测软土地基工后沉降,其基本步骤为:①选取合适的实测数据段作为源数据区间,如图5-54所示;②采用选定的方法进行拟合分析;③判定拟合结果的精确性;④计算外延时间段内某一时间节点的沉降量。拟合分析的源数据区间不应小于3个月。

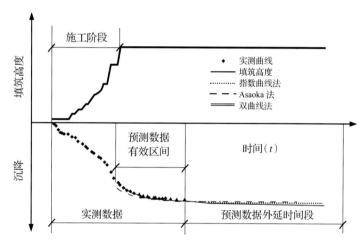

图5-54 曲线回归法预测地基沉降示意

(1)预测结果与精确性分析

本文选取了走马湖水系综合治理工程软土地基沉降典型测点监测数据,采用三种方法对其进行分析预测,详细介绍了三种预测方法的实现过程,分析了三种方法的优缺点及实现过程的关键环节,并利用提出的精确性判定指标对不同预测方法的精确性进行分析。

①双曲线法

对源数据的畸点进行处理后,选取合适的拟合初始点,以$t-t_0$为横轴,$(t-t_0)/(S_t-S_0)$为纵轴建立相关关系,并以线性回归的方法求得拟合曲线的斜率、截距及判定系数R^2(图5-55),其中斜率即为式(5-1)中的b值,截距为式(5-1)中的a值,求得a、b值后即可求出任意外延时刻的沉降量S_t,进而分析拟合沉降数据与实测沉降数据的精确性。典型测点的预测拟合曲线与实测曲线的对比分析如图5-56所示。

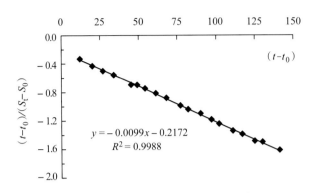

图 5-55 拟合曲线参数（双曲线法）

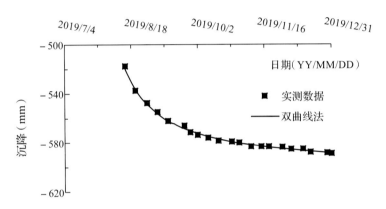

图 5-56 双曲线法拟合曲线与实测曲线对比

将利用双曲线法拟合预测的各判定指标列于表 5-14 中，可以看出拟合曲线与实测曲线有很好的一致性，有效区间较大，平均绝对误差及相对误差均较小，可满足工程建设需求。

表 5-14 拟合沉降曲线结果评判指标（双曲线法）

评判指标	值
阈值（mm）	±5
R^2	0.9988
有效区间（d）	141
平均绝对误差（mm）	−0.27
平均相对误差（%）	0.05
实测沉降量（mm）	−588
预测沉降量（mm）	−601.8
沉降完成时间（d）	长期
30 年工后沉降（mm）	−13.1

双曲线具有无限趋近其渐近线的数学特征，因此推算的外延时间段的沉降量一直趋近而不等于最大沉降量，与软土沉降规律比较吻合。该方法实现过程相对简单，受人为因素影响较小，关键环节在于选取合适的预测起始点。该方法拟合公式为纯经验公式，操作过程是单纯的数学变换，不能反映软土地基固结过程相关土力学指标。

②指数曲线法

对源数据畸点进行处理后，以$(S_i+S_{i-1})/2$为横轴，以$(S_i-S_{i-1})/(t_i-t_{i-1})$为纵轴建立相关关系，并以线性回归的方法求得拟合曲线的斜率[式(5-7)中的a值]、截距[式(5-7)中的b值]及判定系数R^2(图5-57)，求得a、b值后可计算出最终沉降量及任意外延时刻的沉降量S_t，进而分析拟合沉降数据与实测沉降数据的精确性，预测拟合曲线与实测曲线的相关性如图5-58所示。

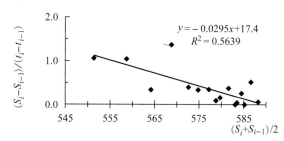

图 5-57　拟合曲线参数（指数曲线法）

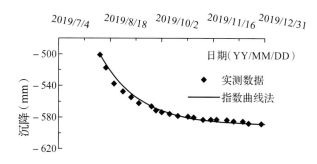

图 5-58　指数曲线法拟合曲线与实测曲线对比

将利用指数曲线法拟合预测的各判定指标列于表5-15中，指数曲线法预测典型测点的有效区间为99d，相对双曲线法较短；平均绝对误差及平均相对误差均较小，在有效区间内拟合曲线与实测曲线一致性较好。

指数曲线法实现过程中关键步骤在于选取合适的源数据区间，选取不同的实测数据段，预测的成果有一定的差别，在一定程度上受人为因素干扰。该方法的拟合公式同样为纯经验公式，操作过程是单纯的数学变换，假定上部荷载作用下地基沉降平均增长速率以指数曲线形式减少，不能反映软土地基固结过程中的相关土力学指标。

通过指数曲线法拟合曲线得到判定系数R^2为0.5639，相较于双曲线法数值较小，说明拟合曲线两个因子之间的相关性较差。然而通过拟合曲线与实测曲线对比可以发现，两者吻合性较好。判定系数 R^2 对于判定两者的相关程度有一定的参考意义，但并不是决定性的指标。

表 5-15　拟合沉降曲线结果评判指标（指数曲线法）

评判指标	值
R^2	0.5639
有效区间（d）	99
平均绝对误差（mm）	−0.72
平均相对误差（%）	0.12
实测沉降量（mm）	−588
预测沉降量（mm）	−590
沉降完成时间（d）	120
30 年工后沉降（mm）	−1.5

拟合曲线外延时间 4 个月左右预测沉降量已与预测最大沉降量相当，从预测成果来看，此时沉降已收敛，而实际上软土地基可能经过长达数年及数十年的沉降方趋于收敛，从该指标来看指数曲线预测的沉降规律与软土地基实际沉降规律一致性相对较差；预测 30 年工后沉降量只有 1.5 mm，可能偏小。

③Asaoka 法

首先对实测数据的畸点进行处理，选取合适的时间间隔，采用线性内插法算出每个时间间隔节点的沉降量 S_j。以 S_{j-1} 为横轴、S_j 为纵轴建立相关关系并对其进行线性回归，如图 5-59 所示，得到的斜率即为式（5-13）的 β_1，截距为式（5-13）中的 β_0。式（5-13）与直线 $y=x$ 的交点的值即为 Asaoka 法的预测最终沉降量，进而可以求得源数据区间及任意外延区间的时间节点的沉降量，拟合曲线与实测曲线如图 5-60 所示。

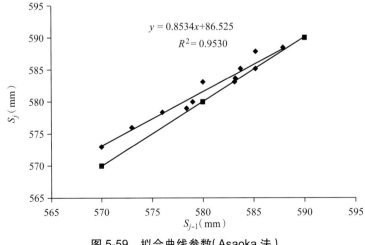

图 5-59　拟合曲线参数（Asaoka 法）

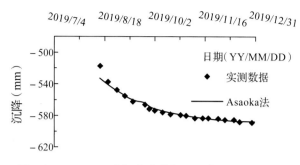

图 5-60　Asaoka 法拟合曲线与实测曲线对比示意图

将利用 Asaoka 法拟合预测的各判定指标列于表 5-16 中。通过该方法得到典型测点预测成果的判定系数 R^2 为 0.9530;拟合有效区间为 132 d,相对较长;平均绝对误差及平均相对误差均较小,在有效区间内拟合曲线与实测曲线一致性较好;拟合曲线外延时间 5 个月左右预测沉降量已与预测最大沉降量相当;预测 30 年工后沉降量只有 1.5 mm,与指数曲线法拟合得到的结果一致。

表 5-16　拟合沉降曲线结果评判指标(Asaoka 法)

评判指标	值
阈值（mm）	±5
R^2	0.9530
有效区间（d）	132
平均绝对误差（mm）	0.52
平均相对误差（%）	−0.09
实测沉降量（mm）	−588
预测沉降量（mm）	−590
沉降完成时间（d）	150
30 年工后沉降（mm）	−1.5

Asaoka 法是基于固结方程推导出来的,有较为明确的土力学意义。在实现过程中要对数据进行等时段处理,时段间隔的大小及拟合选用的实测数据区间对预测的成果均有一定影响,可能需要反复调整试算才能得到较为理想的成果,整体来说,该方法受人为因素影响较大。

（2）三种预测方法精确性对比分析

走马湖水系综合治理工程场区内软土以新近湖塘积层为主,软土层自上而下主要有淤泥(Q_4^1)(地层代号②-1)、淤泥(Q_4^1)(地层代号②-2)、淤泥质黏土(Q_4^1)(地层代号②-3)、粉质黏土(Q_4^{1+al})(地层代号②-4)、淤泥质黏土(Q_4^1)(地层代号②-5)等,塑料排水板排水固结法处理区域软土层总厚度为 3～15 m，典型测点地质剖面图如图 5-61 所示。根据区域功能的不同，设计标高及填土厚度不同。

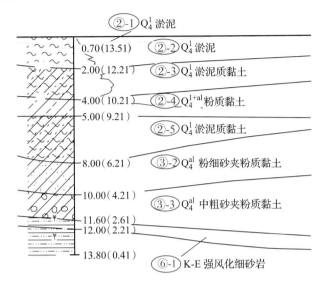

图 5-61　典型测点地质剖面图（单位：m）

根据软土层厚度及填土厚度的不同，将典型测点分为 2 组：第一组测点包括 P1-1～P1-5，软土层厚度为 6.2～7.2 m，填土厚度为 11.9～13.6 m，该组测点的地质特性、填土厚度及施工工法相似，三种预测方法精确性判定指标平均值如表 5-17 所示；第二组测点包括 P2-1～P2-5，软土层厚度为 10.1～13.7 m，填土厚度为 11.3～12.5 m，该组测点的地质特性、填土厚度及施工工法相似，三种预测方法精确性判定指标平均值如表 5-18 所示。

表 5-17　P1-1~P1-5 测点各精确性判定指标平均值

精确性判定指标	双曲线法	指数曲线法	Asaoka 法
阈值（mm）	±5	±5	±5
R^2	0.9946	0.7915	0.9631
有效区间（d）	98.2	95.8	96.4
平均绝对误差（mm）	0.03	0.02	−1.36
平均相对误差（%）	0.02	−0.04	0.22
沉降稳定时间	长期	3～9 个月	2～24 个月
30 年工后沉降（mm）	−59.1	−10.8	12.16

对比分析有效区间内的三种方法预测成果的绝对误差及相对误差，双曲线方法拟合成果平均误差及相对平均误差均较小，指数曲线法和 Asaoka 法略大，而 Asaoka 法成果绝对误差及相对误差波动较大。说明在有效区间内，双曲线方法拟合曲线相对于指

数曲线法及 Asaoka 法更贴近实测曲线。

表 5-18 P2-1~P2-5 测点各精确性判定指标平均值

精确性判定指标	双曲线法	指数曲线法	Asaoka 法
阈值（mm）	±5	±5	±5
R^2	0.9956	0.7575	0.9830
有效区间（d）	105.2	98.8	101.2
平均绝对误差（mm）	−0.23	−1.04	−0.71
平均相对误差（%）	0.05	0.18	0.15
沉降稳定时间	长期	2～9 个月	3～12 个月
30 年工后沉降（mm）	−48.2	−8.9	−8.9

三种方法原理背后的数学特征不同，双曲线方法推得的沉降量会无限趋近于其渐近线，经过一个相当长的时间其沉降量方会与其预测的最大沉降量相当。本文算例中，指数曲线法在外延时间 3～9 个月沉降已趋于收敛；Asaoka 法沉降收敛的时间节点在外延时间 1 个月到 2 年之间。从沉降收敛时间来看，双曲线法所得拟合曲线更符合软土地基沉降规律。

从 30 年工后沉降来看，指数曲线法和 Asaoka 法得出的结果相差不大且均较小，双曲线法得到的工后沉降相对较大。根据相关工程经验，双曲线法预测的沉降值一般偏大，在工程上偏安全。

从判定系数 R^2 来看，双曲线法和 Asaoka 法判定系数 R^2 均超过 0.95；指数曲线法判定系数 R^2 相对较小。从其他判定指标看，指数曲线法与 Asaoka 法预测成果精确性差别不大，判定系数 R^2 值仅反映拟合分析中线性回归步骤两个中间因子的相关程度，与预测成果的精确性关系不大。

综合分析各判定因子得出，双曲线法预测地基沉降所得拟合曲线变化规律更适合软土地基。其有效区间较大，绝对误差及相对误差均较小，判定系数 R^2 较大，且预测成果是偏安全的，因此推荐双曲线法作为民用机场软土地基沉降预测方法。

5.6.5 数据快速处理反馈方法

本工程软土地基处理区域面积大、工作区划分多、工期紧，而监测点达数千个，且多家单位协同工作，如何快速准确地获取监测数据，及时进行分析处理，以便迅速反馈监测成果为工程决策提供数据支撑成了一个挑战。在本工程中采取了以下组织管理和技术措施，取得了良好的效果。

（1）对各监测班组进行技术交底并定期培训，保证监测数据的准确性、完整性和连续性。

（2）统一表格格式及数据处理方法，按规范要求在数据处理表格里编写相应的函数及公式，当数据误差过大或发生错误时能自动报警。对各监测班组资料员进行定期培训，使资料员具备常见问题的识别及处理的能力，在数据录入的初始环节就减小误差、消除错误。

（3）采用"数据库思维"模式，基于 WPS 表格建立数据处理系统。数据处理系统主要包括原始数据库、数据处理系统、数据信息一览表、数据信息输出系统等。数据处理系统基于规范及相关技术指标对监测数据进行处理分析；数据信息一览表包括监测点类型、埋设区域、地层参数信息、埋设日期、初值日期、监测数据、沉降预测等；根据目的不同数据信息输出系统可以输出周报数据信息、月报数据信息、超载区域卸载指标参数信息等。

（4）深度理解设计意图、及时掌握现场进度、保持与参建各方信息通畅，并进行合理预判。提前将各施工区域进行分类并根据设计要求提取相应的关键信息。如超载预压区域，监测数据输出系统能输出超载时长、固结度、工后沉降及工后差异沉降、当期沉降速率等关键卸载指标信息，并能自动更新数据，方便参建各方实时了解超载区域稳定情况。

（5）选择合理的技术方法，如沉降预测方法中的"三点法""指数法""Asaoka法"及其系列衍生方法比较依赖于操作者的工程技术经验，在操作过程中需要逐个对测点进行调整参数，显然该类方法不适合大批量数据处理。而"双曲线法"不需要调整参数，可以编辑函数公式进行批量处理，极大地提高了数据处理效率。

（6）相对于水利、建筑等行业，民用工程施工过程监测自动化普及程度较低。本工程部分区域采用了常规监测与自动化监测相结合的办法，积累了一定经验。自动化是监测工作发展的方向，当前常用的自动化监测方法有 InSAR、GNSS 等星基监测系统，光纤传感监测、静力水准仪、多点位移计、阵列位移计等陆基监测系统，以及两者相结合的方式。探索自动化监测系统的应用，在提升民用工程监测工作的效率和准确性方面有大的发展空间。

6　工程总结与建议

6.1　工程总体评价

本工程自 2018 年 10 月进场修筑临时建筑,12 月开始抽水(累计达 1000 万 m³)。随后进行湖底清淤(累计清淤 300 万 m³),于 2019 年 1 月开始铺筑排水垫层,2 月首次插打排水板。2020 年 6 月,工程基本完成土石方填筑施工,并于次月完成所有堆载区的土石方填筑。经过近一年的堆载预压后,工程于 2020 年 8 月开始卸载,并于 2021 年 7 月 16 日完成了竣工验收。经过承载力监测及沉降分析,本工程达到了设计预期效果,满足了后续机场工程的建设需要,证明了软土地基处理方案的合理性。经过工程验收和竣工验收,工程达到各项设计要求和规范标准。

6.1.1　地基承载力评价

根据设计要求,各细化分区地基处理后的承载力要求如表 6-1 所示。

表 6-1　走马湖水系综合治理工程各分区承载力要求

序号	分区	地基承载力特征值(kPa)
1	本期飞行区道面影响区	≥150
2	本期飞行区土面区	≥80
3	本期航站区	≥120
4	本期工作区地块	≥100
5	本期工作区路网	≥120
6	远期飞行区道面影响区	≥150
7	远期飞行区土面区	≥80
8	远期航站区	≥120

施工过程中,采用超重型动力触探及平板静载试验对地基承载力进行了检测,均满足设计文件要求,具体结果如下:

(1)西标段

本标段共开展了 269 组超重型动力触探检测,主要检测部位包括机场西跑道、东西联络滑行道、客运航站楼及其工作区以及北部未来发展用地在内的地形图原地面标高 20 m

以下的区域等。其中,地基承载力特征值土面区设计要求不小于80kPa,检测89组,合格率为100%;细化分区外设计要求不小于120kPa,检测2组,合格率为100%;道槽区设计要求不小于150kPa,检测178组,合格率为100%。经过检测以上各部位的地基承载力均满足设计要求。

本标段共开展了16组地基承载力(静载试验),主要检测部位包括道槽区、航站区、工作区、土面区等。其中地基承载力特征值道槽区设计要求不小于150kPa,检测3组,合格率为100%;航站区设计要求不小于120kPa,检测6组,合格率为100%;工作区设计要求不小于120kPa,检测5组,合格率为100%;土面区设计要求不小于80kPa,检测2组,合格率为100%。经过检测以上各部位的地基承载力(静载试验)均满足设计要求。

(2)东标段

本标段共开展地基承载力(静载试验)122组,主要检测部位包括道面区、航站区、工作区、土面区等,其中,地基承载力特征值道面区设计要求不小于150kPa,检测75组,合格率为100%;航站区设计要求不小于120kPa,检测5组,合格率为100%;工作区设计要求不小于120kPa,检测10组,合格率为100%;土面区设计要求不小于80kPa,检测32组,合格率为100%。经过检测,以上各部位的地基承载力(静载试验)均满足设计要求。

6.1.2 沉降变形评价

通过对本工程地基自施工以来的长期监测,对照本工程地基处理技术要求及卸载标准要求,其沉降变形结论为:

①对可能影响后期道面结构安全的软土区域进行了分析,经过堆载预压,卸载后地基沉降速率趋近于零,沉降已趋于收敛。

②对比分析了地基处理阶段和道面结构施工期的沉降数据,道面结构层的施工对地基的沉降影响很小。原地基处理达到了预期目的。

③工后沉降和差异沉降均满足规范和设计要求的稳定标准。

6.1.3 软土处理前后指标对比

为了测试主要软土层物理力学参数的变化情况,对参数进行对比分析,评价地基处理效果。本项目在施工前后采取钻孔取样进行室内试验的方法来验证软土地基处理工程的效果。

在场区范围内挑选9处关键部位,在堆载前进行钻孔取样,并于堆载后3个月、堆载后9个月分别在原钻孔附近进行钻孔取样,以验证地基处理后土的物理力学参数变化情况。三次钻孔共取得270组试样,对其进行土工试验,获得了天然状态下的物理性指标(含水率、相对密度、湿密度、干密度、孔隙比、饱和度)、颗粒组成、界限含水率(液限、塑限)、塑性指数、压缩指标(压缩系数、压缩模量)和强度指标(饱和固结快剪强度C_q、内摩擦角φ_q)等数据,具体参数对比详见表6-2。

表 6-2 堆载前后主要软土层钻孔取样室内试验成果统计

对应土层编号	时间	含水率 $\omega(\%)$	湿密度 ρ (g/cm³)	干密度 ρ_d (g/cm³)	相对密度 G_s	孔隙比 e	饱和度 $S_r(\%)$	液限 ω_L	塑限 ω_P	塑限指数 I_P	压缩系数 a_{1-2} (MPa⁻¹)	压缩模量 E_{s1-2} (MPa)	饱和固结快剪强度 C_q(kPa)	饱和固结快剪内摩擦角 $\varphi_q(°)$
2-1	堆载前	76.5	1.49	0.86	2.75	2.3	92	48.3	27.3	21.1	2.14	1.6	8.9	4.0
	堆载3个月	50.3	1.68	1.12	2.70	1.4	96	47.3	23.7	23.7	1.2	2.1	9.4	7.4
	堆载9个月	44.8	2.74	1.67	1.15	1.4	89	46.1	23.4	22.7	0.9	2.8	11.0	9.1
2-2	堆载前	56.8	1.64	1.06	2.71	1.6	96	54.8	33.3	21.4	1.4	2.0	11.9	8.1
	堆载3个月	33.7	1.84	1.38	2.70	1.0	95	48.0	22.7	25.3	0.5	3.7	16.9	12.6
	堆载9个月	31.2	2.72	1.86	1.42	0.9	92	42.8	22.7	20.2	0.5	4.0	20.1	14.0
2-3	堆载前	42.6	1.73	1.22	2.71	1.2	94	44.8	26.3	18.5	0.6	4.2	13.3	12.3
	堆载3个月	30.9	1.87	1.43	2.70	0.9	93	45.6	22.4	23.2	0.4	4.2	17.0	12.3
	堆载9个月	33.2	2.71	1.88	1.41	0.9	97	44.6	22.9	21.7	0.5	4.6	22.7	14.4
2-4	堆载前	28.9	1.88	1.46	2.73	0.9	91	36.6	18.0	18.6	0.4	5.5	25.4	14.4
	堆载3个月	28.0	1.94	1.52	2.73	0.8	95	36.3	19.7	16.6	0.3	6.5	26.2	14.7
	堆载9个月	25.2	2.73	1.99	1.59	0.7	95	36.1	17.9	18.1	0.3	6.9	27.4	16.1
2-5	堆载前	33.7	1.75	1.31	2.70	1.07	85	45.0	22.5	22.5	0.6	3.8	14.6	9.8
	堆载3个月	33.6	1.81	1.36	2.71	1.00	91	38.7	22.0	16.7	0.5	4.1	17.1	10.8
	堆载9个月	25.4	2.72	1.94	1.55	0.75	92	35.8	20.3	15.4	0.4	4.3	19.0	11.6

从软土取样试验结果来看，软土含水量明显降低，物理力学性能得到显著改善。

6.2 工程经验总结

鄂州花湖机场软土地基处理工程是典型的场地整平工程，有大范围的软土地基挖填工作，且整个项目规模大、工期紧、技术要求高，项目建设过程中需克服深厚软土地基沉降变形、高边坡稳定性、特殊性土处理、土石方爆破与填筑、施工组织、数字化施工等关键技术问题。因此，在项目整体施工过程中积累了丰富的工程经验，将其总结如下：

（1）以精细化设计为目标，全方位打磨技术方案。本项目的实施采用的是合同关系简单、组织协调工作量少、利于优化资源配置的 EPC 工程总承包模式，中标单位在深入审读可研报告的基础上（包括对地勘报告、场地环境、道路情况、施工材料供应情况、机场建设需求等因素全方位综合考虑）有条不紊地开展初步设计、扩大初步设计，进而延伸到施工图设计。针对整个流程中的每一阶段设计文件，均会组织关联单位（如民航、水利、公路等部门）及行业资深专家，对设计条件、方案、风险因素、质量保证措施等进行全面、深入、细致的论证。同时，对于争议较大、风险较高的施工方案会组织专题研究方案重点讨论；对于在技术、工期、投资等方面存在矛盾的方案，进行综合全面的讨论，以做到整体实施的最优化。针对每一阶段的设计进行多轮讨论、验证和优化，在后续的施工过程中采用经济有效的施工工序方案，大大减少了设计变更，为整个工程的实施奠定了坚实的技术方案基础。

（2）以提高工程质量管控水平为目标，引入数字化施工技术助力智慧工程。面对机场地基处理过程中控制点庞杂、覆盖范围广阔等问题，常规的人工质量管控方法很难做到工程全覆盖，易出现质量控制的盲区和盲点。本项目引入数字化施工技术，通过在施工机械上安装振动传感器、温度传感器等，结合北斗导航系统和GPS导航系统，利用RTK差分定位技术，对场道碾压过程中的碾压轨迹、遍数、速度、压路机振动频率进行智能控制，以及对路基压实效果进行实时监控。在数字化施工的整个过程中，极大增强了信息收集、传递、判断、决策的能力，大幅提高了质量信息的可信度。同样在强夯、插板等施工中，数字化施工技术发挥了高效、精准、高质的重要作用，能够及时反馈风险隐患和质量缺陷，有效辅助监理和业主的日常质量管理工作。

（3）根据实际施工效果和施工经验，正确选择对施工细节的处理方法。例如，对于大面积软土地基处理，宜优先选取排水固结法进行处理；对沉降要求严格的分区，应优先安排施工，利用工期总时差进行超载预压；根据投资、工期、料源等情况，可适当提高超载比，加速完成软土固结。

（4）采用以简单、实用、高质为目的的大面积软土地基处理方法。换填法和排水固结法是处理大面积软土地基最为简单、有效的处理工艺。比如，对于厚度在 3 m 以内的软土，采用换填法进行处理，不仅施工快捷且可做到处理彻底。对于厚度大于 3 m 的软土，采用排水固结法，处理质量可以得到有效保证，经济性较好。

（5）采用以快速施工为目的的表层浮泥处理方法。采用开沟沥水的方式，可使短期内浮泥快速失水，在不清除浮泥的条件下，通过设置土工垫，增加支撑强度，可达到机械施工条件，大大加快机械化施工速度，减少浮泥外弃。

（6）以协调不同施工工艺交界段为目的，设置沉降过渡段。为协调不同施工工艺及不同材料的交界面，减少交界面不均匀沉降引起的变形，可在沉降过渡区设置不均匀沉降过渡段，如开挖台阶、增设土工栅格、增加超载等处理方式，以增强过渡段的连接质量。

6.3　建议和展望

国家经济的不断发展，推动了作为重要基础设施的机场工程建设的迅速发展，特别是一些在特殊地基上的工程建设越来越多，比如香港国际机场就是在吹填的软土上建造的，这样进行软土地基处理的质量高低会直接影响到场地、场道面的沉降情况和机场结构物的稳定性以及机场的使用年限。近年来，许多专家学者已针对软土地基处理方法做了很多有价值的研究，本书也结合鄂州花湖机场工程实践中对今后软土工程地基处理提出一些建议，同时，对软土地基施工新工艺、新方法提出展望。

（1）科学、合理规划料源。为了满足大面积地基处理和土石方填筑的需要，应提前规划填料来源。特别注意的是，应区分利用料源中不同性质、粒径的石料、山皮土、植物土等，用作抛石挤淤、强夯、换填、褥垫层、土基精平等不同用途，做到物尽其用。对于涉及征地拆迁的，应该合理规划场地移交时间，避免料源在时间和空间上错配。

（2）统筹堆载料的利用。应结合卸载时间和后续场道工程的施工时间，系统规划堆载料的数量、去向和用途，尽量实现土方平衡，节约时间和投资。

（3）方案论证方面，应及时获取试验数据，积极准备好每一次方案论证的前期准备工作；对土面区中的部分区域（如未来规划中的排水明沟，存在其他管线、构筑物的区域）应注意加强地基处理力度，避免后期出现沉陷，或影响正常施工。

（4）水文地勘方面，首先一定要勘察充分，然后根据水文、气象资料合理制订施工计划，特别要确定抽水、清淤、堆载等施工时序。

（5）对于工作区及其他需要打桩的区域，首先要提前做好试验段的试验及论证工作，然后在方案论证的基础上严格控制填料粒径，否则将会对后续工程的桩基作业造成严重不利影响,浪费大量时间和费用。

机场建设用地资源的紧缺加剧了机场选址的问题,使得一些新机场、改扩建机场不得不填海造陆、填湖造地,正因如此,机场建设范围内存有大量的软土区域,软土地基处理技术成为制约工程质量和成本的关键。近年来,越来越多的新技术、新工艺、新理念应用于建筑工程领域,这也为软土地基施工注入了新活力。在今后的软土地基施工过程中应持续加大对智能监控系统、智能传感系统、智能打桩系统、智能碾压系统、BIM技术、数字孪生等数字化施工技术的投入和研发,将软土地基施工过程质量控制融合到数字化技术中。这些施工新技术采用信息化手段对机械进行管理,不仅能够自动记录施工过程、判别施工质量,还能辅助人工进行智能决策,减少人员的监控、检测和决策工作量,同时,也可将这些数字化施工技术总结形成机场场地施工国家级新标准,服务于更多类似的软土地基处理工程。